Bibliothèque de Philosophie scientifique

STANISLAS MEUNIER

Professeur au Muséum national d'Histoire naturelle

Les Convulsions

DE

l'Écorce Terrestre

35 *Illustrations documentaires*

PARIS

ERNEST FLAMMARION, ÉDITEUR

26, RUE RACINE, 26

Les Convulsions

de l'Écorce terrestre

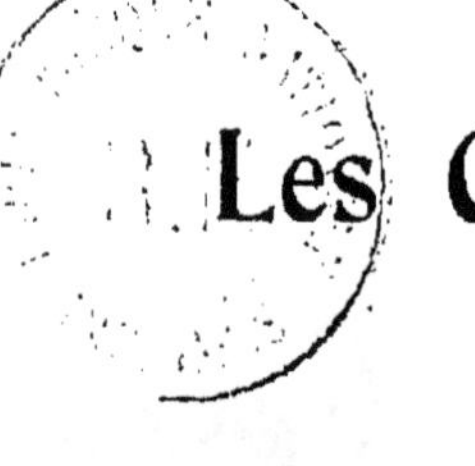

DU MÊME AUTEUR

La Géologie comparée. 1 vol. in-8º avec 35 figures dans le texte. Paris, Alcan. (Bibliothèque scientifique internationale), 1895.

Nos Terrains. 1 vol. in-4º avec 102 figures en couleurs et 320 figures en noir. Paris, Armand Colin, 1898.

La Géologie expérimentale. 1 vol. in-8º (2e édition), avec 56 figures dans le texte. Paris, Alcan (Bibliothèque scientifique internationale), 1904.

Géologie, ouvrage destiné aux élèves des Écoles d'agriculture et de l'Institut agronomique, aux candidats à ces établissements, aux aspirants aux grades universitaires, aux agronomes, aux ingénieurs, aux industriels, aux coloniaux et aux amateurs de sciences naturelles. 1 vol. grand in-8º illustré. Paris, Vuibert et Nony, 1908.

La Géologie générale. 1 vol. in-8º (2e édition), avec 34 gravures dans le texte. Paris, Alcan (Bibliothèque scientifique internationale), 1909.

La Terre qui tremble. 1 vol. in-4º avec 72 figures et photographie. Paris, Delagrave, 1910.

L'ÉRUPTION DU VÉSUVE EN 1872

D'après le tableau de Joseph de Nittis, témoin du phénomène.

Bibliothèque de Philosophie scientifique

STANISLAS MEUNIER

PROFESSEUR AU MUSÉUM NATIONAL D'HISTOIRE NATURELLE

Les Convulsions

DE

l'Écorce terrestre

35 Illustrations documentaires.

PARIS

ERNEST FLAMMARION, ÉDITEUR

26, RUE RACINE, 26

1910

Les Convulsions
de l'Écorce terrestre

INTRODUCTION

LA CROUTE TERRESTRE

SOMMAIRE. — Faits qui démontrent l'existence de la croûte terrestre. — La chaleur souterraine. — Comment on a découvert sa distribution. — Le degré géothermique. — Épaisseur de la croûte. — La substance du noyau terrestre. — Effet de la pression sur l'écoulement des solides. — Destinée réservée à la croûte. — Son origine et son mode de formation. — La photosphère du Soleil et ses enseignements au sujet du commencement de la Terre. — L'analyse spectrale du Soleil et la Géologie. — Les roches cosmiques : leur origine et leur imitation expérimentale. — La théorie cosmogonique de Laplace. — L'évolution planétaire. — La condensation des océans. — Apparition de la vie sur la Terre. — L'avenir du noyau terrestre. — État actuel de la Lune. — Les petites planètes. — Les météorites ou pierres tombées du Ciel. — La fin de la Terre.

Les expressions de *croûte terrestre* et d'*écorce terrestre* sont depuis longtemps entrées dans le langage courant. Elles consacrent la notion que notre planète consiste en un sphéroïde de substances fluides enveloppé d'un revêtement solide. Or, cette notion a seulement pour elle d'innombrables et puissantes vraisemblances : aussi ne peut-on pas dire qu'elle soit inattaquable et un certain nombre de personnes ont-elles adopté l'opinion que notre planète est à l'état solide jusqu'au centre.

Cependant il semble bien qu'on ne soit pas libre d'admettre l'une ou l'autre hypothèse indifféremment. Les arguments en faveur de l'existence d'une écorce du globe sont de deux catégories principales, bien nettement différentes et également sérieuses l'une et l'autre.

La première concerne l'étude de la distribution des températures souterraines et se base sur une extrapolation de résultats incontestables ; l'autre a trait à la faculté avec laquelle la conception de l'écorce terrestre se prête à l'interprétation d'une foule de phénomènes dont l'existence est, sans ce postulatum, infiniment plus compliquée et surtout moins homogène avec la théorie générale de la Terre.

Reprenons chacun de ces deux ordres d'arguments.

Tout le monde sait qu'un très mince épiderme du sol, épais seulement d'une douzaine de mètres sous nos latitudes, présente des vicissitudes de température évidemment attribuables aux conditions météorologiques, c'est-à-dire à la variation, en chaque point, de la température venant du Soleil. A partir de la limite inférieure de cette région, on se trouve en présence, à mesure qu'on s'enfonce davantage en profondeur, de couches successives dont chacune jouit d'un état thermométrique permanent et qui ne dépend que de sa distance verticale à la surface de sol.

Il est remarquable qu'on ait apporté autant de persévérance à une étude qui se traduit par la possession actuelle de millions de résultats, alors que tant de circonstances latérales devaient faire craindre qu'on n'arrivât jamais à l'expression de la vérité. L'ouverture des puits et des galeries de mines, indispensables à l'établissement des thermomètres, constitue par elle seule une cause de perturbation intense des conditions souterraines qu'il s'agit de préciser. Mais ici, plus que dans beaucoup d'autres cas, s'est revélée, avec une force exceptionnelle, la toute-puissance du nombre des observations, pour faire ressortir une *moyenne* tendant progressivement vers une limite qu'on doit accepter comme le résultat désiré.

D'ailleurs, au point de vue où nous sommes placés en ce moment, une haute précision ne serait aucunement indispensable : il suffit de constater avec une certaine approximation la valeur cherchée, en lui laissant une grande latitude de variation possible.

En éliminant un certain nombre de cas où manifestement sont intervenues des causes d'accélération ou de ralentissement du degré géothermique, comme au voisinage d'éruptions peu anciennes ou de grands glaciers actuels, on est arrivé à accepter que chaque approfondissement de 30 mètres donne lieu à une augmentation de 1 degré centigrade dans la température d'un puits. Et de même, le résultat, vérifié pour certaines profondeurs avec une précision qu'on peut dire absolue, par l'examen de sondages artésiens (Grenelle) d'où les causes de perturbation sont pratiquement éliminées, n'a pu être obtenu que jusqu'à une profondeur qui ne dépasse guère 1 kilomètre.

Les objections n'ont pas manqué contre les auteurs qui admettent, dans les régions inconnues, la continuation des progrès de l'échauffement observé seulement jusqu'à la très faible profondeur de 1.000 mètres. Mais ces objections peuvent être mises de côté, au moins provisoirement, car elles ne portent que sur la valeur des chiffres et non sur le fait même de l'accroissement de chaleur vers le centre. Nous avons, en effet, des témoignages innombrables de l'intensité calorifique des zones inaccessibles, par l'incandescence des produits volcaniques, par la tension des vapeurs qui s'échappent des fissures du sol, et surtout par la preuve que les eaux, dans leur domaine souterrain, jouissent d'une activité chimique que leur arrivée au jour suffit à leur faire perdre, comme le démontre l'activité des dépôts d'incrustations minérales variées, qui signale le siège de leurs affleurements.

La progression d'accroissement de la température avec la profondeur est-elle arithmétique ou géométrique, ou même pourvue d'un taux différent? Nous ne le savons pas ; mais ces diverses hypothèses conduisent à des résultats qui, tout différents qu'ils soient les uns des autres, concluent cependant tous au même résultat général : la preuve de l'existence d'une croûte.

En admettant la raison de progression la plus généralement admise et que nous venons de rappeler, on arrive à attribuer une température constante de 2.000 degrés à la profondeur de 60 kilomètres environ. C'est là un point qui mérite attention.

Il résulte, en effet, des travaux des physiciens qu'à 2.000 degrés aucune des substances connues ne peut conserver son état solide : elle est liquéfiée, sinon volatilisée, en tout cas, fluidifiée. Dès lors, l'état solide, tel que nous le connaissons à la surface, ne peut persister en profondeur plus loin que ce niveau de 60 kilomètres, représentant exactement, comme on le voit (fig. 1.), le centième du rayon planétaire.

Ainsi donc, on peut admettre que la masse solide de la terre enfermée dans la double tunique fluide constituée par la superposition de l'atmosphère à l'océan, est elle-même réduite à une tunique de 60 kilomètres de puissance.

Ce fait a une telle importance pour la suite de nos études qu'il est indispensable de nous y arrêter un moment. Il convient de le préciser par une notion sur la région enveloppée par l'écorce terrestre et qui est formée de matériaux qu'on peut désigner sous le nom de *substance nucléaire*.

Il est très nécessaire d'avoir à son égard des enseignements permettant d'établir une sorte de base quant à l'économie de la croûte et surtout quant à son équilibre.

On a fait remarquer que sous 60 kilomètres de roches dont la densité est supérieure à 3, on a déjà une pression de 2.000 atmosphères et que par conséquent l'état de la matière à ce niveau est très dif-

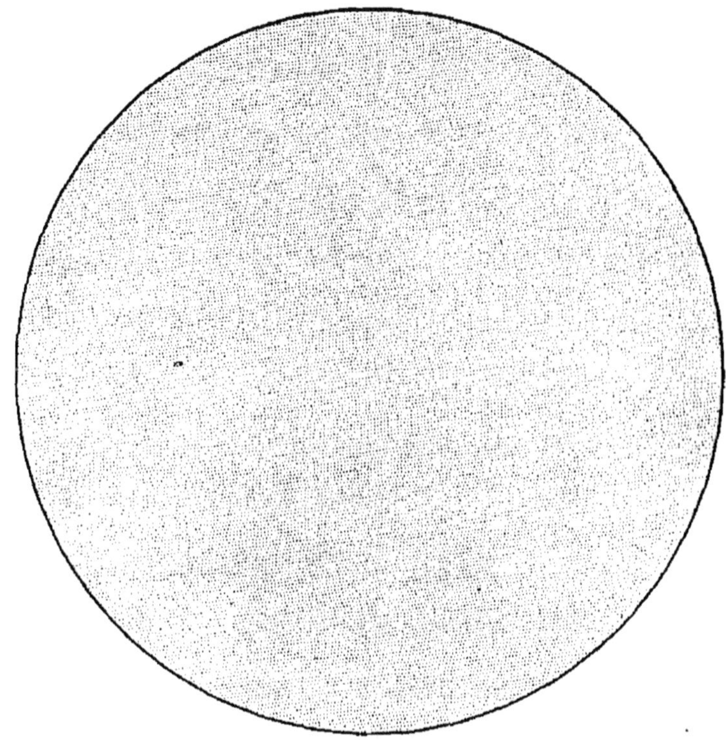

Fig. 1. — Épaisseur de la croûte solidifiée comparée au diamètre du globe terrestre.

ficile à concevoir. La haute température s'oppose au maintien de l'état solide, mais la pression ne laisse pas supposer non plus la persistance de la fluidité vraie. En pénétrant plus bas et en se rapprochant du centre, on rencontrerait des zones à l'égard desquelles on a prétendu déterminer des données, grâce à des indications séismographiques sur lesquelles nous reviendrons plus loin. Leur compacité, conclue de leur pouvoir conducteur pour des ondes dynamiques, ressemblerait à celle de l'acier forgé avec lequel elles n'auraient du reste que ce genre de ressemblance.

Tresca a montré[1] que la glace, le plomb, et même le fer fondu peuvent à la température ordinaire, mais sous une pression suffisante, subir un déplacement moléculaire qui en permet l'écoulement comme cela a lieu dans le cas des liquides. Le fer solide peut, par une pression suffisante, être contraint à pénétrer à l'intérieur des cavités et à en prendre la forme. En examinant la section polie des métaux ainsi « écoulés », on a reconnu que les particules cristallines qui les composent sont disposées avec un agencement fluidal dépendant de l'espace dans lequel le refoulement a été opéré.

Il est cependant un point ayant pour nous une signification capitale et sur lequel il semble qu'on ne puisse hésiter : c'est que la matière nucléaire, quelles que soient sa densité, sa compacité et son élasticité, a conservé, — de la mécanique de substances fluides, — la faculté de se contracter par refroidissement avec une intensité bien supérieure à celle des solides. Nous aurons ainsi dans la contraction spontanée de cette matière interne un moteur puissant pour expliquer les déplacements observés dans la croûte, et il faut remarquer qu'aucune théorie actuellement connue de la mécanique souterraine ne saurait être acceptée, si on refusait au noyau de partager avec les fluides, malgré son état non défini, cette propriété caractéristique.

Nous aurons maintes fois, dans le cours de nos études, à revenir sur ce point qui nous sera utile pour prévoir la destinée de la croûte elle-même. Pour le moment, bornons-nous à ajouter que l'on a émis

1. *Mémoire des savants étrangers*, t. **XVIII**, p. 733, et t. **XX**, p. 75, 1872.

l'opinion que le noyau à compacité comparable à celle des métaux, serait séparé de la croûte rocheuse proprement dite par une assise relativement peu épaisse douée d'une vraie fluidité et que M. Milne a désignée sous le nom de *Géite*, c'est-à-dire de matière terrestre par excellence.

Ce sont là des suppositions qui attendent le contrôle d'une observation à laquelle jusqu'à présent il ne paraît guère possible de procéder.

Il ne suffit pas d'avoir justifié la supposition de la croûte terrestre, il faut nécessairement, étant donné le but que nous poursuivons, chercher à nous faire une idée de son origine et même de son mode de formation. A cet égard, nous ne sommes certainement pas aussi désarmés qu'on pourrait se le figurer *a priori*.

En effet, et conformément aux méthodes de la *Géologie comparée*[1], nous pouvons appliquer au sujet les procédés d'observation astronomique. Cela suppose que nous donnons un acquiescement complet à la théorie cosmogonique de Laplace[2], et que nous regardons la Terre comme étant un lambeau détaché de la matière nébuleuse initiale, devenue depuis lors, par contractions successives, la substance même du Soleil[3]. Il se trouve que notre astre central, emporté comme tous les astres dans la série des étapes de l'évolution sidérale, en est justement aujourd'hui à ce stade particulier caractérisé par la production de la croûte solide entre l'atmosphère extérieure et un sphéroïde qui va devenir, en conséquence, le noyau du globe.

On sent bien que si le Soleil en est seulement

---

1. Voyez notre ouvrage intitulé *la Géologie comparée*, 1 vol. in-8°, Paris, 1895.

2. *Exposition du Système du Monde*, 2 vol. in-8°. Paris, l'an IV de la République.

3. Voyez FAYE. *Sur l'Origine du Monde*, 1 vol. in-8°. Paris, 1884, p. 192.

aujourd'hui à cette période de formation que la Terre a traversée depuis si longtemps, c'est simplement à cause de son colossal volume comparé à celui de notre planète. La formule classique du refroidissement doit s'appliquer aux mondes en formation comme aux parcelles étudiées dans leurs laboratoires par les physiciens : on sait que le volume intervient très directement dans la vitesse du phénomène.

Or, les observations innombrables dont le Soleil a été l'objet, ont montré que la photosphère, c'est-à-dire la région de l'astre qui émet la lumière, constitue comme une mince pellicule interposée entre l'atmosphère gigantesque, dans la composition de laquelle dominent les gaz légers (hydrogène, etc.) et la masse interne jouissant sans aucun doute de l'état physique d'une partie au moins du noyau terrestre. Cette coque lumineuse est évidemment d'âge très récent comparativement à l'antiquité du Soleil et elle résulte du seul refroidissement, en conséquence duquel une certaine région a perdu progressivement son état gazeux du début, pour prendre l'état solide.

Cette circonstance, qu'on ne peut mettre en doute, est elle-même de nature à arrêter l'attention, car c'est un problème remarquable que la destinée de particules solides dans un milieu voué jusqu'alors à l'exclusive fluidité. Une foule de phénomènes se déclarent alors qui n'ont pas eu d'analogues et des lois, jusque-là tenues en réserve, exercent tout à coup leur empire. Telles sont les lois si formelles de la cristallographie qui vont, sans délai, présider à l'agencement mutuel des particules solides.

Aussi ces premières productions doivent-elles mériter de la part du géologue une étude toute particulière, comme constituant la charpente primitive de tout l'édifice astronomique.

Il y a déjà longtemps que l'analyse spectrale du Soleil nous a renseignés quant à la composition chimique de la photosphère. Le fer, le magnésium, le silicium, l'hydrogène y dominent, et Alfred Cornu a fait cette remarque que la substance irradiante de notre astre central a les plus grandes analogies avec l'étoffe rocheuse dont sont faites les météorites ou pierres tombées du ciel[1].

Remarque féconde, car elle conduit à étudier, à un point de vue nouveau, toute une famille de roches terrestres gisant à de grandes profondeurs et qu'on a été amené à considérer comme dérivant, — au travers d'actions complexes, qui les ont d'ailleurs plus ou moins modifiées, — de l'assise primitive de la Terre dont l'étude nous occupe en ce moment.

C'est en rapprochant les conditions où se trouvent ces roches, que Daubrée a qualifiées de « cosmiques »[2], d'une part, dans les météorites, d'autre part, dans la photosphère du Soleil, et enfin dans les roches terrestres, — dunite, péridotite, pyroxénite, dolérite à fer natif, — que j'ai eu le bonheur de parvenir à la synthèse des silicates magnésiens, en même temps qu'à celle des alliages de fer et de nickel métalliques par un mode opératoire remplissant les conditions géologiques du gisement.

Répudiant les reproductions (parce qu'elles sont nécessairement incomplètes), par la voie purement sèche, c'est-à-dire par la fusion des éléments mélangés dans un creuset convenablement chauffé, — j'ai préparé le pyroxène, le péridot, la kamacite et la tænite par d'exclusives réactions entre des gaz ou des vapeurs mélangés. On peut dire que l'expérience consiste à faire une imitation de l'atmosphère solaire et à y déterminer une précipitation qui rappelle, malgré la haute température nécessaire, la formation du

---

1. *Comptes rendus de l'Académie des Sciences*, t. LXXVI, p. 101, 315 et 530.

2. *Bulletin de la Société géologique de France*, 2ᵉ série, t. XXIII, p. 407 (1866).

givre, par la brusque cristallisation de la vapeur d'eau atmosphérique [1].

Pratiquement, si l'on veut préparer les silicates magnésiens, on fait arriver dans un tube de porcelaine (fig. 2), chauffé au rouge, de la vapeur de chlo-

Fig. 2. — Expérience procurant la synthèse des roches initiales de la croûte terrestre, par la rencontre des vapeurs de magnésium métallique, du chlorure de silicium et de l'eau.

rure de silicium, en même temps que de la vapeur de magnésium métallique et de la vapeur d'eau. Ces trois corps réagissant mutuellement, donnent naissance, à cause de sa stabilité, au bisilicate de magnésie, connu sous le nom de pyroxène.

« Ce produit, ont écrit MM. Fouqué et Michel Lévy [2],

1. STANISLAS MEUNIER. *Mémoires présentés par divers savants à l'Académie des sciences de l'Institut national de France*, t. XXVII, n° 5, août 1880.

2. *Synthèse des Minéraux et des Roches*, 1 vol. in-8°. Paris 1882, p. 10.

est identique au pyroxène magnésien ; il en présente les mâcles et les extinctions ». L'examen microscopique, d'ailleurs, n'y révèle pas ordinairement de vacuoles renfermant des gaz ; mais l'analyse chimique en extrait du chlore et de l'hydrogène, ce qui est une reproduction du fait offert par les minéraux météoritiques et aussi par les roches terrestres. C'est une raison déterminante pour reconnaître que des expériences, par voie de fusion ignée, ne sauraient éclairer complètement l'origine des minéraux.

Le procédé de synthèse efficace, comme on voit, pour la partie pierreuse des roches qui nous occupent et qu'on peut appeler initiales, s'est appliqué tout aussi bien à leur partie métallique : non seulement les alliages des météorites ont été imités jusque dans leurs détails et dans leur association mutuelle ; mais on a pu de même reproduire les fers carburés des dolérites d'Ovifak, au Groënland, qui sont, à n'en pas douter, des spécimens de la coque primitive de notre Terre [1].

Aussi, dans le laboratoire, éclairés par le gisement des roches terrestres, par la composition des pierres tombées du ciel et par le mécanisme actuellement à l'œuvre dans le Soleil et que Faye a analysé d'une manière si magistrale, parvenons-nous à formuler des conclusions très formelles et à proclamer que l'état gazeux n'a pas conduit au premier état solide par l'intermédiaire d'une fusion transitoire, mais qu'il s'est constitué brusquement. Et c'est ainsi que s'explique, par exemple, l'état fragmentaire, — cataclastique, comme on l'a dit, — des pierres météoritiques, état fragmentaire tout à fait comparable à celui du givre d'eau précipité rapidement.

Les observations de Faye sur la structure du

1. STANISLAS MEUNIER. *Comptes rendus de l'Académie des Sciences*, séance du 5 mai 1879.

Soleil[1] permettent de concevoir comment la petite membrane cristalline des débuts sera progressivement remplacée par une écorce comparable à celle de la Terre. Tout d'abord, on peut remarquer que c'est l'installation de l'état solide à la surface de notre astre central qui a donné au Soleil sa faculté lumineuse dont les effets ont pour nous des conséquences si indispensables. Dans son état antérieur de globe très chaud, le Soleil ne rayonnait pas plus que la flamme de l'hydrogène pur, qui est, comme tout le monde le sait, essentiellement peu éclairante. Mais, de même que celle-ci brille d'un grand éclat si l'on y projette quelque poussière solide, — noir de fumée, limaille de platine, poudre de craie, — de même, le globe solaire est devenu brillant par la production dans sa masse de petits grains givreux de pyroxène ou de fer métallique. L'augmentation d'éclat est donc une conséquence du refroidissement. L'installation de la photosphère ne se fait pas d'ailleurs sans une sorte de lutte qui, comme Faye l'a magistralement exposé, introduit dans la physique solaire plusieurs de ses traits les plus caractéristiques. En effet, cette énorme masse gazeuse, tournant, comme on le sait d'après Galilée, autour de l'un de ses diamètres, des vitesses très inégales se répartissent à sa surface, depuis l'équateur, où elles ont leur maximum, jusqu'aux pôles. Il en résulte une série de courants parallèles à l'équateur et qui ressemblent aux filets voisins dans un cours d'eau. Avec une rapidité convenable de ceux-ci, on les voit se composer et engendrer des mouvements tournants, d'où résultent des tourbillons qui peuvent, sous forme d'entonnoirs, aller atteindre le fond du cours d'eau. Sur le Soleil, il s'en fait tout autant, mais à l'échelle de cet astre colossal, et le résultat est singulier; en effet, les grains

1. *Sur l'Origine du Monde*, 1 vol. in-8°. Paris 1884, p. 206.

cristallins constitutifs de la photosphère étant entraînés par le tourbillon dans les régions basses, c'est-à-
dire internes du globe solaire, leur réchauffement les
détruit, leur rend l'état gazeux et leur retire leur
éclat. Et il se produit ces taches qui n'intéressent que
la région équatoriale, à rotation rapide, celle où les
tourbillons peuvent se développer.

Et comme Faye se plaisait à le constater, une
sorte de sanction de cette manière de voir résulte de
l'observation, maintenant facile, de la suite du phénomène. Les gaz développés par la destruction des
grains solides dans la tache, amenés brusquement
dans les profondeurs, s'y réchauffent, s'y dilatent et
en reçoivent une force ascensionnelle considérable.
Aussi les voit-on venir faire éruption sur le bord
même de la tache où ils sont abîmés et jaillir dans
l'atmosphère sous la forme des protubérances ou
flammes roses, dont Janssen a rendu l'observation
possible, même en dehors des époques d'éclipses.

Cette période d'établissement des taches et des éruptions consécutives des protubérances devra durer un
temps prodigieux ; mais à la faveur du refroidissement toujours continué, la croûte s'épaissira, se con-
solidera et perdra peu à peu son éclat, de manière à
constituer un écran continu entre l'atmosphère et la
substance du noyau.

Ces étapes dont le Soleil commence la série, se
sont depuis longtemps écoulées pour la Terre, et dès
maintenant l'écorce initiale est entièrement masquée
par des revêtements extérieurs d'origine toute différente et qui l'ont successivement épaissie. Ce sont
les matières abandonnées, les unes par l'atmosphère
primitive en conséquence de son refroidissement et
qui sont de simples produits de condensation concernant les substances les moins volatiles parmi celles
qui s'étaient épandues autour du noyau de matières
plus rafraîchies ; les autres proviennent de précipi-

tations chimiques consécutives à des réactions réalisées entre des substances précédemment séparées.

Pendant qu'a lieu cette augmentation d'épaisseur sur la face externe de la pellicule primitive, il s'en fait une autre parfaitement symétrique sur la face interne de celle-ci, aux dépens des matières nucléaires successivement envahies par le refroidissement inéluctable, et acquérant ainsi l'état solide, soit par un mécanisme identique à celui des premiers temps et que nous décrivions tout à l'heure, soit par un processus différent et dépendant du mode de formation par la fusion en vase clos, en présence de substances élastiques.

En tout cas, c'est ainsi que la croûte est parvenue peu à peu à l'épaisseur que nous lui avons reconnue par des observations de thermométrie souterraine, et l'on voit que le niveau des débuts n'en constitue qu'une bien petite partie.

Bientôt, elle a été assez difficile à traverser par la chaleur interne (vu sa faible conductibilité), pour que sa face extérieure ait été amenée à une température favorable à la condensation de l'eau précédemment en vapeur et plus anciennement encore sans doute, à l'état de dissolution. Alors, la zone des roches solides s'est recouverte de là coque aqueuse constituant l'Océan et qui d'abord a été saturée des principes solubles dont l'atmosphère des premiers temps devait être surchargée.

Une épuration, dont on conçoit les progrès, a amené la séparation des océans qui, au début, ont pu recouvrir uniformément l'écorce, mais qui ensuite (et c'est un des sujets principaux de nos études futures) se sont concentrés dans des bassins laissant émerger au-dessus des eaux les régions insulaires et continentales.

Dès lors, les éléments dont la croûte s'est enrichie sont devenus surtout des productions de la voie humide (ou aqueuse) dont les éléments ont été empruntés aux assises précédemment formées, inaugurant ainsi un régime, qui dure encore aujourd'hui et pour longtemps, de destructions incessantes et de rénovations toujours recommencées.

Les entailles si nombreuses de la croûte terrestre nous permettent de retrouver les détails de ces vastes travaux : et c'est, au propre, le but principal de la Géologie. On sait déjà comment leur examen procure un spectacle dont la Science de la Terre a le monopole et qui suffirait pour en faire la plus captivante de toutes les formes de l'activité intellectuelle. Il s'agit de la brusque apparition, au milieu de formations dont la production ne suppose que l'intervention des agents de la physique et de la chimie, d'horizons où se signale la collaboration de la vie. Les masses contemporaines de cet immense événement méritent une attention spéciale et bientôt on y découvre de véritables roches telles que la houille, dont aucune autre cause que la force biologique n'est capable de nous procurer des spécimens. Et l'on ne peut manquer de voir, dans cette éclosion des produits physiologiques, une espèce de pendant de l'apparition de l'état solide que nous mentionnions il n'y a qu'un instant. La ressemblance est intime entre les organismes provenant d'un arrangement spécial de la matière devenue le foyer et comme le support d'une entité dynamique particulière — la *vie* — et les cristaux que nous avons vus provenir aussi de matériaux antérieurs et constituer un point d'application de cette autre entité dynamique qui cause les architectures cristallines.

Mais, arrivée à ce degré de développement, la croûte terrestre s'est déjà signalée depuis longtemps à notre attention par d'autres particularités très fécondes en conséquences. Sa qualité d'écran ou de cloison séparative entre deux genres de milieux essentiellement différents, ne va pas sans une très notable perméabilité qui lui permet de favoriser des circulations dans les sens les plus opposés. De l'intérieur vers l'extérieur, elle livrera passage à un flux de chaleur qui, pour être peu sensible, n'en est pas moins réel et amène le refroidissement progressif de la substance nucléaire. De l'extérieur vers l'intérieur, elle livre passage, à mesure que sa température s'atténue, aux fluides de la surface et spécialement à l'eau qui en imprègne, qui en mouille les régions superficielles sur une épaisseur qui va constamment en grandissant.

Nous ne saurions, sans sortir du cadre du présent volume, analyser tous les phénomènes internes dont la croûte est le théâtre en conséquence des dispositions qui viennent d'être esquissées et nous sommes contraints de renvoyer le lecteur à la *Géologie générale*[1]. Nous nous bornons donc à résumer en deux mots les traits les plus essentiellement caractéristiques de l'écorce rocheuse de notre globe. Continuant la structure concentrique déjà manifestée par la superposition de l'atmosphère à l'océan et de l'océan à la croûte, elle offre à nos regards des éléments régulièrement étalés : la primitive écorce recouverte des sédiments extérieurs et recouvrant les placages internes. En outre, son épaisseur de 60 kilomètres se répartit en deux zones également concentriques, dont la plus superficielle a appelé dans ses pores et par capillarité une quantité chaque jour plus grande d'humidité fournie par les amas aqueux de l'extérieur, pendant que la plus profonde est encore trop chaude pour que cette pénétration ait pu s'y produire jusqu'à présent.

On va voir combien il importe d'avoir ces faits présents à l'esprit pour comprendre le mécanisme

____

1. 1 vol. in-8°, 2ᵉ édition. Paris, Alcan, 1908.

des phénomènes qui font l'objet principal de ce livre. Mais sans supposer aucun changement dans l'allure actuelle des phénomènes dont la croûte est le produit, nous ne pouvons manquer de concevoir que la substance nucléaire ne saurait conserver éternellement l'état physique actuel, résultant de sa haute température et de la compression qu'elle s'inflige à elle-même en tendant, par une chute inévitable, vers son propre centre de gravité.

Le refroidissement étant centripète et s'étant déclaré par la surface du globe, l'épaississement interne de la croûte devra se continuer tant qu'il y aura de la matière à solidifier. Mais on ne peut échapper à cette conclusion que la matière nucléaire, éprouvant un refroidissement considérable, elle va subir une diminution correspondante de volume. On ne voit pas comment le résultat ultime ne serait pas une coque vide, à la manière des anciens boulets fondus qui présentent une chambre centrale — avec cette particularité que la chambre sera une fraction bien autrement considérable du volume total de la planète.

Dès aujourd'hui, nous devons admettre que certains corps célestes sont parvenus à l'état que nous avons en vue, et rien ne nous empêche de le supposer, par exemple pour la Lune. Les observations montrent qu'elle a possédé des eaux superficielles et une atmosphère, puisque les phénomènes volcaniques dont elle conserve de si nombreux et si éloquents témoignages, ne sont pas compréhensibles sans ces conditions. Et nous savons aussi, par la coïncidence exacte des moments calculés d'occultation d'étoiles avec l'observation de ces éclipses, qu'aucune réfraction n'est infligée à la lumière sur les bords du disque lunaire. Il est donc démontré que la Lune a absorbé par capillarité tous les fluides qui, jadis, enveloppaient sa masse solide.

Nous savons même davantage, puisque les astro-

nomes ont depuis longtemps signalé, dans notre
satellite, des signes incontestables de craquellement
et il nous faut en conclure que le noyau doit être
entièrement solidifié par refroidissement. Comme il
est matériellement impossible d'admettre que le
volume de ce solide soit comparable au volume de la
matière primitive, dilatée par la prodigieuse chaleur
des débuts, il faut de toute nécessité que la Lune
consiste en une masse creuse dont la paroi peut être
relativement très mince.

Les choses sont alors admirablement disposées
pour que se réalise plus tard le morcellement progressif et spontané qui paraît avoir donné naissance
aux dépens d'une ancienne planète extra-Martienne,
aux centaines de débris circulant de concert, sous la
forme d'essaims d'astéroïdes, dont le recensement
n'est pas terminé ; ou encore (avec un second satellite dont la Terre a joui jadis, en même temps que la
Lune, garantie provisoirement de la pulvérisation par
son plus gros volume), aux innombrables météorites
qui tombent sur notre sol à des époques que ne règle
aucune périodicité [1].

Pour le dire en passant, ces dispositions merveil-
leuses font, de la croûte des astres, un agent de transmission de substance et d'énergie entre les corps
célestes qui ont terminé le cycle de leur évolution
et ceux qui sont encore livrés à l'activité géologique.
C'est une sorte d'analogie, à l'échelle cosmique, des
phénomènes nutritifs auxquels les manifestations
biologiques doivent leur continuation à travers les
âges, les générations successives se transmettant,
avec leur substance abandonnée au moment de la
mort, une contribution matérielle et dynamique.

---

1. A cet égard, comme à d'autres, le phénomène des météorites est essentiellement différent du phénomène des étoiles
filantes, directement rattachables aux comètes, malgré les
efforts de ceux qui essaient d'établir ici une confusion.

Pour ce qui concerne la croûte terrestre, il n'y a pas à faire de doute que son avenir, d'ailleurs incompréhensiblement lointain, ne cadre avec les vues précédentes. Le calcul a démontré à Durocher que, dès maintenant, elle a absorbé plusieurs fois le volume d'eau qui reste liquide dans l'ensemble de tous les océans et que ceux-ci seront bien loin de pouvoir suffire à l'imprégnation des matériaux qui restent à refroidir et à solidifier, seulement au taux des roches actuellement les moins hydratées, comme le granit et les marbres.

Nous ne nous dissimulons pas que l'histoire de la croûte terrestre, réduite aux considérations précédentes, est bien loin d'être complète ; mais ce qui lui manque, c'est précisément ce que nous avons le projet de soumettre à une étude attentive ; c'est-à-dire le contre-coup qu'elle doit éprouver des modifications infligées au noyau par son refroidissement ininterrompu. On va voir que la théorie de toutes les convulsions de la zone rocheuse sur laquelle nous sommes condamnés à fonder nos établissements, nécessairement si précaires, repose avant tout sur les conditions auxquelles nous faisons allusion.

PREMIERE PARTIE

LES TREMBLEMENTS DE TERRE

CHAPITRE PREMIER

LES FAUX TREMBLEMENTS DE TERRE

Sommaire. — Nécessité de préciser le sujet. — Tassement des pays à mines de houille. — Glissement désastreux de Brux en Bohême. — Les effondrements du Jura, du Valais et des environs de Paris. — L'éboulement du Rossberg. — La ruine du Grand-Sable à La Réunion. — Catastrophe de Glaris. — La « montagne qui marche ». — Secousses produites par les coups de grisou, par le choc des vagues, par le passage des trains de chemin de fer. — Le soulèvement du Val-Fleury.

Tout le monde a employé l'expression de tremblement de terre, remplacée souvent par celle de séisme, mais tout le monde ne s'est pas préoccupé de la définir. Or, il paraît que rien n'est plus nécessaire ici que d'introduire de la précision dans nos discours, de pseudo-tremblements de terre existant à côté des vrais.

Dans beaucoup de cas, ces pseudo-tremblements sont faciles à reconnaître. Il faut cependant les décrire d'une manière concise, afin de les éliminer à coup sûr.

Ils se présentent, par exemple, dans les pays où le sous-sol est transpercé de galeries de mines.

FIG. 3. — Habitation crevassée à la suite d'un affaissement du sol, consécutif à l'exploitation souterraine de la houille sur la limite commune de Lens et de Courrières (Pas-de-Calais) en 1895.

J'ai eu l'occasion, pour ma part, d'étudier les effets des mouvements du sol dans le département du Pas-de-Calais, non loin des houillères de Courrières et de Lens. J'ai été frappé de l'analogie qu'ils présentent avec les traces de séismes proprement dits. Par exemple, les maisons crevassées ont exactement l'allure de celles observées dans les pays à tremblements classiques, et il est certain que la cause du crevassement est vraiment la même : le déplacement du sol. Ce qui variera seulement, c'est la cause du déplacement (fig. 3).

Ici, il n'y a aucun doute : la matière minérale extraite du sol a laissé un vide exerçant sur les roches un appel irrésistible. Le glissement résultant a mis en mouvement de proche en proche un volume plus ou moins grand et la surface du terrain a subi un affaissement correspondant.

La forme de ces sortes d'accidents peut varier indéfiniment, suivant les circonstances déterminantes. Parfois le résultat présente des caractères d'extrême gravité. C'est, en particulier, ce qui s'est produit à Brux, en Bohême, dans la nuit du 20 au 21 juillet 1895, où le mouvement du sol amena la destruction totale de 31 maisons, des dégâts plus ou moins graves dans 60 autres constructions et la misère de 2.000 habitants privés de tout abri. Il s'était produit dans les galeries des mines de lignite ouvertes dans le sous-sol de la ville, un glissement du sable constituant une couche de 3 à 10 mètres d'épaisseur sur 450 mètres d'étendue horizontale et représentant 50.000 mètres cubes. Il en résulta un affaissement du sol où s'ouvrirent des crevasses comme sous l'effet d'un vrai tremblement de terre [1].

1. *Uber die Katastrophe von Brux* (avec six planches et quatre gravures dans le texte), par FRANZ TOULA. Vienne, 1896. — Extrait des *Vereines zur Verbreitung naturwiensenschafftlicher Kentniss* in Wien, XXXVI⁰ année, premier cahier.

Les cas ne manquent pas où des dispositions naturelles n'ayant rien à voir avec celles qui engendrent les vrais séismes, donnent lieu à des déplacements plus ou moins brusques de la surface du sol. L'un des plus simples se trouve réalisé dans un certain nombre de régions essentiellement calcaires, et, par exemple, dans une partie du Jura avoisinant Lons-le-Saunier, qui a été spécialement étudiée par Fournet[1].

Il arrive que les eaux d'infiltration dissolvent en profondeur des masses rocheuses de diverses catégories, comme le gypse, le sel gemme, etc. Parfois les vides ainsi produits tendent à se combler par des tassements qui peuvent produire à la surface des effets plus ou moins comparables à ceux des tremblements de terre (fig. 4)[2]. Par exemple, on ressentit en 1855, pendant plus d'un mois, des mouvements du sol dans la vallée de Viège, en Valais : des fentes s'ouvrirent dans les rochers et il se produisit des éboulements dont plusieurs écrasèrent des habitations. L'existence de grandes cavités souterraines est rendue incontestable par la présence, dans la région, de plus de vingt sources tellement chargées de sulfate de chaux qu'on évalue à l'énorme quantité de 4.000 mètres cubes de gypse qu'elles rejettent sur le sol au cours de chaque année. Sans doute beaucoup d'autres tremblements de terre de pays semblablement constitués doivent se rattacher à cet énorme travail d'érosion chimique.

On constate dans les Alpes des points où l'anhydrite s'est transformée en gypse par son hydratation. Or,

---

1. FOURNET. *Mémoires de l'Académie des Sciences de Lyon*, vol. de 1830.

2. Je tiens à adresser ici mes très vifs remerciements à M. Auguste Robin, l'auteur bien connu d'excellents ouvrages de vulgarisation géologique, pour la libéralité avec laquelle il m'a autorisé à puiser, au profit de mes lecteurs, dans son véritable trésor photographique.

Fig. 4. — Église Saint-Martin, à Étampes (Seine-et-Oise), clocher incliné à cause du glissement lent du sous-sol constitué par les marnes à huîtres du terrain oligocène. — Cliché Aug. Robin.

3

celle-ci ne peut s'accomplir sans provoquer dans la masse intéressée une énorme augmentation de volume et cette augmentation a nécessairement des contre-coups dans les régions voisines.

Dans le gypse des environs de Paris, à Thorigny, on voit de larges entonnoirs d'effondrement tout à fait caractéristiques. A Livry-Sévigné, il y a également de toutes parts des affaissements qui ont amené la ruine d'ateliers et d'usines.

On aura une idée de l'intensité des soustractions souterraines par le volume de roches fontigéniques accumulées à la surface. A Kapouran (Java) toute la chaux est fabriquée par la cuisson du tuf apporté par les sources.

La circulation des eaux a très fréquemment des conséquences comparables à celles des travaux industriels. Des érosions superficielles parvenues à de certaines dimensions par la soustraction de matériaux condensés ailleurs sous forme de tuf ou d'alluvion, donne lieu plus ou moins brusquement, sous la pesanteur des masses voisines convenablement disposées, à des accidents parfois graves, et spécialement à des glissements, souvent lents mais irrésistibles, dont il est utile de rappeler quelques exemples.

Le 2 septembre 1806, la montagne de Rossberg, qui domine le village de Goldau, entre les lacs pittoresques de Zug, d'Egeri et de Lowetz, et à proximité du Righi, fut le théâtre d'un glissement dont Alexandre Dumas a fait le récit très exact dans ses *Impressions de voyage en Suisse*. Un gigantesque massif rocheux, de 4 kilomètres de longueur sur 320 mètres de largeur et 32 mètres d'épaisseur, descendit selon le plongement des couches et, en conséquence du délayage déterminé par les pluies d'assises argileuses sous-jacentes à des bancs de poudingues (*Nagelfluhe*). L'énergie du frottement fut telle que l'eau imprégnant le sol fut volatilisée et qu'il y eut des explosions très bruyantes. On dit que des oiseaux furent tués en l'air. Tout le village fut enseveli avec les habitants. En 1874, on découvrit encore un squelette.

De semblables accidents se sont renouvelés à beaucoup de reprises. Le 26 novembre 1875, le Piton des Neiges et le Gros-Morne, dans le cirque de Salazie, à la Réunion, écrasèrent, par le même mécanisme, le village de Grand-Sable et ses habitants, sous un éboulement de 5 kilomètres de longueur tombant d'une altitude de 3.000 mètres.

A Glaris (Suisse), le Plattenberg a provoqué à plusieurs reprises des catastrophes pareilles.

Le 21 février 1896, le sol où est ouverte, dans le Gard, la mine de houille de la Grand'Combe, se mit à glisser en masse, mais avec une lenteur qui contraste avec l'allure des phénomènes précédents. On entendit des bruits souterrains. Le « puits du Gouffre » fut le premier détruit. Des rochers énormes se détachèrent de la montagne et roulèrent dans la plaine, broyant tout sur leur passage. L'affaissement du sol a été de plus de 40 mètres, et, à mesure que le « Gouffre » descendait, le lit du Gard s'élevait jusqu'à $2^m,50$.

Les coups de grisou, dans les mines de houille, déterminent parfois à la surface du sol des éboulements dont les effets sont très comparables à ceux des séismes. Aussi a-t-on pensé qu'on pourrait appliquer à leur étude et surtout à leur prévision les méthodes en usage parmi les séismologues. C'est ce qu'avait pensé Beguyer de Chancourtois[1]. « Le perfectionnement des observations sismologiques, dit-il, et l'extrême sûreté des procédés que M. d'Abbadie,

____

[1] « De l'étude des Mouvements de l'Écorce terrestre poursuivie particulièrement au point de vue de leurs rapports avec les dégagements des produits gazeux ». *Annales des Mines*, livraison de mars-avril 1886, et tiré à part sous la forme d'un volume in-8°. Paris, 1886.

promoteur de ces études, et M. Bouquet de la Grye emploient pour constater les petits mouvements de l'écorce terrestre, m'ont fait entrevoir la possibilité de tirer de ce genre d'observations un moyen pratique de prévoir, dans une certaine mesure, les dégagements de grisou. Je pense que des appareils séismographiques installés à portée des exploitations houillères, annonçant les recrudescences d'activité dans ces mouvements intérieurs des terrains, pourraient fournir des avertissements d'après lesquels on redoublerait de surveillance et de précautions. »

A Dunkerque, Yvon Villarceau a reconnu que le sol tremble à 1 kil. 1/2 du rivage, sous le choc des vagues, les jours de tempête.

Le capitaine Denmann a constaté que les vibrations produites par le passage d'un train de marchandises étaient perçues, par des séismographes placés à 400 mètres de distance horizontale. De même, le professeur Paul, cherchant pour l'observatoire de Washington, qu'il s'agissait alors de construire, un emplacement qui fût à l'abri des trépidations locales, s'aperçut qu'en observant l'image d'une étoile dans un bain de mercure, on pouvait reconnaître à 1.600 mètres l'arrivée d'un train de chemin de fer, avant d'en entendre le bruit. L'ancien directeur de l'observatoire de Greenwich, près de Londres, le célèbre astronome Airy, avait reconnu que la présence dans le parc de l'établissement du public venu en foule les soirs fériés, empêchait, par les secousses imprimées au sol, toute observation d'étoile.

C'est de faits de ce genre que Chancourtois concluait très judicieusement que l'étude, rationnellement faite, des trépidations artificielles du sol pourrait aider à la découverte des lois qui régissent la propagation des mouvements séismiques proprement dits. On verra que ces recherches ont été faites depuis.

On peut, dans une série différente, noter en

passant la surcharge artificielle de terrains fluents. Dans ce genre, un accident survenu, lors de la construction du viaduc du Val-Fleury, à Meudon, pendant la construction du chemin de fer de Versailles (rive gauche), mérite une mention.

Par une inadvertance difficile à comprendre, on établit la lourde masse du pont sur la nappe d'argile plastique si connue, exploitée dans cette région méridionale des environs de Paris. Par l'effet du poids colossal ainsi appliqué en un point circonscrit, l'argile s'est lentement écoulée dans les directions centrifuges et à une certaine distance du centre de compression, elle s'est soulevée en un bourrelet plus ou moins irrégulier. Celui-ci atteignit bientôt un relief assez considérable pour renverser les constructions qu'il portait.

Si des ruines recouvrirent le sol, les caractères principaux du séisme manquèrent cependant.

CHAPITRE II

LES TREMBLEMENTS DE TERRE VRAIS

Sommaire. — Un exemple de grand tremblement de terre : Messine 1908. — Les indications du séismographe et du maréographe. — La destruction et l'écrasement. — La terreur chez l'homme et chez les animaux, d'après Sénèque, Humboldt, le docteur Fazio.

Les pseudoséismes étant écartés par nos observations précédentes, nous devons nous préoccuper de résumer les caractères des véritables tremblements de terre. Ici nous n'avons qu'à faire appel à nos plus récents souvenirs pour nous trouver en présence de toutes les circonstances dont le récit nous a angoissés, lors des catastrophes de Messine (28 décembre 1908), et peu avant de San-Francisco (18 avril 1906), du Japon (27 octobre 1891), de Charleston (31 août 1886).

Pour nous en tenir aux faits les plus généraux et afin de préparer l'analyse des diverses particularités séismiques, constatons tout d'abord que le tremblement de terre se déclare toujours sans aucun signe précurseur. On a parfois noté l'état tragique du temps : la tempête, le cyclone même, ou bien un calme analogue à celui qui précède l'orage. Mais il y a indépendance absolue du phénomène souterrain et de la météorologie, puisque celle-ci s'est tout aussi souvent montrée clémente et même charmante : le tremblement de terre de 1887, auquel nous avons personnellement assisté à Nice, s'est déchainé par un temps idéal : ciel bleu, mer calme, campagne parfumée de fleurs.

Ce qui caractérise avant tout le tremblement de terre, c'est sa soudaineté : il naît presque en même temps que le bruit formidable ; c'est la courte durée de ses chocs ; c'est la dimension incomparable des désastres dont il est la cause.

Rappelons donc que le 28 décembre 1908, à 5 h. 21' 15″ du matin, alors que la grande majorité de la population dormait encore, le sol se mit à trembler à Messine, à Reggio et dans leurs environs. Ce fut, au début, un frémissement peu sensible qui augmenta pendant 10 secondes, puis diminua un temps égal, pour cesser tout à fait. Après un repos de deux minutes et sans transition, c'est la fin du monde qui arrive : secousses violentes, fracas formidable d'écroulement, clameurs désespérées et ténèbres profondes, — stupeur dirait-on de la nature elle-même. La ruine est consommée ; la cité, tout à l'heure splendide et florissante, est détruite et sa population écrasée.

Le *séismographe* de l'Observatoire de Messine, retrouvé sous les décombres donna l'heure, le nombre et l'intensité des secousses. Sa relation fut complétée par celle du *marégraphe* qui nous a renseignés sur les mouvements de la mer. D'après cet instrument enregistreur, l'amplitude des oscillations marines n'aurait pas dépassé 22 centimètres. Cependant il y a bien eu un raz de marée. Le phénomène marin a commencé par un retrait du flot qui s'est précipité ensuite avec violence sur le rivage. Le ferry-boat faisant le service entre Messine et Reggio toucha le fond, puis fut lancé avec force sur le ponton d'embarquement qui fut pulvérisé avec lui.

Sur le quai de Messine, le marché au poisson, qui était à 2 mètres au-dessus de la mer, est resté submergé, sans doute parce qu'une partie du rivage, formée de terrain récent, a glissé sur la pente des couches sous-jacentes.

Le caractère le plus évident du séisme est donc la quasi-instantanéité de la ruine qu'il a déterminée. Mais on sait que la secousse meurtrière n'est pas nécessairement isolée. A Messine, des oscillations de toutes les intensités se sont succédé à des intervalles essentiellement irréguliers durant plusieurs mois. Nombre de ces secousses ont été presque aussi violentes que la première, et si elles ont causé peu de dégâts et fait peu de victimes, c'est simplement parce qu'il ne restait plus que peu de mal à faire.

L'étude des lieux ébranlés conduit à des constatations du plus haut intérêt, puisqu'elle montre une sorte de symétrie : autour de la région sinistrée et qui, seule d'abord, a fixé l'attention, on rencontre des zones grossièrement concentriques établissant par des degrés successifs le passage aux pays qui n'ont point souffert. Ces zones, plus ou moins nombreuses, suivant les cas et limitées les unes aux autres d'une manière plus ou moins arbitraire, montrent des ruines de moins en moins graves et, en s'éloignant toujours du point le plus éprouvé, des localités où la population en fut quitte pour la peur, c'est-à-dire éprouva la sensation séismique, inoubliable et incomparable par la détresse où elle jette l'âme, privée tout à coup du support sur lequel, d'instinct, elle est habituée à compter.

La signification de ces zones transitoires entre les localités les plus ravagées et les régions indemnes se précise, quand on constate qu'elles n'ont point été secouées exactement en même temps, tandis que, si l'on dessine sur la carte les lignes d'égal dommage ou les lignes d'agitation simultanée, on fait deux fois le même dessin ; d'où il ressort une importance spéciale pour le point le plus éprouvé et le premier atteint. Ce point-là était certainement le plus rapproché du foyer inconnu où a pris naissance l'énergie séismique : c'est son *épicentre* et la forme sphérique des ondes mécaniques qui en sont émanées, en même temps que la loi d'atténuation en raison inverse du carré de la distance, expliquent tous ses caractères, comparés à ceux des régions voisines.

La terreur produite par le tremblement de terre est sans analogue et elle a inspiré souvent les poètes et les écrivains :

« Il n'y a point, dit Sénèque [1] de calamité à laquelle on ne puisse se dérober ; jamais la foudre n'a consumé des peuples entiers ; la peste dépeuple les villes, mais ne les détruit pas : le fléau dont nous parlons est le plus étendu, le plus inévitable, le plus infatigable, le plus général de tous les fléaux. Ce n'est point à des maisons, à des villes qu'il s'attaque : ce sont des nations, des régions entières qu'il détruit ; tantôt il les couvre de leurs débris, tantôt il les ensevelit dans des abîmes profonds, sans la moindre trace qui fasse juger de ce qui n'est plus, de ce qui a du moins existé ; le sol étendu sur les villes les plus puissantes, fait disparaître jusqu'aux moindres vestiges de leur état précédent ».

Et Humboldt :

« Dès notre enfance, nous étions habitués au contraste de la mobilité de l'eau avec l'immobilité de la terre. Tous les témoignages de nos sens avaient fortifié cette sécurité. Le sol vient-il à trembler, ce moment suffit à détruire l'expérience de toute la vie. C'est une puissance inconnue qui se révèle tout à coup ; le calme de la nature n'était qu'une illusion et nous nous sentons rejetés violemment dans un chaos de forces destructives. Alors chaque bruit,

---

1. *Questions naturelles*. Liv. VI, chap. I.

chaque souffle d'air excite notre attention : on se défie surtout du sol sur lequel on marche. »

De telles impressions ont été jusqu'à amener la perte de la raison. Le Dr Eugène Fazio qui, à propos de la catastrophe de Casamiccioala (28 juillet 1883), a étudié les effets physico-pathologiques du tremblement de terre sur l'homme, note que, dans la matinée du 29, la douleur des survivants ne se manifestait ni par des sanglots, ni par des larmes..., ils étaient hébétés et apathiques. La stupéfaction atténuait tout sentiment : interrogés, ils ne donnaient que des réponses vagues et qui souvent ne correspondaient pas à la question ; la mémoire était oblitérée, et c'est avec peine qu'ils pouvaient réunir leurs pensées. Il y eut de véritables cas de folie, mais ce qui dominait, c'était l'état d'hyperesthésie générale...

L'épouvante frappe même les animaux. Les ânes, les chevaux, animaux habitués à être conduits par l'homme, lorsqu'ils peuvent briser leurs licous, viennent se réfugier auprès de lui. Les chiens hurlent, les porcs poussent des cris déchirants. « Les crocodiles de l'Orénoque, d'ordinaire aussi muets que nos petits lézards, fuient le lit ébranlé du fleuve et courent en rugissant vers la forêt »[1].

1. Humboldt. *Cosmos*. Trad. franç. par H. Faye, t. I, p. 243.

CHAPITRE III

PROCÉDÉS D'ÉTUDE DES TREMBLEMENTS DE TERRE

Sommaire. — Premiers appareils employés pour étudier les tremblements de terre. — Séismographe à mercure. — Séismographe à pendule. — Pendule de Milne. — Séismogrammes. — Troponomètres. — Microséismographes. — Troposéismomètre et orthoséismomètre. — Tremblements de terre à grande distance notés par les appareils. — Études expérimentales des oscillations de la verticale. — Les marées de la croûte terrestre. — Statistique des séismes.

Chacun des détails dont l'ensemble compose le phénomène séismique mérite d'être décrit à part; il comprend des variétés dont la mention est du plus vif intérêt pour parvenir à la conclusion finale.

Nous allons les passer en revue, sans nous attacher à y établir une classification rationnelle : la plus pratiquement commode sera évidemment la meilleure.

On conçoit d'ailleurs que les documents ne peuvent être recueillis d'une manière sérieuse et profitable que par l'application de bonnes méthodes d'observation. Mais l'observation de phénomènes aussi effrayants est assez malaisée, et il faut s'attendre à voir de grosses erreurs dans l'appréciation des durées et des intensités. D'après Milne [1] le plus ancien de ces

1. *Earthquakes and other earth movements.* 1 vol. in-8°. New-York, 1886, p. 14.

instruments fut inventé en Chine cent trente-six ans avant notre ère, par Chôko. Comme on le voit dans la figure 5, il consiste en un vaisseau sphéroïdal en cuivre de 8 pieds de diamètre. Sur son pourtour se présentent huit têtes de dragons fabuleux, dont cha-

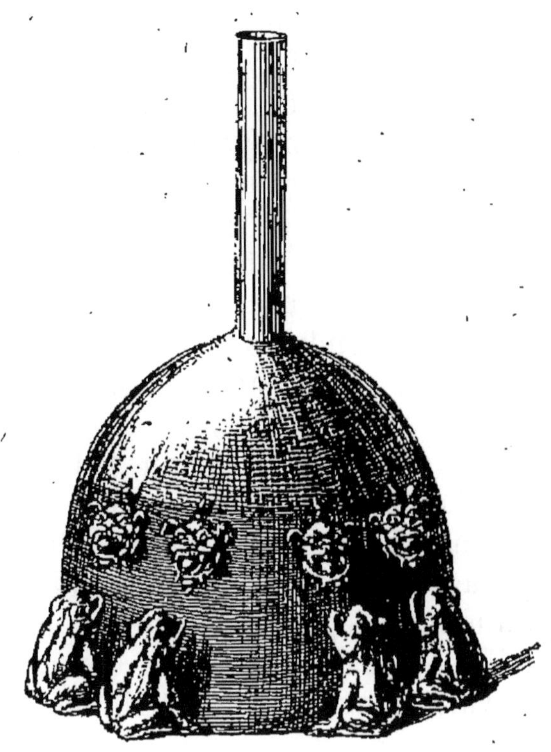

Fig. 5. — Le plus ancien des séismomètres, construit cent trente-six ans avant Jésus-Christ, par le Chinois Chôko. — D'après John Milne.

cune tient en sa gueule une petite bille. Si une secousse se produit, la bille située dans la direction de l'ébranlement vient se loger dans la bouche de la grenouille accroupie au-dessous du dragon, qui la rejette et fournit orienté un témoignage du phénomène.

Séismographes. — Dans les temps modernes on a inventé les séismographes et les séismomètres vraiment scientifiques.

Grâce à eux, plusieurs physiciens ont constaté dès le XVIIe siècle, et surtout au XVIIIe, des mouvements très petits et d'origine inconnue, réalisés par des pendules de longueurs considérables. Ainsi. en 1753, le baron de Graute qui, dans une grotte des environs de Louviers en Normandie, y observait un pendule de onze pieds de longueur, remarqua un mouvement continuel de forme elliptique et l'attribua à l'existence dans le sol de mouvements trop faibles pour être perçus par les moyens ordinaires.

Le Gentil, astronome français, qui faisait en 1767 des observations à Manille, renouvela les remarques de de Graute. Et l'on constata que le grand tremblement de terre, si célèbre, qui agita la Calabre en 1783, influença des pendules placés à Naples (d'après Salsano) et même à Milan (d'après l'astronome Oriani)..

Il est curieux de constater qu'en 1813 et 1814, un astronome milanais, Angelo Cesaris[1] attribua les petits mouvements du fil à plomb d'un quadrant mural, non pas à une action séismique, mais aux multiples influences éprouvées par les murailles de l'édifice où il travaillait, de la part des agents atmosphériques (variations thermométriques, hygrométriques et autres).

Deux fois en sa vie, en 1805 et en 1832, le géodésiste Delcros observa, d'abord dans les Vosges et ensuite à Narbonne, de forts mouvements oscillatoires sur la bulle d'air de son niveau, sans qu'il eût senti d'ailleurs la moindre secousse dans le sol.

Vers 1837, d'Abbadie a multiplié au Brésil, en Abyssinie et en France des observations qu'il publia plus tard sur les déplacements de la bulle des niveaux[2]. Plantamour a repris ensuite le même sujet

1. *Éphémérides astronomiques*, de Milan.
2. Voyez ses *Études sur la Verticale*, publiées en 1872.

avec des résultats identiques : il a même cru trouver une périodicité dans ces microscopiques déplacements du sol[3].

Voici les principes d'après lesquels ont été construits

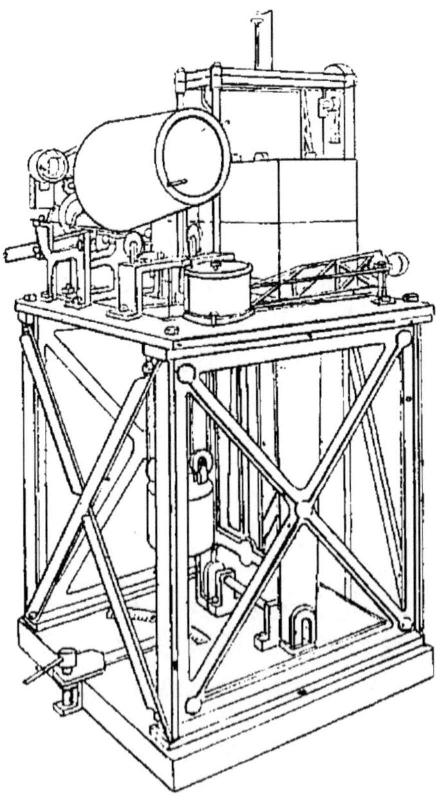

Fig. 6. — Séismomètre de Wieckert, pendule astatique à masse stationnaire de 125 kilogr.

les principaux appareils destinés à l'étude rationnelle des déplacements du sol.

Le séismographe à mercure est fondé sur l'inertie qui cause le retard du niveau du mercure dans un baromètre qu'on élève et qu'on abaisse brusquement. Des index permettent de suivre le mouvement apparent du liquide, et si le tube est convenablement

3. *Comptes rendus de l'Académie des sciences*, juin 1878 et février 1881.

infléchi, on peut avoir des indications pour divers plans orientés de façon quelconque.

Parmi les formes les plus simples, on peut mentionner l'emploi d'un baromètre à siphon construit de façon que le mercure vienne exactement araser la petite branche du tube. Dans ces conditions, l'amplitude des trépidations a pour mesure le poids du mercure qui s'est extravasé de cette petite branche et qu'on a recueilli dans un récipient convenablement disposé.

Mais les formes les plus courantes de séismographes sont fondées sur l'inertie mise en œuvre par l'emploi de pendules. Si un pendule est composé d'un poids considérable suspendu à un fil fin (fig. 6), on comprend facilement que les impulsions imprimées à son point de suspension ne se transmettent pas

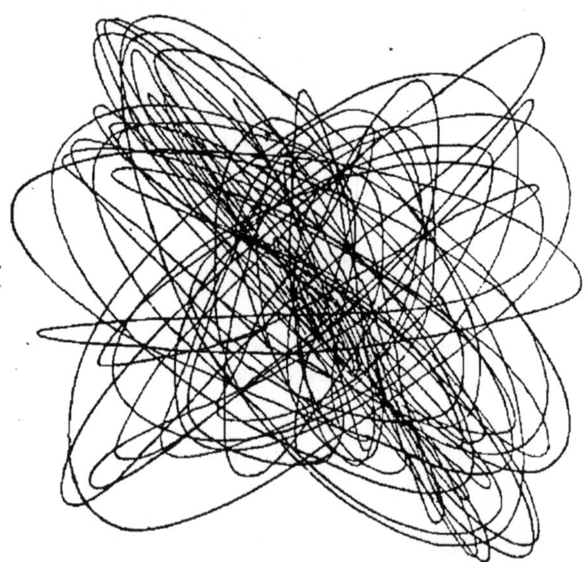

FIG. 7. — Diagramme du tremblement de terre du 15 décembre 1901 dans les Philippines (d'après le *Philippine weather Bureau*).

aisément à sa masse. Celle-ci pourra être considérée comme sensiblement immobile au milieu des objets voisins qui seront agités. Aussi il suffira de lui ajouter une pointe traçante sous laquelle se déplacera, par l'action d'un mouvement d'horlogerie une bande de papier propre à recevoir le trait, pour que la trajectoire d'un point de la surface du sol soit exactement dessinée. On obtient ainsi un *séismogramme* dont la figure 7 donne un exemple qui doit d'ailleurs être ramené, par un calcul très simple, à la dimension réelle du déplacement dont il est la représentation.

Cette courbe, il est vrai, ne représente pas la loi

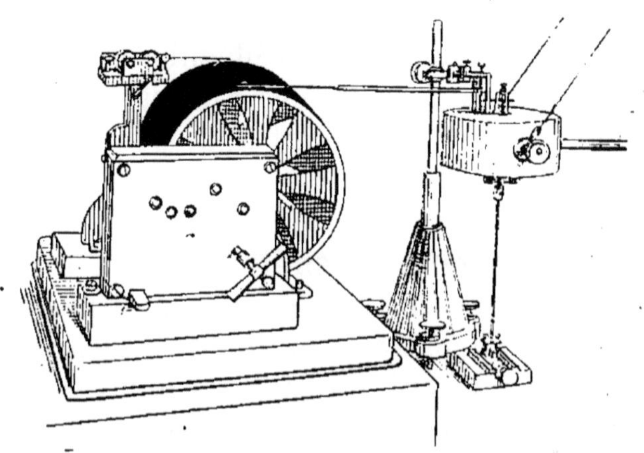

Fig. 8. — Séismomètre à pendule horizontal d'Omori.

du mouvement du sol : il eût fallu, pour qu'il en fût ainsi, que le style fût demeuré immobile dans l'espace. Il n'en est rien, car l'axe de suspension du pendule remuant avec le sol, il est clair que le pendule ne tarde pas à osciller. La courbe recueillie représente donc un mouvement relatif résultant de la superposition du mouvement du sol et du mouvement acquis par le pendule[1].

Par des artifices ingénieux, on a pu construire aussi des pendules horizontaux (fig. 8), doués de la même

1. Théorie et mode d'emploi des appareils séismographiques. G. LIPPMANN, *Comptes rendus de l'Académie des Sciences*, CX, 440.

faculté d'enregistrement. On en emploie simultanément plusieurs, dirigés en différents plans, et l'on
obtient alors le déplacement dans l'espace du point
considéré de la surface du sol.

Le professeur Sekiya, de Tokio, a représenté la
trajectoire dont il s'agit par un fil de cuivre convenablement tordu, et il a mis le résultat de ce travail
sous les yeux des visiteurs de notre Exposition Universelle, en 1878.

On a perfectionné de maintes façons la construction des séismographes. Ainsi, on les fait opérer
photographiquement, en y réfléchissant à l'aide d'un
miroir un rayon de lumière qui va tomber sur un
papier sensible se déroulant d'une façon continue et
automatique.

Mouvements microséismiques. — On verra dans
une autre partie du présent ouvrage que l'étude des
volcans a bénéficié de l'emploi, proposé d'abord par
de Rossi, du microphone à l'examen des bruits souterrains. Une application du même genre a été faite à
la séismologie. Dans les régions fréquemment agitées, on a installé des instruments très délicats,
connus sous les noms de *troponomètres* et de *microséismographes*, qui déjà ont rendu d'importants services.

Le type le plus simple du microséismographe
consiste en cinq pendules d'inégales longueurs reliés
entre eux par des fils de soie très fins et qui entourent
un poids suspendu au centre d'une cupule contenant
du mercure. Si, par suite d'un choc, le poids se met
en contact avec le liquide métallique, il ferme par
cela seul un courant électrique et détermine l'ins-
cription d'un point sur un papier enregistreur à mouvement continu.

Le troponomètre consiste essentiellement en un
poids marqué sur un de ses côtés d'un trait de repère

et suspendu à un fil de soie sans torsion. Cet appareil est renfermé dans une cage de verre qui le soustrait aux courants d'air. En face du trait est établi un microscope qui peut tourner autour de l'axe d'oscillation du pendule. On le met au point, de façon à suivre le trait dans la plus petite oscillation de l'instrument et l'on peut constater des déplacements inférieurs à un centième de millimètre.

C'est très rarement qu'un semblable pendule est tout à fait au repos : dans bien des pays, il est constamment agité et, suivant les cas, ses mouvements sont lents ou rapides.

Au moment des tremblements de terre, les troponomètres s'agitent à des centaines de kilomètres de distance et signalent des secousses parfois très faibles. Le séisme ressenti le 23 février 1887 à Nice et dans toute la Ligurie a influencé les instruments à Bologne, à Florence, à Perpignan, à Genève, à Zurich et jusqu'à Douai. Dans plusieurs de ces localités des séismographes sont cependant restés inertes.

Ces merveilleux instruments ont un inconvénient : comme on ne peut pas les observer d'une manière continue, on reste ignorant de tous les phénomènes qui se produisent en dehors des moments où l'on n'a pas l'œil au microscope. Mais il n'est pas impossible de les mettre à l'abri de ce défaut et de leur faire enregistrer, sans arrêt, toutes les impressions qu'ils reçoivent. Il suffit pour cela de placer sur le poids un petit miroir réfléchissant un rayon de lumière, de façon qu'il vienne donner un point noir sur un papier photographique.

Il faut, bien entendu, se garder de confondre, dans l'emploi d'appareils si sensibles, les trépidations dues à des causes externes, comme le choc des vagues ou le passage du vent, avec les secousses provenant des régions souterraines. L'habitude permet de faire les distinctions nécessaires.

C'est en reprenant des expériences délicates, faites en 1855 et 1856 par Pamietti, d'Alexandrie (Piémont) sur de faibles mouvements spontanés du pendule, que le P. Bertelli arriva à mettre en évidence l'existence très fréquente de frémissements du sol, beaucoup plus faibles qu'on ne l'imagine. Il combina à cet effet un appareil spécial, d'une sensibilité extrême, auquel il imposa le nom de *troposéismomètre*, et qui est en somme une forme particulière du troponomètre.

Ainsi muni, l'auteur non seulement observa des vibrations infiniment faibles de la surface terrestre, mais encore il constata, par les variations de la verticale, c'est-à-dire par les changements de position du pendule, des abaissements et des soulèvements lents du sol.

Il faut ajouter que l'interprétation de tous ces déplacements a fourni la matière de discussions et qu'en particulier le professeur Monte (de Livourne) a émis l'opinion qu'ils pourraient provenir des changements de température, du vent, de la sécheresse, ce qui était revenir à l'opinion d'Angelo Cesaris.

Le troposéismomètre ne mettant en évidence que les mouvements horizontaux, le P. Bertelli a construit un instrument spécial, appelé *orthoséismomètre*, capable de révéler les plus petites secousses verticales.

Un des résultats les plus remarquables des séismographes a été de révéler non seulement des tremblements de terre ayant lieu très loin de la localité où ces appareils sont établis, mais encore de fournir en même temps l'heure exacte de phénomènes parfois mal observés sur place. La figure 9 indique d'une manière générale les caractères de la courbe dessinée par l'appareil dans de semblables circonstances.

Le 23 janvier 1909, les séismographes de tous les observatoires d'Europe enregistraient le passage de

violentes ondes séismiques, deux ou trois fois plus
fortes qu'au moment de la catastrophe de Messine,
et l'on était conduit à leur supposer un centre d'ébranlement situé à environ 4.000 kilomètres de l'Europe
centrale. Or, quelques jours après, on reçut un avis
du prince Galitzin, directeur de l'Observatoire de
Pulkovo (aux environs de Tsarkoë Sélo) disant que le

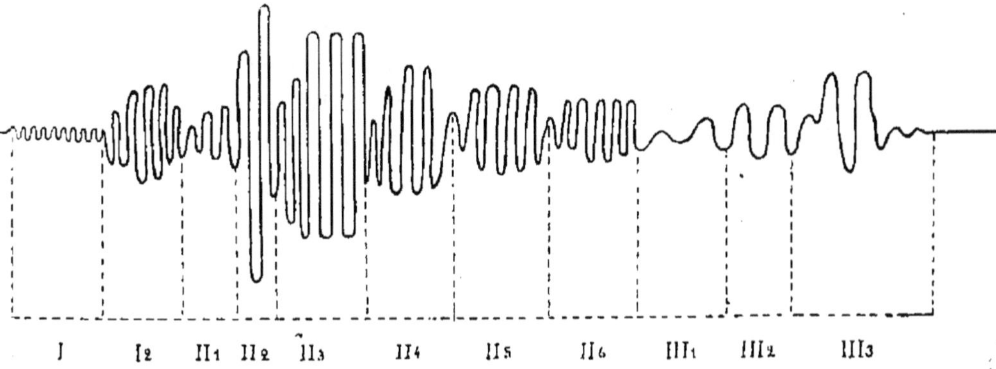

Fig. 9. — Schéma d'un téléséismogramme normal. I₁ et I₂, frissons prémonitoires ; II₁ à II₆, les diverses phases du phénomène principal ; III₇ à III₃,
ondes revenant à la station par les antipodes, considérées d'abord comme la
période d'extinction graduelle (d'après M. de Montessus).

choc séismique avait eu lieu dans la région désertique qui s'étend entre le sud de la Caspienne et le
Khorassan. L'indication des appareils, on le voit,
avait été assez exacte.

Aussi, quand dans la nuit du 20 au 21 octobre 1909,
les deux séismographes de l'Observatoire météorologique établi au Parc-Saint-Maur, près Paris, ont indiqué
qu'il y avait eu un très violent tremblement de terre
dont l'épicentre devait être à quelque 6.700 kilomètres dans l'E.-S.-E., c'est-à-dire dans la région de
l'Himalaya, le monde savant a-t-il tenu le renseignement comme parfaitement valable[1].

De même, le 10 novembre 1909, les séismographes

1. ANGOT. *Comptes rendus de l'Académie des sciences*, 25 janvier et 26 octobre 1900.

du Parc-Saint-Maur ont enregistré une perturbation téléséismique de grande importance. D'après M. Angot[1], le début extrêmement net a eu lieu à 6 h. 26′4″ (temps moyen de Greenwich) sur les deux composantes. Les grandes oscillations ont eu leur maximum de 7 h. 5′ à 7 h. 10′ pour la composante N. S. Les dernières traces du mouvement ne dépassent guère 7 h. 45′. La distance calculée pour l'épicentre serait d'environ 8.700 kilomètres. Ce tremblement de terre aurait une origine sous-marine et se serait produit dans la mer des Antilles[2].

Il est impossible de quitter ce sujet des microséismes sans ajouter que des observations spéciales ont fait découvrir pour chaque lieu, pris en particulier, un mouvement périodique d'oscillation de la verticale.

En présence de l'énergique déformation subie par la surface de l'océan sous l'influence de l'attraction luni-solaire et qu'on connaît sous le nom de marée, on ne peut douter qu'une réaction du même genre ne se produise à l'égard de la masse solide corticale. Cependant l'absence de tout point fixe pouvant servir de repère, rend la constatation de ces déformations extrêmement difficile et on pourrait même croire impossible. On peut remarquer à cet égard que les marées de l'océan sont absolument insensibles pour le navigateur qui a perdu la vue des côtes et on peut croire que le phénomène serait insoupçonné si nous habitions des îles flottantes sur un globe que l'océan recouvrirait de toutes parts.

Cependant, les géodésistes ont depuis très longtemps nourri l'espoir de rendre sensible aux yeux une réaction qui théoriquement est si évidente, et il

1. *Comptes rendus*, t. CXLIX, p. 878 (15 novembre 1909).
2. Signalons une intéressante *Notas sobre el terremoto de Messina*, dans les *Memorias della Reale Academia de Ciencias y artes de Barcelona*, t. VII, n° 13 (1909).

est juste, à cette occasion, de rappeler les héroïques efforts de d'Abbadie, de M. Bouquet de la Grye et de M. Wolff en France, ainsi que ceux de M. Zöllner, de lord Kelwin et de sir G. H. Darwin, à l'étranger. Les divers appareils que cette élite de chercheurs a rêvé d'employer à démontrer les oscillations de la verticale sont restés muets et inutiles.

L'insuccès s'explique bien facilement par l'extrême petitesse des effets à observer : il s'agit d'apprécier une déviation qui ne dépasse pas un millième de seconde d'arc; si le pendule mesurait 10 mètres de longueur, ce qui est déjà une notable dimension, les écarts de la masse pesante seraient renfermés entre deux points distants l'un de l'autre de 1 millième de millimètre (ce que les micrographes appellent couramment un *micron*).

Il paraît cependant que ces circonstances, aggravées encore par l'existence d'actions latérales relativement énormes, comme la déformation du sol due à l'échauffement par le soleil, n'ont pas suffi à décourager les savants, et c'est d'une manière remarquablement ingénieuse qu'ils se flattent de tourner la difficulté.

Évidemment l'observation du déplacement cherché serait d'autant plus facile qu'on ferait intervenir un pendule plus long : si le fil de celui-ci avait 5.000 mètres, c'est-à-dire à peu près la hauteur du Mont Blanc, les oscillations de sa masse pesante seraient observables par le déplacement, sur une plaque photographique, du rayon de lumière réfléchi sur un miroir suspendu à cette masse.

Or, ce pendule irréalisable de 4.800 mètres, on peut le remplacer, sans rien changer d'essentiel à l'expérience, par un pendule oscillant dans le plan horizontal et à ce titre analogue à ceux qui entrent dans la construction de certains séismomètres. C'est ce qui résulte en particulier des travaux du Dr Hecker, de

Postdam, qui a publié les courbes obtenues dans une cave de 25 mètres de profondeur, dont la température et l'état hygroscopique sont rigoureusement invariables.

L'étude de ces courbes est des plus intéressantes et conduit à attribuer aux marées de l'écorce terrestre une valeur de 50 centimètres à l'équateur, de 25 centimètres sous le 45ᵉ parallèle et de 0 sous les pôles. Dans chaque cas, d'ailleurs, on arrive à faire la part du Soleil et celle de la Lune (cette dernière double environ de l'autre, comme pour les marées de l'océan).

Si l'on admet la réalité de ces faits, auxquels il faudra peut-être infliger des corrections, la substance corticale de la Terre jouirait d'une rigidité comparable à celle de bien des métaux, presque égale à celle de l'acier et supérieure à celle du cuivre.

Enfin, il est de la dernière importance de constater qu'à côté des oscillations spontanées du pendule, les observations ont révélé le déplacement progressif et continu de la verticale. Dès 1837, Antoine d'Abbadie a entrepris l'étude des variations apparentes de la verticale, ce qui revient à celles de déplacements réels de la surface du sol. L'auteur observait d'abord de longs niveaux à bulle d'air, dont la bulle se déplaçait ; mais, plus tard, il a construit un appareil spécial qui fut installé dans l'observatoire d'Abbadia (Basses-Pyrénées)[1].

Le principe de cet appareil consiste à observer au microscope l'image d'un point fixe, réfléchie dans un bain de mercure situé à une forte distance en contre-bas. Les variations de position de cette image donnent le double de l'angle dont la surface du bain a tourné par rapport à la verticale. La conclusion des expériences a été que la verticale peut varier de 4″5 dans le courant d'une année.

1. *Annales de la Société scientifique de Bruxelles*, 1881.

Il arrive que l'image étudiée se met à frétiller, à sauter brusquement, à s'affaiblir et même à disparaître : ce sont évidemment les effets de vibrations rapides du mercure dues à des trépidations microscopiques du sol comparables à celles que nous mentionnions tout à l'heure.

L'étude des déplacements apparents de la verticale a été reprise par M. Bouquet de la Grye à l'île Campbell où il était allé pour observer en 1874 un passage de Vénus sur le disque du Soleil. Il employait un appareil qui permet de tracer automatiquement la courbe des variations à des intervalles aussi rapprochés qu'il peut être utile. Son organe essentiel est un pendule à poids lourd, qu'actionne un levier très léger destiné à amplifier les déviations. Chaque fois que le contact se produit, un courant électrique commandé par une horloge traverse l'appareil et marque un point sur un papier quadrillé [1].

Depuis cette époque, cette très importante question a été reprise de maintes façons, et l'on peut citer à cet égard les travaux de MM. G. et H. Darwin, de M. C. Wolf à l'observatoire de Paris [2], de M. de Chancourtois [3], etc.

C'est à ces phénomènes que M. Issel [4] a imposé le nom de *bradyséismes* ou tremblements de terre lents.

Statistique des séismes. — Les tremblements de terre observés jusqu'ici sont innombrables. Le souvenir de la plupart d'entre eux s'est complètement effacé. Ce n'est que depuis peu de temps qu'on se livre à leur égard à des travaux de statistique, et si

1. *Comptes rendus de l'Académie des sciences*, 28 juillet 1884.
2. *Comptes rendus de l'Académie des Sciences*, 23 juillet 1883.
3. *Comptes rendus de l'Académie des Sciences*, t. XCVII, 25 juin 1883.
4. *Le oscillazioni lente del suolo o bradisismi*, 1 vol. in-4°. Gênes, 1883.

les séismes semblent devenir de plus en plus fréquents d'année en année, c'est qu'on met de plus en plus de soin à les enregistrer. On a d'ailleurs découvert d'anciens documents qui ont été très profitables, et, par exemple, de vieux catalogues japonais concernant le viie, le viiie et surtout le ixe siècles, témoignant de la fréquence des convulsions du sol.

Chaque fois qu'on a fait les observations avec un soin suffisant, on a vu les secousses devenir beaucoup plus nombreuses dans un lieu déterminé. Ainsi, entre novembre 1879 et décembre 1880, M. Alb. Heim, le savant professeur de Zurich, a compté 69 secousses dans la chaine des Alpes. On en aurait constaté bien davantage au moyen des séismographes.

Milne a relevé au Japon 36 tremblements de terre distincts les uns des autres, pendant le laps de soixante-treize jours seulement, du 19 octobre au 31 janvier 1886[1].

Pendant la première moitié du xixe siècle, Alexis Perrey a publié un catalogue des tremblements de terre pour toutes les parties du monde pendant les temps historiques. D'après ce catalogue, la moyenne annuelle des séismes serait de 60 à 70, c'est-à-dire de 6 à 7.000 par siècle. Mais Perrey travaillait à une époque où les séismographes n'existaient pas, et il n'enregistrait que les phénomènes assez forts pour être remarqués par tout le monde. En outre, les moyens d'information n'étaient pas à la hauteur de ceux dont nous disposons aujourd'hui. Bref, les catalogues annuels publiés maintenant par l'Association séismologique internationale sont à même d'indiquer 5.000 macroséismes environ. Quant aux microséismes, ils sont véritablement innombrables.

On a donc pu faire de la *séismicité*, — ainsi appelle-

---

1. *Transaction of the Seismological Society of Japan*, t. IV, p. 30. Tokio, 1882.

t-on la moyenne de la fréquence et de l'intensité des tremblements de terre en une région limitée, — l'un des chapitres les plus importants de la séismologie. On dresse au Japon et aux Philippines des cartes séismiques, pour lesquelles on emploie des courbes d'égale fréquence ou *isophygmes*.

CHAPITRE IV

LES·DÉTAILS DES TREMBLEMENTS DE TERRE

Sommaire. — Les Bruits souterrains : Les bramidos de Guanaxato (1784). Les détonations de Medela, en Dalmatie (1822-1825). Les Retumbos. Bruits dont l'origine séismique est discutée. Les bruits des sables. Causes des bruits séismiques. Courbes isacoustiques. — Les secousses : secousses verticales : Calabre (1783) Riobamba (1797), Casamicciola (1885). Secousses horizontales : ondes séismiques observées à Charleston (1886), à Shillong (1897). Combinaison des deux mouvements. Durée des secousses. Influence de la nature du sol sur la gravité des secousses. — Conduction des ondes par le sol : observations relatives au tremblement de l'Andalousie (1884) ; études de Milne, Gray, Fouqué, Abott, Heim. Effets des secousses. Comment il faut construire en pays à séismes. Bizarreries de certains accidents. — Les crevasses exemples pris en Andalousie (Guvéjar), dans l'Inde, à San-Francisco (1906), en Calabre (1783). — Émanations gazeuses d'origine séismique. — Influence du séisme sur le régime des eaux. — Sorties de sables : Craterlets, Charleston (1886). Tremblements de terre fossiles en Russie et en Californie. Les alluvions verticales. — Éboulements : récit d'un éboulement en Calabre par Dolomieu, en 1783. — Raz de marée : désastres qu'ils produisent. Les tsumanis du Japon : 30.000 victimes en 1896. Submersion de la ville de Callao en 1746. Le désastre de Concepcion au Chili en 1836. Affaissement de la ville de Sindri (Indes) dans les eaux.

Les bruits souterrains. — Les bruits qui précèdent ou accompagnent les tremblements de terre sont très variables suivant les cas. Généralement on entend d'abord comme un frémissement faible et qui augmente très rapidement d'intensité, jusqu'à devenir tout à fait assourdissant. On l'a fréquemment comparé aux roulements de tonnerre, ou au crépitement de la fusillade ou encore au vacarme que feraient cent camions lourdement chargés, roulant au galop sur un sol inégal.

L'intensité des bruits souterrains n'est d'ailleurs pas toujours en rapport avec celle des secousses. Il y a de grandes catastrophes silencieuses. Et il y a de terribles bruits sans secousses souterraines. L'exemple le plus célèbre est celui des *bramidos* de Guanaxato au Mexique, qui, commencés le 7 janvier 1784, durèrent jusqu'au milieu du mois suivant.

« On eût dit un orage souterrain, raconte Humboldt. Le bruit cessa comme il avait commencé, c'est-à-dire graduellement. Il était limité à un faible espace ; à quelques myriamètres de là, sur un terrain basaltique, on ne l'entendait-plus. Presque tous les habitants furent frappés d'épouvante ; ils quittèrent la ville où de grandes quantités d'argent en barre se trouvaient amassées, et il fallut que les plus courageux revinssent ensuite disputer des trésors aux brigands qui s'en étaient emparés. Pendant toute la durée du phénomène, on ne ressentit aucune secousse, ni à la surface ni même dans les mines voisines, à 500 mètres de profondeur. Jamais, avant cette époque, on n'avait entendu pareil bruit au Mexique, et jamais il ne s'y est répété depuis [1] ».

Semblable aventure arriva dans l'île dalmate de Medela [2]. C'étaient des détonations souterraines dont certaines seulement étaient accompagnées de secousses. Cela dura de 1822 à 1825. Ces bruits devinrent si formidables que le bourg de Babimopoglie fut abandonné par les habitants qui avaient perdu tout repos et toute sécurité. Il fut même question de quitter l'île.

---

1. *Cosmos*, première partie. Trad. de H. FAYE.
2. PARTSCH. *Bericht über das Detonationphænomenen auf der Insel Medela bei Ragusa.* Wien, 1866.

Les bramidos ou *truenos* sont parfois entendus dans les parties de l'Amérique du Sud sujette aux séismes, sans qu'ils soient parmi les traits essentiels du tremblement de terre. Cependant celui-ci semble les déterminer longtemps après qu'il est passé. Tel fut le cas du grand tremblement de la Nouvelle-Grenade (16 novembre 1827) : on entendit dans la vallée de Cauca des explosions souterraines qui se succédaient de 30 en 30 secondes, sans qu'il se produisît de secousses. Après le tremblement de terre du Valais (25 juillet 1855), il y eut durant plusieurs années, dans la même région, de faibles secousses excessivement fréquentes, avec des détonations violentes pour ainsi dire incessantes. Oldham, après le grand tremblement de terre de l'Assam (12 juin 1897) entendit dans les Garo-Hills 50 *retumbos* en moyenne par 24 heures, sans secousses sensibles.

L'origine séismique des bruits appelés *Mitspoeffers*, en Flandre ; *Marina*, *Brontidi*, *Bonniti*, *Mugghio de la Balsa*, en Italie ; *Houcènes* sur les côtes d'Istrie et de Dalmatie ; *Barrisal guns*, dans l'Inde, etc., ne paraît pas aussi évidente que celle des bramidos. Du moins est-elle discutée encore.

On peut mentionner parmi les causes des bruits souterrains l'écoulement des sables dans certaines conditions. Voici ce que M. Lortet constate à cet égard.

« Lorsqu'en grimpant sur la pente très raide et si fluide de sable coulant qu'on y enfonce à mi-jambe, on est arrivé à mi-hauteur entre le Nil et la crête, haute de 60 mètres, sur laquelle est établi le grand temple d'Abou-Simbel, en Nubie, — alors on entend se produire sous les pieds et petit à petit, un ronflement sonore dans la masse sableuse mise en mouvement. Ce bruit ressemble à celui que ferait un train éloigné, ou peut-être plus exactement au ronflement d'une machine dynamo-électrique en activité. En même temps, on sent très nettement que les pieds et les jambes sont secoués par une trépidation légère. Le son émis par le sable persiste pendant plusieurs minutes, quand bien même on reste immobile. Ce phénomène bizarre, qu'on peut reproduire à volonté, dure jusqu'à ce qu'on soit arrivé à la base de la coulée, là où le sable n'a plus qu'une faible profondeur[1]. « Il paraît qu'à Tor, au pied du Sinaï, les coulées de sable fin émettent des sons de cloche. Dans certaines dunes du Sahara, on entend comme un battement de tambour.

Quoi qu'il en soit de ces exceptions, le bruit est la règle comme avertissement immédiat du tremblement de terre. La cause en est certainement multiple, la croûte terrestre étant fort compliquée et en travail incessant. Il s'y produit des explosions, comme dans un laboratoire, et pour les mêmes raisons. Les gaz dégagés par les sources minérales et thermales, la circulation des eaux, et surtout la compression des roches terrestres, vibrant et résonnant à la moindre rupture d'équilibre, doivent, lorsque se détachent les parois des géoclases, lorsque travaillent ces fractures, produire les frémissements acoustiques, les rumeurs, les décharges, qui précèdent et accompagnent les secousses. Deux surfaces rocheuses, par exemple les deux lèvres d'une faille, peuvent pendant le tremblement de terre frotter l'une sur l'autre et ainsi faire du bruit. Pour Milne, la production du *retumbo* est comparable à celle du son que donne le frottement des doigts sur un vase de cristal.

Alexis Perey dit qu'à Tacna, au Pérou[2], on entendait souvent, si l'on mettait l'oreille contre le sol, le bruit que ferait un corps pesant tombant dans une cavité.

1. *Comptes rendus*. t. CXXXVI, p. 925, 1903.
2. *Documents sur les Tremblements de terre au Pérou, dans la Colombie et le bassin de l'Amazone*. Bruxelles, 1858.

On trace sur les cartes des *courbes isacoustiques* indiquant la simultanéité d'impressions auditives d'un grand nombre d'observateurs. Elles manquent nécessairement de précision, la délicatesse de l'ouïe n'étant pas la même chez tous. Cependant l'aire d'ébranlement et l'aire d'audibilité diffèrent généralement peu dans leurs limites. On a pensé pouvoir, à l'aide de microphones, installés profondément au-dessous de la surface du sol, avertir à temps les habitants. On rapporte qu'un prisonnier politique, enfermé dans une prison souterraine de Lima, entendait les rumeurs annonciatrices de la catastrophe[1]. En général, les bruits ne précèdent pas assez les secousses, pour que les habitants aient le temps de s'enfuir. Pourtant, Fouqué rapporte que la chose arriva en Andalousie, et qu'on put, grâce à elle, quitter à temps le deuxième étage d'une maison.

Secousses. — Il y a deux grandes catégories de secousses, les horizontales qui sont ondulatoires ou oscillatoires, et les verticales, sussultoires ou trépidatoires, c'est-à-dire ressenties comme si le choc venait de bas en haut : ce sont les plus désastreuses. Il semble que l'on soit lancé en l'air, puis que l'on plonge dans le sol. On assure qu'en Calabre, en 1783, les montagnes semblaient sauter. Le tremblement de terre de Riobamba lança, dit-on, des cadavres sur une colline de plusieurs centaines de pieds de hauteur[2]. On lit dans une lettre adressée par le célèbre voyageur Claude Gay à François Arago que, pendant le tremblement de terre dont souffrit le Chili le 7 novembre 1837, un poteau dont une dizaine de mètres étaient enfoncés en terre et qui en outre était solidement fixé au sol par des crampons de fer fut

---

1. D'après De Rossi. *Il microfono nella meteorologia endogena.* Rome, 1878.

2. *Cosmos,* de Humboldt, trad. H. Faye, t. I, p. 228. Paris, 1848.

arraché de son trou si verticalement que la forme de cette perforation ne fut aucunement endommagée [4]. Lors du brusque tremblement de terre de Casamicciola (Ischia) en 1885, qui n'eut qu'une secousse, mais d'une violence extrême, un cadavre fut projeté à 100 mètres de distance horizontale sur un rocher de 25 mètres en contre-haut.

Les mouvements horizontaux se font sentir sur une plus grande étendue que les mouvements verticaux. Tantôt ils se composent d'oscillations plus ou moins violentes (Nice, 1887), ou bien ils se propagent en grandes ondes, comme à Charleston, en 1886. Un observateur, M. Mac-Lee, ayant entendu le bruit précurseur, courut se placer au milieu de la rue, et éprouva un frémissement du sol, puis un mouvement de va-et-vient. Il vit alors distinctement passer quatre ou cinq vagues, auxquelles il croit pouvoir attribuer la hauteur d'un pied. Elles étaient aussi larges que la rue entre les trottoirs et allaient à grande vitesse. « Si la rue Tradd, dit M. Mac-Lee, avait été sous l'eau et si j'avais été dans un bateau, le mouvement transmis à mon corps n'aurait pu être plus distinctement senti, ni les vagues plus clairement vues ».

A Shillong, en 1897, le sol vibrait comme de la gelée. Souvent les victimes des grands tremblements de terre éprouvent des nausées, comme s'ils avaient réellement le mal de mer.

Ces *vagues séismiques* ne peuvent se produire qu'en terrains mous, sablonneux, marécageux.

Le même séisme a le plus souvent à la fois des secousses verticales et des secousses horizontales. Quant aux secousses rotatoires, dont on a quelquefois parlé, elles n'existent probablement pas en réalité. Le mouvement tourbillonnaire est sans doute une illu-

4. *Comptes rendus de l'Académie des sciences*, t. VI, p. 833. Paris, 1838.

sion causée par la complication des impulsions du sol.

Le professeur Galli (de Velletri) a réuni beaucoup de faits dont la conclusion est que le mouvement du sol pendant le tremblement de terre est essentiellement vibratoire. Partant de l'observation qu'il a faite personnellement d'un tremblement de terre, cet auteur a précisé la théorie de l'onde séismique [1].

Il est assez difficile d'établir la direction des mouvements d'un tremblement de terre, comme le prouve la diversité des renseignements recueillis. M. Forel constate que les témoins sont influencés par les directions des façades des maisons dans lesquelles ils se trouvent, et que, pour une rue, la direction indiquée est neuf fois sur dix parallèle ou perpendiculaire à la direction même de la rue. Les objets renversés par les secousses n'indiquent pas non plus, dans la plupart des cas, la direction de ces secousses, car ils gisent souvent en directions divergentes. Oldham a même constaté que le désordre dans lequel les matériaux des édifices ruinés sont projetés est d'autant plus grand que ces édifices sont plus rapprochés de l'épicentre. Il faut donc recourir aux instruments qui, d'ailleurs dans la plupart des cas, inscrivent des mouvements de la plus inextricable complication.

Nombre des secousses. — Il est très rare qu'un tremblement de terre se réduise à une secousse unique et violente. Les secousses se répètent pendant des jours, des mois, quelquefois des années, à des intervalles plus ou moins rapprochés. Elles semblent devenir plus faibles, puis il y a des recrudescences. Le grand tremblement de terre de la Calabre, au XVIIIᵉ siècle, dura du 5 février 1783 au printemps de 1784 et il y eut trois dates désastreuses, les 5 et 7 février, le 28 mars. Messine nous fournirait pour

1. *Sulla forma vibratoria del moto seismico*, dans les *Memorie della pontifica Accademia dei Nuovi Lincei*, t. IV. Rome, 1887.

1908-1909 des exemples analogues. Si les ruines ne s'augmentent guère, c'est que tout a été renversé d'un coup. Quelquefois, cependant, le foyer se déplace et des points qui avaient été épargnés se trouvent anéantis à leur tour. En certaines périodes, il semble que la terre ne parvienne pas à se calmer et en divers pays. elle est continuellement frémissante. Dans l'Amérique du Sud, ces très légers mouvements qui s'appellent des *Tremblores* et qu'il ne faut pas confondre avec les *Teremotes*, n'éveillent pour ainsi dire pas d'inquiétude.

Durée des secousses. — La durée des secousses est aussi variable que leur nombre ; elle s'évalue ordinairement en secondes. Il suffit souvent de moins d'une demi-minute pour que la dévastation soit complète. A Casamicciola, tout fut consommé en seize secondes. Par contre, il y a des secousses bien constatées qui ont duré deux minutes, comme à Lima, en 1839. Sur les onze secousses du tremblement de terre de l'Inde (4 avril 1905), il y en aurait eu une de trois minutes. Mieux encore : à Arequipa, le 13 août 1868, les oscillations produites par le premier choc se seraient prolongées 7 minutes.

Influence de la nature du sol sur la gravité des secousses. — On a constaté souvent que les diverses natures de sol constituent des régions fort différentes au point de vue du péril séismique. Sur les roches compactes et cohérentes, les accidents sont beaucoup moins graves que dans les zones de terrains meubles et peu consistants; c'est ce que l'on a très bien vu en 1783, en Calabre, et à Nice, Menton, etc., en 1887, où la région granitique a beaucoup moins souffert que la région alluvionnaire et surtout que les zones où le terrain graveleux constitue une mince assise sur la roche cristalline.

Gay-Lussac a donné son avis sur le mode de transmission des ondes sonores ou mécaniques pendant les tremblements de terre. Il est utile de reproduire ici quelques lignes de son travail. « Un tremblement de terre, dit-il, est analogue à un tremblement d'air. C'est une très forte onde sonore excitée dans la masse solide de la terre par une commotion qui s'y propage avec la même vitesse que le son s'y propagerait. Ce qui surprend dans ce grand et terrible phénomène de la nature, c'est l'étendue immense à laquelle il se fait sentir, les ravages qu'il produit et la puissance de la cause qu'il faut lui supposer. Mais on n'a pas fait attention à l'ébranlement facile de toutes les particules d'une masse solide. Le choc produit par la tête d'une épingle, à l'un des bouts d'une longue poutre, fait vibrer toutes ses fibres et se transmet distinctement à l'autre bout à une oreille attentive. Le mouvement d'une voiture sur le pavé ébranle les plus vastes édifices et se communique à travers des masses considérables, comme dans les carrières profondes au-dessous de Paris. Qu'y aurait-il donc d'étonnant qu'une commotion très forte dans les entrailles de la terre la fît trembler dans un rayon de plusieurs centaines de lieues? D'après la loi de transmission du mouvement dans les corps élastiques, la couche extérieure ne trouvant pas à transmettre son mouvement à d'autres couches, tend à se détacher de la masse ébranlée; de la même manière que dans une file de billes, dont la première est frappée dans le sens des contacts, la dernière seule se détache et prend du mouvement. C'est ainsi que je conçois les effets du tremblement à la surface de la terre et comment j'expliquerais leur grande diversité, en prenant d'ailleurs en considération avec M. de Humboldt, la nature du sol et les solutions de continuité qui peuvent s'y trouver. »[1]

1. *Annales de Chimie et de Physique*, t. XXI, p. 415.

Conduction des ondes par le sol. — Divers modes d'information ont été mis en œuvre pour déterminer la vitesse de transmission des ondes mécaniques au travers du sol ébranlé. Les résultats sont nombreux, mais aucun d'eux ne peut servir à établir de lois. En effet, tantôt on a observé, dans la nature, le temps employé par une trépidation pour se transmettre à telle ou telle distance : mais alors, on a manqué de notion quant à la constitution du sol; — tantôt, on a opéré artificiellement sur des roches déterminées, mais alors, on n'a eu que des chiffres dont l'application à la réalité des choses n'est pas à l'abri de toute critique.

Dans la première série, nous citerons des mesures déduites par M. Offret des observations relatives au tremblement de l'Andalousie (1884) et, dès l'abord, il faut remarquer que la vitesse varie considérablement avec la distance. C'est ainsi que pour une distance de 75 à 250 kilomètres, cette vitesse fut évaluée de 500 à 800 mètres à la seconde, tandis qu'elle se montra de 700 à 1.000 mètres pour une distance de 250 à 300 kilomètres; de 800 à 1.200 mètres, pour une distance de 300 à 400 mètres, de 1.100 à 1.700 mètres pour une distance de 500 à 1.000 kilomètres; enfin, de 2.100 mètres par seconde, pour 1.500 kilomètres de distance.

La distance n'intervient peut-être pas seule et, sans doute, doit intervenir aussi l'ensemble des propriétés physiques des roches. C'est au Japon que ce genre d'études expérimentales a été inauguré grâce à l'initiative de deux géologues anglais, MM. Milne et Gray. Les essais furent poursuivis dans le laboratoire de physique du Collège impérial de Tokio et consistèrent à soumettre à des efforts de tension des blocs cylindriques de diverses roches ayant 4 centimètres de diamètre et 60 centimètres de longueur. Le mode opératoire permettait de distinguer la vitesse de translation soit longitudinalement, soit transversalement. Parmi les chiffres obtenus, il est intéressant de citer quelques exemples. Pour le granit, la vitesse de propagation du mouvement longitudinal est évaluée à $3.951^m,88$ par seconde et la vitesse du mouvement transversal à $2.191^m,42$. Dans le marbre, les deux vitesses sont respectivement $3.812^m,50$ et $2.081^m,32$; dans le tuf. $2.851^m,75$ et $2.091^m,38$; dans l'argile, $3.482^m,18$ et $2.541^m,56$ et dans le schiste ardoisier, $4.512^m,78$ et $2.801^m,81$.

« La comparaison des chiffres précédents, dit Fouqué[1] montre que le rapport de la vitesse des vibrations longitudinales à celle des vibrations transversales, dans un même milieu, varie suivant la nature de la matière expérimentée. Il a été trouvé égal à $1^m,83$ dans le marbre et $1^m,36$ dans le tuf. Ainsi, c'est dans les roches les plus élastiques que la différence entre les deux vitesses en question est le plus grande ».

A diverses reprises, on a pu utiliser des conditions offertes par l'exécution de grands travaux publics, pour juger de la vitesse de propagation des ondes. Abbot. par exemple, put mettre à profit l'éboulement du sol procuré par la réfection du port de New-York, qui fut débarrassé des roches qui l'encombraient par l'immense explosion de 22.680 kilogrammes de dynamite.

On peut. du reste, se demander si ces laborieuses mesures sont bien réellement applicables pratiquement à cause de la prodigieuse différence qui sépare de petits blocs bien homogènes de l'agrégat infiniment complexe de la nature. Le célèbre géologue Robert Mallet admettait qu'en réalité les 7/8 de la vitesse mesurée au laboratoire sont perdus, en

---

1. *Les Tremblements de Terre.* 1 vol. in-18. Paris, 1888, p. 204.

conséquence de l'hétérogénéité de la croûte du globe.

On conçoit *a priori* que les grandes variations d'homogénéité des roches doivent opposer à la propagation des ondes séismiques des difficultés plus ou moins considérables. En ce genre, il paraît que les grandes géoclases marginales des chaînes de montagnes sont tout spécialement infranchissables, et c'est ainsi que bien souvent des tremblements de terre, sensibles sur le versant espagnol des Pyrénées, se sont arrêtés à la chaîne sans pouvoir parvenir chez nous.

La statistique montre de même qu'on ne ressent que très rarement sur le flanc oriental de la Cordillère les séismes qui éprouvent le Chili.

Les choses se passent comme si les grandes cassures du sol formaient écran et dérivaient l'onde séismique parallèlement à la ligne de faîte.

Sur la lisière des chaînes de montagne, la ligne de propagation des tremblements de terre est très ordinairement perpendiculaire à la ligne de crête. A cet égard, la vallée de la Kamp qui passe par Brünn et Neustadt, au sud de Vienne a été signalée depuis longtemps[1]. Mais beaucoup d'autres cas analogues pourraient être cités à sa suite.

Lors d'un tremblement de terre ressenti en 1880 à Genève, M. Heim a noté entre Genève et Nyon une vitesse de 114 mètres par seconde, et entre Genève et Coppet, de 54 mètres.

Par contre, en certains cas, la transmission a eu, pour ainsi dire, la vitesse de la foudre. Selon Toula, une secousse mit 49 secondes pour se transporter d'Agram à Vienne, ce qui donne une vitesse de 5.500 mètres à la seconde. Pour Charleston, on

---

1. *Denkschriften der kk Akademie der Wissenschaten, zu Wien*, t. XXXIII, 1874.

admet 5.124 mètres environ, d'après Dutton, qui fit une enquête considérée par les spécialistes[1] comme un modèle, car elle se compose d'un nombre considérable d'observations faites sur la moitié des États-Unis où les horloges publiques et même les montres particulières sont parfaitement réglées. Ajoutons qu'il se pourrait, d'après le déclanchement des géoclases que le phénomène fût, dans certains cas, à peu près simultané sur des longueurs considérables et non pas transporté d'un point à un autre.

Effets des secousses. — Au point de vue humain, les effets des secousses ne sont malheureusement que trop connus. Nous les avons vus dans toute leur horreur à Messine. Cependant, la destruction semble avoir des caprices : ce n'est qu'une apparence. Nous avons déjà constaté que la nature de la roche sur laquelle les édifices sont établis a beaucoup d'influence sur leur solidité. Construire sur le sable est une expression qui vient d'un pays sujet aux ébranlements. Les parties hautes de ces édifices sont les plus ébranlées ; même dans les tremblements de terre peu forts, les cheminées sont lézardées ou jetées bas ; il en est de même des frontons, des corniches et des balcons. A Madrid, un tremblement de terre survenu pendant une représentation théâtrale fut nettement senti par les spectateurs des étages supérieurs, alors que ceux du parterre ne se doutaient de rien. On cite des ouvriers mineurs qui, n'ayant rien senti durant leur travail souterrain, trouvèrent, en remontant au jour, leurs maisons ruinées par les secousses du sol. Les caves sont souvent indemnes dans les plus violents tremblements de terre. Ainsi, à Messine, l'observatoire séismique fut détruit, sauf la cave où

---

1. DE MONTESSUS DE BALLORE. *La Science séismologique*, 1 vol. in-8°. Paris, 1897, p. **241.**

fonctionnait le séismographe. Le mouvement au sommet d'une maison est multiplié par la longueur du bras de levier de la partie libre depuis son point d'encastrement. Dans les pays sinistrés, on rebâtit ordinairement en maisons basses. Il en est ainsi dans l'Amérique de langue espagnole. Riobamba, si cruellement détruite en 1797, est maintenant une charmante oasis de cottages sans étage, dans des bosquets de verdure. Aux Philippines, il y a, au milieu des jardins, des pavillons à la toiture légère, qui servent de chambres à coucher. Actuellement, on rebâtit Messine en chalets bernois. Cependant, rien ne résiste à certains séismes. Ainsi, en Calabre, après les tremblements de terre de 1638, on avait doté le joli bourg de Casalnuovo de maisons basses, qui furent toutes jetées bas en 1683. La qualité des matériaux intervient aussi dans la solidité des édifices en pays séismiques. Il faut se garder des pierres de taille. Le bois est excellent. On préconise, en ce moment, le béton armé. A San-Francisco, ces maisons extrêmement hautes, qu'on appelle des *sky-scrapers* (gratte-ciel) se comportèrent généralement bien, à cause de leurs charpentes métalliques très élastiques. Les murs à petit appareil sont recommandables, pourvu qu'ils soient bien homogènes. Les substances dures, rugueuses, telles que les roches volcaniques, sont particulièrement précieuses pour les pays tourmentés qui les fournissent; la pouzzolane et le ciment romain ont résisté à bien des orages séismiques. Il faut que les fondations soient profondes. Les anciens Romains poussaient les leurs jusqu'à la roche solide. Les Japonais se servent volontiers de briques creuses, aux formes contournées et s'emboîtant bien les unes dans les autres.

Mille incidents surgissent d'ailleurs pendant les secousses et de leur fait. Il y a, par exemple, des tombes ouvertes et vidées de leur contenu; il y a des pyramides qui font un quart de tour: il y a cette statue d'Agassiz, établie sur la toiture de l'Université de Palo-Alto qui fut renversée de son haut piédestal pendant le tremblement de Californie en 1906 et qui alla s'enfoncer dans le sol, la tête en bas.

Crevasses. — A la suite de beaucoup de séismes, le sol reste crevassé et l'étude des fissures ainsi produites a nécessairement un grand intérêt à plusieurs égards. D'abord, ces fissures nous mettent sous les yeux des conduits établissant la communication entre la surface et des régions souterraines plus ou moins profondes. En outre, leur direction peut quelquefois renseigner l'observateur sur la condition et même sur la profondeur du foyer d'où l'action mécanique a irradié.

Avant tout, il importe de dire que parmi ces solutions de continuité, beaucoup sont seulement superficielles et n'intéressent que des couches plus ou moins meubles qui se décollent de leur support et glissent à sa surface; tandis que d'autres qualifiées de géoclases sont évidemment très profondes et se prolongent à travers toute l'épaiseur de l'écorce terrestre.

Très souvent, la forme du relief du sol semble avoir une influence sur la direction des crevasses et les exemples sont très frappants de fentes ouvertes sur des flancs de coteau, parallèlement à la vallée qui les limite. On y voit l'influence de la pesanteur venant s'ajouter à celle de la trépidation et provoquant le glissement, par poussée au vide, des matériaux secoués. Mais il est aussi des cas très fréquents où les solutions de continuité qui nous occupent sont orientées tout autrement que les reliefs et qu'elles peuvent leur être perpendiculaires. C'est, par exemple, ce qui arriva le 25 décembre 1884, en Andalousie, où la crevasse de Guevejar est devenue célèbre. Dans l'Inde, lors du tremblement de terre de l'Assam, le 12 juin 1897, on a vu des bandes de terrains affaissées de plus de 30 centimètres, limitées des deux parts par des fissures parallèles. A San-Francisco, le 13 avril 1906, les crevasses furent nombreuses et gigantesques. Il y en eut une de 500 mètres à Chamonix, à la suite d'un petit tremblement de terre, dans la nuit du 28 au 29 avril 1905.

Fréquemment, il s'est fait de véritables géoclases ayant des dizaines et des centaines de kilomètres de longueur, et ces fissures, comme les failles des anciennes époques, ont une tendance des plus évidentes à se présenter en groupes ordonnés suivant une direction commune. Elles reproduisent alors avec une exactitude remarquable la disposition des *champs de fractures*, comme on en a relevé dans tant de pays miniers, en Saxe et en Bohême, par exemple. Tarr et Martin ont décrit dans ce genre les cassures ouvertes parallèlement les unes aux autres au travers du sol de l'Alaska, lors du tremblement du 15 septembre 1899[1].

Un des séismes qui furent le plus riches en crevasses, c'est sans doute celui de la Calabre en 1783. Ces fissures furent dessinées et reproduites dans tous les ouvrages pendant trois quarts de siècle. Elles ont affecté en bien des points une disposition et une distribution singulièrement régulières.

Le 19 décembre 1899, un tremblement de terre ouvrait une profonde crevasse à 2 milles au sud du *rancho* de Cardona, à l'ouest de la capitale de l'État de Colima (Mexique). Cette crevasse ne fut découverte que six mois plus tard par un laboureur et on s'aperçut qu'elle donnait accès à une galerie souterraine, continuée par toute une série d'autres galeries,

---

1. *Bulletin of the geological Society of America*, t. XVII, p. 29, 1906.

creusée de main d'hommes et contenant des sculptures et des idoles en pierre [1].

La plupart des crevasses séismiques se referment tout simplement après leur production, les unes immédiatement, — et parfois des victimes, des habitations y ont été englouties sans laisser de traces; — les autres, après un temps plus ou moins long. Il en est qui servent de canal à l'ascension de diverses substances, telles que des gaz, des eaux, des sables.

Émanations gazeuses. — Dans un grand nombre de séismes, on note des dégagements de gaz ou de fumées ayant parfois une odeur particulière. Pendant le grand tremblement de terre de Concepcion, en 1835, on crut apercevoir dans la baie de San Vincente des fumées sortant de la mer comme poussées par une éruption : il faudrait alors réserver cet exemple pour la partie suivante de ce livre. En voici un plus évident, quant à l'origine séismique. Le 8 février 1843, lors de la destruction de la ville de Pointe-à-Pitre, aux Antilles, un témoin, M. Chocque [2], raconte qu'au moment de sa chute avec sa maison, il a vu une flamme bleuâtre sortir de terre et s'élever à environ $2^m,50$ du sol. Il ajoute que s'il a été seul à voir ce phénomène dans sa localité, la chose s'est répétée dans d'autres, au dire de plusieurs personnes. Des flammes ont aussi été mentionnées au cours du célèbre tremblement de Lisbonne, le 1er novembre 1775.

Ces témoignages de gens affolés n'entraînent pas la certitude. Il est probable que, dans la majorité des cas, les gaz ainsi dégagés ont une origine superficielle. Le déplacement relatif des couches peut

1. *Journal of the royal geological Society*, p. 319, 1836. Relation sommaire de l'expédition des navires *Adventure* et *Beagle*, par FITZ ROY.

2. *Comptes rendus*, t. XVII, p. 355.

FIG. 10. — Filon de fluorine, comme exemple de géoclase incrustée de minéraux, de Voltenne, près Autun (Saône-et-Loire). — Cliché Aug. Robin.

facilement déterminer des appels d'air dans un sens ou dans l'autre, ou des compressions de strates imprégnées de gaz qui sont alors expulsés. Même, le cas de flammes peut se rattacher à des dispositions de ce genre si des vases, imprégnées de gaz des marais, sont soumises au régime dont il s'agit.

Et si des ascensions de gaz se font dans des régions superficielles, il est impossible qu'il ne s'en produise pas aussi le long des cassures très profondes. Si celles-ci, par exemple, traversent des couches de houille grisouteuse, elles livreront nécessairement passage à des dégagements de grisou. A Pontgibaud (Puy-de-Dôme), il y a eu plusieurs fois d'énormes dégagements d'acide carbonique, dans des mines de plomb, situées sur des cassures qui ont donné passage à de la lave. Il en fut ainsi, lors du tremblement de terre du 16 juin 1857 qui rouvrit ces fissures. Ce fut si brusque que les ouvriers surpris faillirent être asphyxiés. D'après M. Glaugeaud, la Sioule pendant plusieurs jours eut des bouillonnements : elle traverse les filons.

De même que les gaz, les eaux sont fréquemment comprimées par les affaissements du sol et forcées à jaillir. Le 3 mai, par exemple, un tremblement de terre ressenti dans la Sonora, au Mexique, détermina une venue considérable d'eau boueuse sortant du sol par les fissures.

Influence sur le régime des eaux. — D'ailleurs, on sait que le régime des eaux souterraines est très ordinairement modifié par les secousses séismiques : certaines sources tarissent, d'autres sont augmentées. Il en est de même de nouvelles qui apparaissent, et fréquemment la température des eaux chaudes est modifiée. En Andalousie, Fouqué a bien marqué tous ces changements. A Alcaucin, à Periana, à Sedella, les eaux des fontaines sont devenues tellement abondantes que les conduites se sont rompues. A Alhama, le volume de la source minérale a augmenté, sa température s'est élevée. D'alcaline, elle est devenue sulfureuse. En même temps, une nouvelle source aussi chaude, aussi abondante, aussi minéralisée que celle-ci, traversée par un important dégagement de gaz, s'est montrée à un kilomètre en amont du ruisseau passant près de l'établissement des bains [1]. Le tremblement de terre qui eut lieu en Saxe, le 7 novembre 1909, augmenta de 6 degrés la température des sources de Sohler, près de la ville d'Elster.

Ces changements s'expliquent facilement : le tremblement de terre produit à l'intérieur du sol des éboulements, des obstructions, des rétrécissements, des élargissements des canaux dans lesquels circulent les eaux. Quant aux changements dans la minéralisation, ils sont dus à la rencontre, par les filets d'eau, de matériaux solides qu'ils ne touchaient pas auparavant.

Après le séisme de l'Assam, Oldham constata dans la vallée du Bramahpoutre des inondations désastreuses produites par le relèvement des nappes et des cours d'eau, sous l'action d'une poussée verticale.

Sorties de sable. Craterlets. — Le point le plus intéressant de beaucoup dans ce rejet de matières, c'est la sortie fréquente de sables et de boues par les fissures séismiques de tous ordres.

Ici doit prendre place la mention des singuliers phénomènes dont Oldham [2] a donné la description à propos du violent tremblement de terre ressenti le 10 janvier 1869 dans la province de Cachar, dans les

1. FOUQUÉ. *Les Tremblements de Terre*, p. 305.

2. OLDHAM. *The Cachar earthquake*, dans les *Memoirs of the geological Survey of India*, t. XIX, 1882, avec carte et planche.

Indes anglaises. Les secousses ayant déterminé le glissement des alluvions le long des lignes de thalweg, le contre-coup sur les couches souterraines se traduisit par la poussée au dehors et même la projection en l'air, d'abord de nuages de poussières, puis de masses considérables de boues et de sables. Ces matériaux s'étaient frayé des canaux d'ascension dont l'ouverture plus ou moins circulaire ou elliptique était pourvue d'une sorte de bourrelet qui lui donnait la forme d'un entonnoir.

Lors du tremblement de terre d'Agram, dans le bassin de la Save, en Croatie, il se produisit des cônes de sable mesurant environ 30 centimètres de hauteur. La plupart étaient isolés, mais il y en avait aussi de groupés, soit en lignes, le long de fentes étroites, soit géminés sur des proéminences communes[1].

A Charleston, le 31 août 1886, il sortit du sol crevassé des masses considérables de sable micacé donnant naissance à la production de cônes qui reçurent le nom de *craterlets* qu'on peut leur conserver. Ils ont été décrits avec beaucoup de détails[2].

Notons encore que le 16 décembre 1902, le colonel Roudanovski a observé, pendant le tremblement de terre d'Andijan (Turkestan russe), le jaillissement de sables et de boues accompagnées d'eau.

Il est évident que ces éruptions arénacées supposent que les failles séismiques sont remplies de matière sableuse ou boueuse dans toute leur hauteur. Aussi doit-on s'attendre à trouver au travers des formations de tous les âges des sortes de *dykes sableux* qui ont pu devenir gréseux par cimentation. Or, c'est précisément ce que M. Pavlow a signalé[3] à Alatyr,

1. *Mittheilungen aus das Iahrbuch des K. ungarnes geologisches Anstalt*, VI, pp. 3, 47, Budapest, 1882.
2. Diller. *Bull. U. S. Geol. Survey*, I, p. 441.
3. *Geological Magazine*, année 1896, p. 50.

gouvernement de Simbirsk, en Russie, pour un dyke vertical de grès et de sable à grains de glauconie, de 35 centimètres d'épaisseur, que ses fossiles lui ont fait rapporter à l'oligocène inférieur. Il pense que c'est « le témoignage d'un tremblement de terre fossile ». J'ai, pour mon compte, décrit un fait comparable aux environs de Noyon (Oise) où un véritable filon de grès glauconifère traverse sur une grande épaisseur les couches de la craie sénonienne.

Les *sandstones dykes* de Californie sont à rapprocher de ces curieuses formations.

Mais la conclusion paraît encore bien plus nécessaire quand le sable enclavé dans les fissures du sol est plus ancien que la roche encaissante. C'est alors la reproduction des faits actuels mentionnés ci-dessus. Aussi est-il nécessaire de rappeler que, dès 1875 et à plusieurs reprises depuis lors, j'ai décrit sous le nom d'*Alluvions verticales*, des sables remplissant des failles où ils ont été injectés de bas en haut. Un des premiers types étudiés concerne les sables granitiques des environs de Montainville en Seine-et-Oise[1] ; mais, au même type, se rattachent, entre autres, les sables diamantifères du Cap de Bonne-Espérance[2]. Les uns et les autres ont comme leur reproduction artificielle très exacte dans la poussée des sables verts tout le long de la colonne de 540 mètres de hauteur du puits artésien de Grenelle, à Paris[3].

Éboulements. — Parmi les effets les plus visibles et parfois les plus désastreux des tremblements de

1. STANISLAS MEUNIER. *Comptes rendus de l'Académie des sciences*, 30 août 1875.

2. STANISLAS MEUNIER. *Comptes rendus de l'Académie des sciences*, 5 février 1877. *Bull. Acad. roy. de Bruxelles*, 3ᵉ série, n° 4, 1882. *Bull. Soc. Hist. nat. d'Autun*, VI, 1893.

3. STANISLAS MEUNIER. *La Géologie générale*, 2ᵉ édition, p. 96. 1 vol. in-8°, 1909.

terre doivent être mentionnés les éboulements de rochers et les glissements de terrain.

Dolomieu constate que, lors du tremblement de terre de 1783, le sol argilo-sableux de la plaine de Calabre fut tassé, que des talus s'établirent là où il y avait des escarpements ou des pentes rapides, que les masses qui n'étaient pas retenues glissèrent et comblèrent des cavités. Il faut citer tout au long ce terrible et magnifique exemple :

« Il s'ensuivit que dans presque toute la longueur de la chaîne, les terrains qui étaient appuyés contre le granit des monts Caulone, Ésope, Sagra et Aspromonte, glissèrent sur le noyau solide dont la pente est rapide, et descendirent un peu plus bas. Il s'établit alors une fente de plusieurs pieds de large sur une longueur de neuf à dix milles, entre le sol solide et le terrain sablonneux ; et cette fente règne presque sans discontinuité depuis Saint-Georges, en suivant le contour des bases, jusque derrière Sainte-Christine. Plusieurs terrains, en coulant ainsi, ont été portés assez loin de leur première position, et sont venus en recouvrir d'autres, assez exactement pour les faire disparaître. Des champs entiers se sont abaissés considérablement, au-dessous de leur premier niveau, sans que ceux qui les environnaient aient éprouvé le même changement, et ils ont formé ainsi des espèces de bassins enfoncés... Des fentes et des fissures ont traversé, dans toutes les directions, les plateaux et les coteaux... Ce fut principalement sur les bords des escarpements qu'arrivèrent les plus grands désordres et les plus grands bouleversements. Des portions considérables de terrains, couverts de vignes et d'oliviers, se détachèrent, en perdant leur adhérence latérale, et se couchèrent d'une seule masse dans le fond des vallées, en décrivant des arcs de cercle, qui ont eu pour rayon la hauteur de l'escarpement; tel un livre posé sur sa tranche qui tombe sur son plat... J'ai vu des arbres qui ont continué à pousser et qui même ne paraissaient pas avoir souffert, quoique, depuis un an, ils soient dans une position si contraire à la perpendicularité... Ailleurs, des massifs énormes... ont coulé sur la pente... et *après avoir donné le spectacle de montagnes en mouvement*, sont restés au milieu de la vallée.

« Lorsque l'éboulement a commencé par la partie supérieure de l'escarpement et lorsque les surfaces des terrains se sont brisées en fragments qui se détachaient, à mesure que la base manquait, le bouleversement a été total. Les arbres, à moitié enterrés, présentent leurs racines ou leurs têtes, et si les matériaux et les charpentes des maisons détruites se sont mêlés avec ces débris de la montagne, on ne reconnaît plus rien de ce qui était.

« Il est arrivé quelquefois qu'un terrain, à qui sa chute et l'inclinaison du terrain qui s'était formé sous lui avaient donné une grande force de projection, a rencontré et franchi de petites collines qui étaient sur son passage, les a recouvertes et ne s'est arrêté qu'au delà... Lorsque les bords opposés d'une vallée se sont écroulés en même temps, leurs débris se sont rencontrés, leur choc les a soulevés, et ils ont formé des monticules dans le centre de l'espace qu'ils ont formé. L'effet le plus commun, celui dont on voit un très grand nombre d'exemples dans les territoires d'Opido et de Sainte-Christine, sur les bords des vallées et gorges profondes dans lesquelles courent les fleuves Madi, Birbo et Tricucio, est celui qui s'observe, lorsque la base inférieure ayant manqué, les terrains supérieurs sont tombés perpendiculairement et successivement, par grandes tranches ou bandes parallèles, pour aller prendre une position respective, semblable aux marches d'un amphithéâtre ; le plus bas gradin est quelquefois à trois ou quatre cents pieds au-dessous de sa première position. Telle une vigne, entre autres, située sur le bord du fleuve Tricucio, auprès du nouveau lac, s'est divisée en quatre parties, qui se sont mises en terrasse les unes au-dessus des autres, et dont la plus basse est tombée de 400 pieds de hauteur. »

Comme exemple récent d'éboulements considérables de rochers, nous mentionnerons le cas observé le 11 juin 1909 à Verneghes, en Provence.

De grandes modifications dans l'allure de la surface du sol alluvionnaire de la province de Cachar, à l'est du Brahmapoutre (Indes anglaises) furent déterminées par un séisme intense qui sévit sur la région le 10 janvier 1889. Le célèbre géologue Oldham en a donné une description détaillée. Des crevasses se produisirent sur plusieurs milles de longueur et selon le cours des fleuves. Ces solutions de continuité déterminèrent le glissement de masses énormes de vases, avec des dénivellations si sensibles que le pays resta sillonné de véritables failles. Toute la plaine fut enrichie d'escarpements et de mamelons souvent pourvus à leur sommet d'une dépression cratériforme.

Citons, pour finir ces exemples, des éboulements d'énormes blocs de rochers, au Yunnam, au cours d'un tremblement de terre ressenti durant plusieurs jours en mai 1909.

Raz de marée. — Les tremblements de terre qui sévissent au voisinage du littoral sont fréquemment accompagnés de perturbations dans l'équilibre de la mer.

Parfois la commotion du sol donne naissance à une onde de translation qui se propage au travers de l'océan jusqu'à des distances considérables. Des marégraphes permettent parfois de déterminer la vitesse de la propagation.

Dans les circonstances les plus favorables, on a

constaté que cette vitesse est égale à celle de la marée suivant le même parcours. Des observations précises ont été faites à cet égard après le désastre d'Arica, au Pérou, le 13 août 1868, et l'on constata que l'onde parcourut la distance qui sépare l'Australie des îles Samoa en 16 h. 2' : la marée mettant 16 heures pour faire ce trajet. Pour arriver aux îles Sandwich, elle employa 12 h. 37', alors que la marée y consacre 13 heures.

A diverses reprises, des navigateurs, bien que se trouvant éloignés de toute côte ou de tout bas-fond, ont soudain éprouvé le choc caractéristique de la rencontre d'un rocher. C'était la conséquence d'un séisme intéressant le sol sous-marin.

C'est des régions sous-marines, du pied des falaises les plus abruptes, que part l'impulsion de beaucoup de séismes, observés, par exemple, sur le littoral occidental des Amériques, comme sur le littoral oriental du Japon.

Cependant on ne trouve guère d'observations précises sur les tremblements de mer, ce qui vient d'abord de la rareté des observateurs et de l'absence de toute trace succédant à la trépidation. Pourtant, on connaît des points du bassin océanique qui ont une séismicité remarquable, comme une portion de l'Atlantique équatorial, à l'est du rocher de Saint-Paul, déjà signalée par Daussy en 1838[1], puis en 1842[2]. Bien plus tard, Rudolph[3] a dressé un catalogue relatif à toutes les mers et dont il a déduit les conclusions dans trois propositions intéressantes : 1° les tremblements de terre sous-marins se produisent à toutes les profondeurs océaniques, sur les hauts fonds, aussi bien que dans les abîmes ; 2° leur fréquence et leur

1. *Comptes rendus de l'Academie des Sciences*, V, p. 512.
2. *Comptes rendus de l'Académie des Sciences*, XV, p. 446.
3. *Beiträge zur Geophysik*, I, p. 133, 1877 ; II, p. 537, 1845 ; III, p. 273, 1898.

intensité en une région donnée sont indépendantes de l'existence ou de l'absence dans le voisinage de volcans actifs ou éteints, terrestres ou sous-marins; 3° dans certaines régions océaniques, les séismes sont plus ou moins habituels; dans d'autres, ils sont inconnus. En somme, on voit que le fond sous-marin se comporte au point de vue séismique, exactement comme la surface du sol exondé.

Au point de vue théorique, les tremblements océaniques procurent un moyen d'étude des ondes séismiques simplifiées à cause de l'homogénéité du milieu aqueux, substituée à l'inextricable complication des roches pierreuses.

Le plus souvent, le contre-coup du tremblement de terre consiste en un raz de marée, c'est-à-dire en vagues exceptionnellement volumineuses qui viennent déferler en dehors des limites ordinaires de la mer et qui produisent d'ordinaire des ravages très graves.

Il est des cas où la mer reste passive en présence de trépidations séismiques violentes, et c'est ce qu'on a observé en Ligurie, le 23 février 1887, où la Méditerranée fut calme pendant toute la journée du tremblement de terre. Mais le 28 décembre 1908, comme on l'a vu, les quais de Messine et la côte de Calabre ont été balayés par un flot irrésistible.

La vague séismique a parfois des dimensions énormes. On en a cité de 10 et de 25 mètres de hauteur, mais ce ne sont pas là des résultats de mesures précises, car l'estimation peut être faussée par les conditions terribles dans lesquelles elles sont faites. Pourtant, et selon la judicieuse réflexion de M. de Montessus de Ballore : « Il ne faut pas tenir ces chiffres comme très exagérés, car à d'énormes distances — par exemple d'un bord à l'autre du Pacifique — la diminution de hauteur due au simple amortissement progressif à la surface de tout un océan, n'a pas été telle qu'on n'ait encore constaté des dénivellations de 10 et 20 mètres [1]. »

Dans ces conditions, on s'explique les désastres causés trop souvent par ces raz de marée. Ainsi, la vague séismique fit 30.000 victimes, le 15 juin 1896, en balayant 700 milles des côtes orientales du Japon. Dans ce pays, où ces phénomènes sont fréquents, on les désigne sous le nom de *Tsunamis*, qu'on a fait entrer dans la terminologie séismologique.

Il importe beaucoup, pour ne pas errer dans l'interprétation des faits, de noter que les raz de marée séismiques réalisent très souvent l'extension, sur le sol où le flot a déferlé, d'un amoncellement de matériaux provenant du bassin de la mer. Ainsi, le 26 octobre 1746, quand la ville de Callao fut submergée par le flot résultant du célèbre tremblement de terre du Pérou, le rivage resta couvert d'épaisses accumulations de galets, de sable, de limon renfermant des débris organiques animaux et végétaux. Une fois les choses remises dans leur situation naturelle, on eût pu facilement conclure des apparences qu'une bande du rivage venait de sortir des flots, en conséquence d'un soulèvement subit, si les ruines de Callao n'eussent subsisté sous les accumulations marines.

Le 20 février 1835, après la première secousse qui détruisit la ville de Concepcion, au Chili, la mer se retira à une telle distance que les navires qui étaient à l'ancre avec 7 brasses de fond restèrent à sec, et que tous les récifs, tous les bas-fonds de la baie de Talcahuano furent complètement découverts. Le flot ne tarda pas à revenir en une vague gigantesque qui balaya la côte jusqu'à 30 mètres au-dessus du niveau des plus hautes marées, emportant et anéantissant tout

1. *La Science séismologique.* 1 vol. in-8°. Paris, 1897, p. 201.

ce qui se trouva devant elle. Elle fut suivie de deux autres vagues, de plus en plus formidables, mais qui ne trouvèrent plus rien à détruire.

Des raz de marée séismiques, et aussi des extravasements d'eau souterraine détruisirent tout sur un espace considérable en diverses parties des Indes et des régions voisines dans la nuit du 11 au 12 octobre 1737, le 19 octobre 1800, le 10 avril 1810, le 10 janvier 1869. Chaque fois le nombre des noyés fut énorme.

En 1819, la ville de Sindri et ses environs furent secoués par un très violent tremblement de terre qui fut suivi d'une gigantesque inondation. Le pays se trouvait envahi par un lac au milieu duquel était Sindri et dont le diamètre n'avait pas moins de 34 milles. En même temps le pays se trouva traversé par une levée de terre à laquelle les habitants appliquèrent la dénomination d'*Allah-Bound*, c'est-à-dire de « Digue de Dieu ». En 1827, le voyageur Burnes visita la contrée. Il en donna plus tard une description détaillée et surtout de cette digue merveilleuse[1]. Selon lui, elle avait partout la même hauteur et se prolongeait de l'ouest à l'est à perte de vue et sur une longueur que les indigènes évaluaient à 50 milles. Elle avait 16 milles de largeur et ne présentait l'aspect d'un barrage que du côté sud. Du côté opposé, elle n'avait pas de pente. C'était le produit d'un soulèvement en gradin, ayant par conséquent l'allure des lames du sol inclinées dans les massifs montagneux. Tous ces phénomènes donnaient l'impression que la région de Sindri a subi un affaissement considérable résultant du tassement du terrain sous-jacent, avec poussée, à l'extérieur, de l'eau jusque-là souterraine.

1. *Memoir on the eastern branch of the Indus, and the Run of Cutch, containing an account of the alteration produced on them by an earthquake in 1819, also a description of the Rein.* Travels Bokhara, t. III, p. 310, 1834.

M. Ed. Suess conclut d'une très longue étude insérée au début de son célèbre ouvrage [1] que le « Déluge Universel » fut causé par un tremblement de terre qui se fit sentir dans la région du golfe Persique. Suivant lui, ce déluge a été violent et destructeur, mais rien ne prouve qu'il ait été très étendu.

1. *La face de la Terre*, t. I, p. 64, vol. in-8°. Paris, 1897.

CHAPITRE V

LA ZONE ÉBRANLÉE

Sommaire. — Les lignes isoséistes. — Étendue de la zone ébranlée. — Définition de l'épicentre. — Forme de la zone ébranlée.
— Recherche de l'épicentre. — Difficultés que présente le
tracé des courbes isoséistes. — Les divers degrés d'intensité
dans le tremblement de terre de Nice (1887). — Profondeur
des centres d'ébranlement : comment on cherche à l'établir. —
Déplacement des foyers d'ébranlement.

En général, une même secousse se fait sentir successivement en des points différents, et c'est sur cette
observation qu'est fondé l'établissement des *lignes
isoséistes*. Mais il est des cas aussi où une même trépidation affecte simultanément des régions étendues
de la surface terrestre. Selon M. Withney, c'est ce
qui aurait eu lieu le 26 mars 1872, sur le versant
oriental de la Sierra Nevada (Californie), dans la
vallée d'Owen. Ce géologue estime qu'une bande de
terrain parallèle à la ligne de crête, et ne mesurant
pas moins de 400 kilomètres de longueur, a été secouée
au même moment[1]. Cet exemple est loin d'être
unique.

Forme de la zone ébranlée. — Il n'y a rien de
plus variable que la forme et la superficie des régions
ébranlées par les séismes. Le nombre des conditions
qui interviennent dans cette question est évidem-

1. *Oberland Mounthly,* août et septembre 1872, **p. 273.**

ment considérable, et avant tout, celles qui concernent la constitution du sous-sol, hétérogène, contourné, traversé de géoclases.

Souvent, l'aire secouée est linéaire, c'est-à-dire de largeur très faible par rapport à sa longueur, et dans ce cas les cassures terrestres, ainsi que les rejets qui les accompagnent et que trahissent souvent les chaînes montagneuses, ont une influence évidente. C'est ce qui eut lieu, par exemple, pour le tremblement de terre dont, en 1872, eut à souffrir la Californie. Le plus souvent, et malgré la persistance d'un grand axe de symétrie, la forme générale est moins rétrécie et alors la superficie devient elliptique, passant d'ailleurs au cercle par l'égalisation progressive des deux axes.

Ce sont là les cas les plus simples et il arrive que la forme de l'aire ébranlée soit très compliquée, reflétant les particularités géologiques et tectoniques du sous-sol.

Étendue de la zone ébranlée. — La séismicité concerne aussi l'étendue des pays secoués. Cette étendue est très variable et n'est pas toujours en rapport avec la gravité de la catastrophe. Ainsi, lors du séisme du 28 décembre 1908, la région dévastée s'est trouvée comprise entre Castroreale, en Sicile, et Palmi, en Calabre, et entre Messine et Reggio, ce qui fait dans chaque direction une longueur de 80 kilomètres environ. Les simples dégâts se sont, il est vrai, produits sur une aire beaucoup plus vaste ; mais, en somme, le séisme n'a intéressé qu'une surface de 380.000 kilomètres carrés, en comptant les régions où les secousses se sont fait sentir sans rien ébranler. En Andalousie, 25 décembre 1884, la surface ébranlée fut de 450.000 kilomètres carrés ; en Ligurie, 23 février 1887, de 566.900 kilomètres carrés ; au Japon (Mino-Owari), 28 octobre 1891, de 824.200 kilomètres carrés; dans l'Assam, 12 juin 1897, de 4.530.500 kilomètres carrés; à Charleston, 31 août 1886, de 7.248.900 kilomètres carrés; à Lisbonne, 1er novembre 1755, de 35.000.000 de kilomètres carrés; à Ischia, seulement 1.500 kilomètres carrés.

Épicentre. — En résumé, on appelle *épicentre* la région dans laquelle le séisme atteint son maximum d'intensité. Il est en rapport avec le centre d'ébranlement ou *foyer*, situé dans la croûte. Celui-ci est la région où s'est produit le choc et qui ne peut être regardée comme un point. Il y a souvent déplacement de l'épicentre, comme dans la catastrophe de la Calabre en 1783.

Quand le centre d'ébranlement est peu profond, l'épicentre est peu étendu. Le tremblement de terre de Lisbonne en 1755 dut avoir un centre d'ébranlement très profond, puisqu'il fut ressenti sur une énorme surface.

L'épicentre se présente ordinairement avec la forme d'une ellipse allongée dans le sens d'une cassure de la croûte; il se propage souvent le long de cette cassure qui *travaille* comme la fêlure d'une faïence. Ainsi en Calabre (1783), ainsi dans la vallée du Mississipi (1811) où le séisme remonta le fleuve depuis son embouchure jusqu'au Canada, ruinant toutes les villes riveraines les unes après les autres, durant de la sorte une année entière.

Quand un tremblement de terre se produit avec force sur une côte, l'épicentre est allongé dans le sens de cette côte; autour de l'épicentre, s'étendent des zones où le désastre se fait de moins en moins sentir; on les limite par des lignes dites *courbes isoséistes*. Tous les points situés sur chacune de ces lignes ont subi le même degré d'ébranlement. Naturellement, les courbes isoséistes présentent de grandes irrégularités, causées par les accidents géographiques ou géologiques ; elles présentent des saillies, des échancrures, des plis refoulés à l'intérieur de leur tracé. Plus elles s'éloignent de l'épicentre, plus elles s'étendent dans une direction différente.

On a, d'après le tracé des lignes isoséistes, établi des échelles représentant les différentes intensités d'un ébranlement. Il y a l'échelle De Rossi-Forel, l'échelle Mercalli, l'échelle Omori, employée surtout par les Japonais, d'un usage moins facile que les deux autres, mais d'une exactitude plus grande.

Quand il s'agit d'établir sur la carte la forme des lignes de trépidation simultanée, on éprouve en général de très grandes difficultés, et souvent on a recours à un artifice qui n'est pas à l'abri de tout reproche. Cet artifice consiste à estimer, comme exactement synchroniques, des dommages ayant le même caractère de gravité. Quoique beaucoup de cartes aient été construites sur ces soi-disant principes, il faut se garder d'en accepter les données comme évidentes, et la prudence voudrait que l'on avertît scrupuleusement le lecteur du procédé employé. En effet, il peut très bien se faire, à cause des différences de facilités données aux ondes mécaniques, suivant les terrains, que des résultats semblables soient produits ici ou là, à des moments différents.

Le rôle des géoclases sur la forme des isoséistes est dans certains cas très évident : les courbes d'égale intensité sont alors elliptiques et le plus grand axe est parallèle à la chaîne de montagnes voisine, ou à quelque autre trait géologique tout aussi significatif.

Pour la recherche de l'épicentre, nous signalerons comme exemple tout récent les observations de M. Repelin[1] au sujet du rôle que paraissent avoir joué des dislocations pliocènes ou pléistocènes sur l'orientation et la forme de la région épicentrale lors

---

1. *Comptes rendus de l'Académie des sciences*, CXLIX, p. 1023, 1909.

du séisme du 11 juin 1909, en Provence. Suivant l'auteur, il convient de « fixer comme emplacement de cette région épicentrale la partie de la Treva entre Venella et Saint-Cannat, qui est traversée par une faille post-miocène ». Cette région correspond d'ailleurs à la rencontre des plis de la Fare et de Lambesc avec les plis de Sainte-Victoire et de Concors.

L'établissement des isoséistes conduit parfois à des constatations spéciales. C'est ainsi qu'à Charleston on a reconnu la coexistence de deux épicentres autour desquels les lignes de secousses simultanées s'ordonnaient d'une manière très régulière.

Un autre fait concerne le cas assez rare où deux secousses successives dans le même point donnent naissance à deux systèmes d'isoséistes ordonnés chacun d'une façon tout à fait indépendante. C'est ce que le professeur Ch. Soret a mis en lumière pour un faible tremblement qui s'est fait sentir dans l'est de la France et dans la région voisine de la Suisse dans la nuit du 21 au 22 juillet 1881. Une première secousse, survenue à minuit, a développé une série d'isoséistes sur une aire étroite et allongée dont l'axe principal s'étend de Valence (Drôme) aux environs de Bâle, dans une direction nettement S.-O.-N.-E. Une seconde secousse, observée à 2 h. 45' de la nuit, a affecté une zone plus large mais dont l'axe est nettement développé du S.-E. au N.-O., c'est-à-dire dans une direction sensiblement perpendiculaire à la première.

Les procédés défectueux d'établissement des systèmes d'isoséistes ont parfois empêché d'attacher assez d'importance à des détails de distribution sur le sol de vestiges pouvant jeter de la lumière sur le mode de propagation des ondes mécaniques dans le sol. Ainsi l'examen, fait immédiatement, de la ligne littorale d'Antibes à Gênes, à la suite du tremblement de terre de 1887, m'a montré une alternance de points ravagés et de régions indemnes qui fait ressortir le caractère vibratoire du mouvement éprouvé par la surface [1].

En représentant sur une carte (fig. 11) les divers degrés d'intensité par des teintes de plus en plus foncées, j'ai obtenu des bandes parallèles, dirigées du S.-E. au N.-O. et affectant une symétrie remarquable. L'axe évident passe par Diano-Marina, où tout a été renversé, même les petits murs mitoyens des champs qui, vu leur peu de hauteur, ont partout ailleurs mieux résisté que les autres constructions. A l'est comme à l'ouest se montrent des bandes relativement préservées et dans chacune desquelles se constatent des gradations ménagées vers un minimum placé à l'est près de Loano et à l'ouest à Bordighera. En Italie, un nouveau maximum, mais plus faible que celui de Diano-Marina, s'annonce progressivement et apparaît à Noli; il a son symétrique occidental dans le maximum relatif de Menton. A l'est de Noli, un maximum très clair est à Vado et à sa suite un maximum de troisième intensité à Albissola. Le symétrique à l'ouest comprend le minimum de Villefranche et le maximum d'intensité peut-être moindre que celui d'Albissola, que présente Nice. Le phénomène s'atténue rapidement en dehors de ces bandes : Cannes et Gênes sont sensiblement indemnes.

Il résulte de là que la région orientale de la zone, malgré la symétrie de l'ensemble, est un peu plus resserrée que la région occidentale, en même temps que la trépidation y a été plus violente. Une courbe dont les abscisses seraient les distances kilométriques à partir de Cannes, et les ordonnées les intensités relatives des secousses aux divers points, peut donner de ces faits une sorte de représentation. Ce tracé donne des successions de maxima et de minima qui

---

1. STANISLAS MEUNIER. *Comptes rendus de l'Académie des sciences*, CIV, p. 759, 1887.

rappellent nécessairement l'état d'une corde qui vibre et qui se divise en *nœuds* et en *ventres* alternatifs. C'est faire de l'ensemble des ruines distribuées sur le sol une sorte d'analogue des figures acoustiques des physiciens et l'on peut croire que la netteté en a été

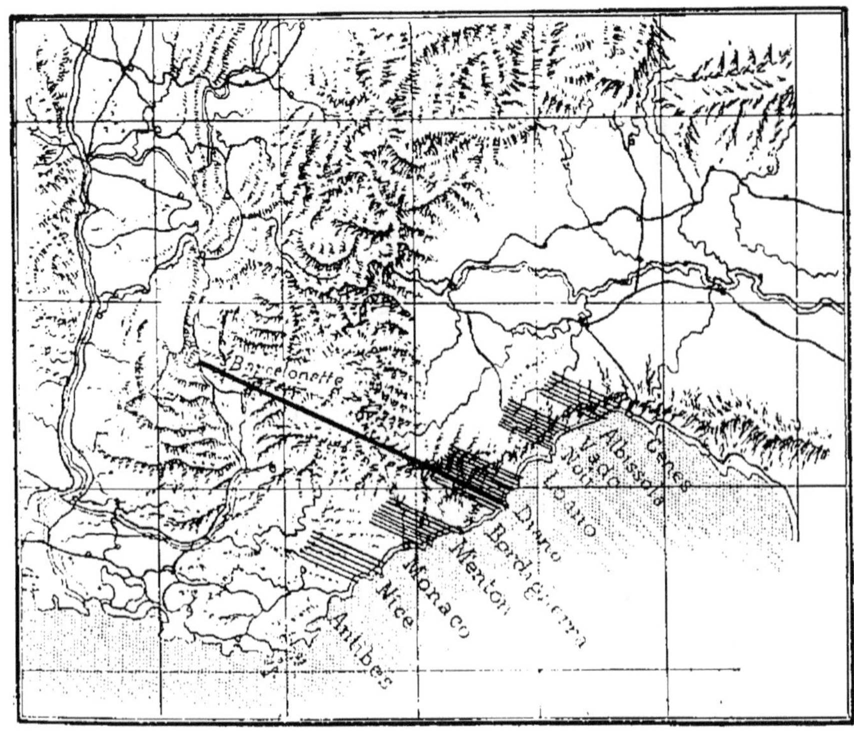

Fig. 11. — Carte des maxima et des minima de trépidation pendant le tremblement de terre de la Ligurie, le 23 février 1887.

diminuée par les deux secousses qui ont suivi la première et qui n'avaient pas de raison pour déterminer exactement le même *acoustigramme* qu'elles avaient elles-mêmes dessiné. (V. plus haut p. 58 ce que nous avons dit de la forme vibratoire du mouvement séismique.)

Profondeur des centres d'ébranlement. — Il suffit d'un instant de réflexion pour sentir toute l'impor-

tance d'une détermination précise du centre d'ébranlement, qui se traduit à la surface par les secousses
séismiques. Mais la solution est aussi difficile à obtenir qu'elle semble désirable à posséder. Un grand
nombre d'auteurs ont proposé des méthodes très
variées et aucun n'a, jusqu'à présent, fourni de résultat satisfaisant. Cependant, malgré leur incertitude,
et en raison de leur conformité générale, elles ont
une conséquence intéressante.

C'est peut-être Robert Mallet qui, le premier, a
cherché à obtenir une mesure de cette profondeur,

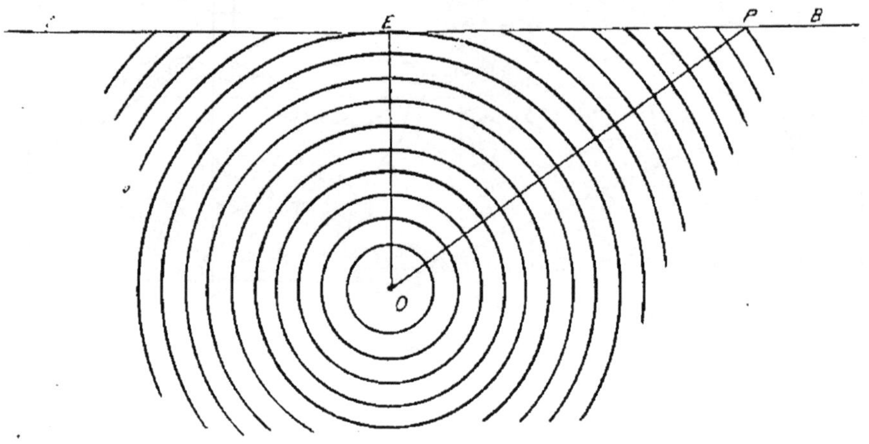

Fig. 12.— Détermination du centre séismique : AB, surface du sol ; E, épicentre ;
O, centre ; PO, perpendiculaire aux ondes mécaniques et par conséquent aux
crevasses du sol.

et, pour y arriver, il a proposé de relever la situation
des crevasses ouvertes dans le sol et de construire
pour chacune d'elles la perpendiculaire à son plan
moyen (fig. 12). Suivant lui, les diverses perpendiculaires ainsi obtenues se recoupent au point cherché, parce que les crevasses résultent d'une réaction
normale à la direction de propagation. Mais la pratique
est loin d'avoir répondu à cette vue théorique. D'autres auteurs, comme le docteur Falb (de Vienne) et
M. Seebach, ont prétendu établir des relations entre

la profondeur cherchée et la vitesse de l'onde dans les roches. Mais, à part les objections faites aux méthodes de calcul, on peut remarquer qu'il y a là comme une sorte de pétition de principe, puisque la vitesse de transmission est précisément une inconnue et qu'on ne peut faire à son égard que des hypothèses. Il n'est pas sûr qu'elle soit égale, selon le

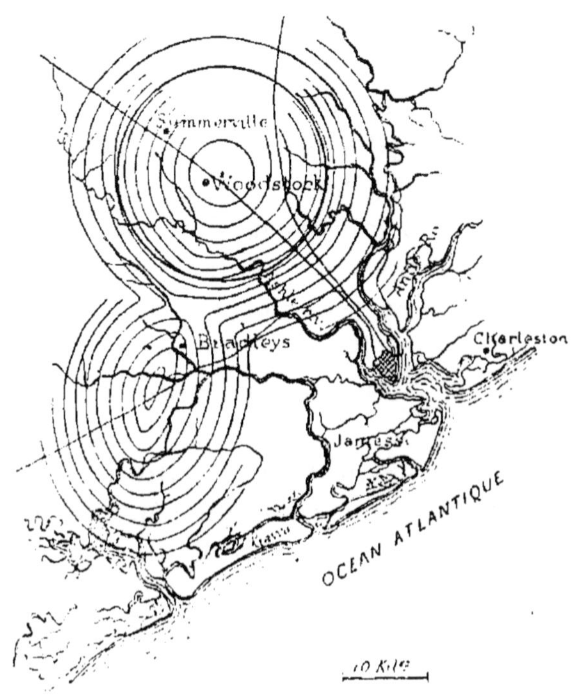

Fig. 13. — Le double épicentre du tremblement de terre de Charleston (Caroline du Sud), le 31 août 1886.

zénith du centre d'ébranlement, à ce qu'elle est selon les directions obliques ; elle doit varier beaucoup avec la distance.

D'après des considérations dont le détail ne serait pas ici à sa place, deux géologues américains, MM. Dutton et Hayden, sont parvenus à un procédé qui a rendu quelques services. Ils supposent d'ailleurs que l'on peut déterminer sur une ligne droite, partant du lieu d'ébranlement maximum, le point qui existe toujours, paraît-il, à partir duquel la décroissance des intensités se fait tout à coup plus rapidement qu'auparavant.

Ces savants apprécient la profondeur du foyer séismique[1] en multipliant le plus petit rayon de l'ellipse de l'épicentre par $\sqrt{3}$. Cette méthode appliquée au tremblement de terre de Charleston (31 août 1886), qui possédait un double épicentre (fig. 13), a donné 29 kilomètres. Pour le tremblement de terre d'Andalousie (25 décembre 1884), on a eu 18 kilomètres ; pour ceux de Basilicate (16 décembre 1857) et de Kumamoto (16 juillet 1889), 10 kilomètres, et pour celui d'Ischia (4 mars 1881), 500 mètres seulement.

On voit que toutes ces évaluations, quelque vagues qu'elles soient, sont très notablement inférieures à la valeur admise pour l'épaisseur de la croûte terrestre (60 kilomètres). Nous aurons plus loin à tirer parti de cette remarque.

Ajoutons que c'est une supposition non démontrée que le siège de l'ébranlement séismique soit situé dans une région très restreinte, un *point*, comme on dit généralement. Il est plus vraisemblable que, dans la plupart des cas au moins, il s'agit d'un espace plus ou moins vaste, — parfois très vaste, — dans lequel se produisent les décrochements, les déplacements et les chocs dont les contre-coups superficiels sont les secousses.

Déplacement du foyer d'ébranlement. — On a cru remarquer que nombre de séismes, ayant leur épicentre dans la région marginale de la chaîne des Alpes,

---

1. Il va de soi que la situation du point en question ne peut être déterminée avec sûreté que par le témoignage de séismographes convenablement disséminés dans le pays secoué. Cela veut dire que, pratiquement au moins, la méthode est actuellement sans application ; mais on peut espérer que le nombre des observations séismologiques ira en augmentant rapidement.

se propagent en ligne droite dans la direction opposée
à la ligne de crête et à angle droit avec elle. Le foyer
d'ébranlement peut parvenir ainsi progressivement
jusque dans le massif de la Bohême, de façon à
atteindre Leitmeritz ou Prague, parfois même la
Saxe, auprès de Meissen. C'est ce qu'on appelle
les tremblements de terre à *relais*. En voici un autre
exemple :

Le 13 février 1894, une faible secousse s'est faite
sentir à Alep. Le 15 février, le centre de l'ébranlement s'est déplacé sur la même ligne de rupture à
Smyrne ; le 12 mars, à Chio et le 30, à Salonique, à
l'extrémité opposée de la même ligne. Le 20 avril, le
centre d'ébranlement s'engage dans une zone parallèle de rupture au sud, qui débouche au golfe d'Ata-
lante, dans l'île d'Eubée, où il renverse en quelques
instants plusieurs villages, en occasionnant la mort
de 255 personnes. Le 25 avril, le foyer séismique se
déplace de nouveau sur la précédente ligne de rupture de la mer de Marmara, voisine de Constantinople, ce qui amène la destruction des villages de
Safra-Koï et de Gulateria. Sur une zone parallèle, ce
séisme a secoué Brousse et Rhodoste, Gallipoli et
Rhodope. La Thrace a été agitée du 10 au 22 juillet
d'une manière presque continue[1].

1. D'après DRAGHICEM. *Les Tremblements de terre de la Roumanie.* Bucarest, 1896.

CHAPITRE VI

GÉOGRAPHIE SÉISMIQUE

Sommaire. — Les tremblements de terre ne se font pas également sentir sur tous les points du globe. — Les bandes à grands tremblements de terre : le sud et l'est de l'Eurasie, l'ouest des Amériques. — Onze cents tremblements de terre dans la péninsule Ibérique. — Le tremblement de terre de Lisbonne (1755). — Les tremblements de terre désastreux en Espagne. — L'Andalousie ravagée en 1884-1885. — Le tremblement de terre de la Provence (1909). — Les grands tremblements de terre en Italie. — La Grèce : tremblement de terre de Chio (1881). — La Turquie d'Europe et la Turquie d'Asie, l'Arménie, la Perse, le nord de l'Afrique souvent secoués. — Tremblement de terre de l'Assam (1897). — Régions séismiques de la Chine. — Le Japon, l'un des pays du monde les plus ébranlés. Deux cent mille victimes à Yeddo en 1703. Le désastre de Mino-Owari (1891) : 6.000 secousses violentes en onze jours. Le tremblement de terre de 1854 : destruction de la ville d'Osacca ; la vague de la baie de Simoda ; le livre de loch de la frégate *La Diane*. — Les séismes dans les îles du Pacifique, les Philippines, les îles de la Sonde, etc. — Les tremblements de terre de la Jamaïque : Kingston en 1907 et 1692. Port-Royal abîmé sous les eaux. Récit d'un contemporain. — Le tremblement de terre de Charleston (1886). — La vallée du Mississipi en 1811-1812. — La Californie séismique. — Le tremblement de terre de San-Francisco (1906). — La catastrophe de Riobamba (1797) racontée par Humboldt. — Caracas (1811). San-Salvador (1891). — Catalogue des tremblements de terre au Pérou. Lima souvent détruite. Submersion de Callao (1746). — Le Chili. Relation du tremblement de terre de Concepcion (1835).

Un fait dominateur dans l'histoire naturelle des tremblements de terre, c'est qu'ils ne se font pas sentir également sur tous les points du globe. Nous retrouvons en tous pays des traces d'anciens séismes, dans les géoclases, dans les filons, dans les chaînes de montagnes, dans les dykes de sable; mais, pour l'époque actuelle, leur distribution topographique est beaucoup plus restreinte.

Les bandes à grands tremblements de terre. — Même, si on distingue entre les très grandes catastrophes et les tremblements de terre plus modérés, on voit que les premières sont toutes comprises dans des zones terrestres remarquablement étroites.

En Eurasie, c'est le littoral méridional et oriental qui se signale sans conteste, depuis le Portugal jusqu'à la presqu'île de Kamtchatka. On peut même y voir une continuation vers l'ouest, au travers de l'Océan Atlantique qui, jusqu'aux Antilles, est jalonné de points séismiques, comme les Canaries et les Açores.

Il en est de même dans le Nouveau Monde, où une bande, tout à fait comparable à la précédente, règne tout le long du littoral Pacifique. Elle est d'ailleurs reliée à la première par les îles Aléoutiennes.

En arrière de chacune de ces deux bandes, c'est-à-dire au nord pour l'Europe et à l'est pour les Amériques, on pourrait tracer des bandes grossièrement parallèles aux premières, où s'observent des séismes de plus en plus atténués, à mesure qu'on s'éloigne du point de départ. Il va sans dire que ces bandes sont mal définies les unes par rapport aux autres et que l'intensité des séismes dans chacune d'elles peut être très variable d'un cas à l'autre.

Il est indispensable, pour l'établissement de nos conclusions, de préciser cette notion géographique, en donnant un certain nombre d'exemples de la séismicité des pays compris dans ces deux grandes bandes du sud de l'Eurasie et de l'ouest des Amériques.

Naturellement, nous ne choisirons que les désastres les plus grands dans le nombre effroyable des catastrophes. Il y en aurait à citer beaucoup aussi dans les zones de moindre intensité, par exemple dans le centre et le nord de la France, dans les Iles Britanniques, en Suisse, surtout dans le Valais, en Allemagne, en Autriche, en Roumanie, en Sibérie, où ces phénomènes n'ont pas été sans causer des dommages ni sans laisser de dramatiques souvenirs, mais qui n'offrent pas de faits approchant, en quoi que ce soit, de ceux de Messine, de la Calabre, de l'Asie Mineure, du Japon, de Riobamba, etc.

La péninsule Ibérique. — En Europe, pour la fréquence et l'importance des tremblements de terre, il n'y a que l'Italie qui l'emporte sur la péninsule Ibérique. On a, en effet, compté en Espagne et en Portugal jusqu'à 1.100 tremblements de terre. Et encore ces deux pays, quoique sous la domination romaine, ne furent pas étudiés, comme l'Italie, par les naturalistes anciens. Citons pour le Portugal les dates de 1551, 1666, 1909 et surtout 1755 qui est celle d'une des plus célèbres catastrophes.

C'est à 9 h. 45 du matin que le 1er novembre se déchaîna le fléau. On entendit sous terre un bruit semblable à celui du tonnerre et, immédiatement après, un choc formidable se produisit, qui renversa la plus grande partie de la ville; 60.000 personnes environ périrent en moins de six minutes. La mer se retira d'abord, puis s'éleva bientôt à plus de 15 mètres au-dessus de son niveau ordinaire. Les montagnes d'Arralida, d'Estrella, de Macao et de Cintra, qui font partie de la plus grande chaîne du Portugal, furent violemment ébranlées; la plupart d'entre elles s'ouvrirent à leur sommet et se déchirèrent jusqu'à leur base. Des masses de rochers roulèrent dans les vallées. On rapporte que des flammes sortirent de ces montagnes. Cette catastrophe se fit sentir sur une fraction considérable de la surface terrestre, et, à ce titre, elle présente un caractère tout à fait exceptionnel. Le Nouveau Monde lui-même eut un contre-coup des secousses. A Kinsale, en Irlande, la mer envahit le port, où plusieurs vaisseaux pirouettèrent et allèrent s'échouer sur la place du Marché. L'agitation des lacs et des sources fut extraordinaire dans la Grande-Bretagne. A Alger et à Fez, en Afrique, les tremblements du sol furent si violents que le nombre des victimes humaines fut de 10.000. Sur la côte de Tanger, on vit se succéder 10 raz de marée. A Funchal, dans l'île de Madère, la mer s'éleva de 15 mètres au-dessus de son niveau habituel.

Pour l'Espagne, les dates de 1427, 1749 (10.000 victimes à Valence), 1757, 1790, 1804, 1828, 1884 sont à retenir. Ce fut l'Andalousie qui, le 25 décembre 1884, fut ravagée. Les secousses durèrent plusieurs mois, avec des recrudescences le 30 décembre 1884, le 5 janvier, le 13 et le 17 février, le 25 et le 26 mars, le 11 avril 1885. Il y eut des centaines de morts, 12.000 maisons ruinées, 6.000 endommagées. Des crevasses profondes s'ouvrirent en plusieurs endroits. Les sources subirent d'importantes variations. Ce séisme, particulièrement étudié par une mission française, dont Fouqué était le chef, fut violemment ressenti dans une grande partie de l'Espagne.

La France. — En France, la zone à grands ébranlements n'a jamais dépassé la Provence et le comté de Nice. Les désastres du 12 juin 1909 sont présents dans toutes les mémoires. Il y eut une quarantaine de morts, un grand nombre de blessés, des villages détruits, des pertes considérables. Le tremblement de terre fut ressenti, mais sans désastre, bien au delà des environs de Marseille et d'Aix. Cannes, Nîmes, Béziers, Montpellier, Gap, Grenoble, Privas furent plus ou moins secoués. L'Italie, le Portugal, qui, quelques mois auparavant, en cette même année 1909, avaient eu des ruines et des morts, furent aussi touchés par le séisme de juin. Nous avons plus haut parlé avec détails du tremblement dont souffrit Nice, en 1887, et qui d'ailleurs eut son maximum à Diano-Marina, en Italie.

L'Italie. — Pour l'Italie, nous ne considérerons que l'ère chrétienne : les années 131, 342, 1117, où le fléau se fit sentir jusqu'en Allemagne ; 1456, où 30.000 personnes périrent à Naples ; 1521, 1538, 1542, 1604, 1624, 1638, où il y eut en Calabre 60.000 victimes ; 1648, qui affecta particulièrement Livourne ; 1649, Messine ; 1654, 1657, Naples et la Calabre ; 1693, Sicile et Calabre, avec 100.000 victimes ; 1703, qui intéressa les Etats de l'Eglise ; 1706, la Sicile et les Abruzzes ; 1783-1786 ; pendant cette interminable période, il y eut 40.000 victimes. Ce que nous en avons déjà dit donne une idée de son horreur. Pendant la première année, le médecin Pignatero, qui habitait à Monte-Leone, y a compté 949 secousses, dont 501 terribles. L'année suivante, il y en eut 151, parmi lesquelles près des deux tiers furent désastreuses. La zone ébranlée ne mesura que 100 kilomètres de largeur, mais, dans un rayon de 30 kilomètres, tout fut absolument détruit. A Messine, le rivage fut déchiré et le quai descendit d'environ 40 centimètres. Dans quelques localités, le sol fut crevassé et les deux lèvres des crevasses furent soulevées, pour retomber ensuite comme sous leur propre poids : dans beaucoup de ces fissures, des édifices, des arbres, des bestiaux et même des hommes furent ensevelis, et parfois aussi rejetés encore vivants par le sol qui les avait happés. Près d'Oppido, une montagne fut ouverte par une large crevasse qui, après avoir englouti une partie du sol couvert de vignes et d'oliviers, ne présenta, après la secousse, qu'un gouffre de forme ovale, long de 160 mètres et large de 70. Près de Serosinara, l'ouverture d'une crevasse forma tout à coup un lac, connu aujourd'hui sous le nom de Tolfido et qui mesure, avec une profondeur de 18 mètres, une longueur de 618 mètres et une largeur de 325 mètres..... Citons encore les dates de 1819, 1826, où le centre du séisme fut dans la Basilicate; 1835, 1887, 1905, 1908-1909... Nous avons plus haut parlé de Messine et de Reggio. Le tremblement de terre d'Ischia, en 1883, qui est une, entre autres, de ces innombrables catastrophes, appartient, comme on le verra, à une catégorie spéciale des convulsions de l'écorce terrestre.

La Grèce. — En Grèce, les séismes ont toujours été extrêmement fréquents. La statistique est arrivée à cette moyenne énorme de 275 secousses par an sur ce territoire si étroit. Les îles de Leucade, de Céphalonie, de Zante, de Chio sont parmi les plus éprouvées, et le continent lui-même a souvent eu des malheurs. Strabon raconte plusieurs catastrophes. Sans remonter si loin, nous noterons les années de 525, 534, 1034, 1672, 1821, qui intéressa principalement l'île de Zante; 1825; 1881, où Chio fut bouleversée; 1892-1893, où ce fut encore Zante, et cette fatale année 1909.

Le 3 avril 1881, l'île de Chio ressentit, à 1 h. 40 du soir, d'épouvantables secousses qui détruisirent 99 °/₀ de la ville et ensevelirent plus de 3.000 personnes sous les décombres. Vingt minutes après, une seconde oscillation, presque aussi violente, puis une troisième achevèrent complètement l'œuvre de destruction. Jusqu'au 5 avril, on compta jusqu'à 250 secousses, dont 30 à 40 capables de renverser les maisons les plus solides. Les vagues déferlaient avec fureur. Le séisme fut ressenti sur un rayon de plus de 70 kilomètres. Plus de 40.000 personnes se trouvèrent sans abri et sans pain, sur une terre qui ne parvenait pas à reprendre sa stabilité, au milieu des ruines sous lesquelles pourrissaient des cadavres.

La Turquie, la Perse. — Constantinople subit aussi de grands tremblements de terre : en 47, 447, 478, 555, où la mer recula de « 2.000 pas » ; 789, 1057, 1199, — le phénomène fut alors ressenti jusqu'en Allemagne ; 1571, 1646, où 136 navires furent jetés à la côte ; 1752, 1894.

L'Asie Mineure, l'Arménie, la Perse sont des pays extrêmement séismiques. En l'an 17, treize villes furent renversées en Asie Mineure : Sardes, Éphèse, Laodicée, etc. Les anciens ont bien tenu le compte de leurs catastrophes, et nous voyons la ville d'Antioche, par exemple, détruite de fond en comble un grand nombre de fois : en 114, 342, avec 40.000 victimes (il faut être en garde contre l'exagération possible des anciens chroniqueurs, sans nier toutefois ces chiffres qui ne sont que trop conformes à ceux si bien constatés de nos jours) ; 447, 478, 526, 528, 565 (30.000 victimes) ; 742 (les ravages s'étendirent jusqu'en Egypte) ; 1178. En 1653, il y eut à Smyrne 3.000 victimes. Et c'est toute la Syrie qui est secouée en 1656, en 1666. En 1759, il y a à Baalbeck plus de 20.000 victimes ; 1781 ; en 1796, Latakieh est renversée ; 1822, 1828, 1833, 1835 ; en 1837, Jaffa et Tibériade sont détruites, Damas et Beyrouth endommagées. La région du Caucase est souvent très agitée ; le séisme de Chemakha en 1859 est célèbre, et la même année Erzeroum souffre beaucoup. L'Arménie d'ailleurs a, en bien des points, des ruines faites par les tremblements de terre, celles, par exemple, d'Ani, son ancienne capitale. En 522, la Mésopotamie est ravagée. La Perse compte d'énormes catastrophes : en 1641, elle a 30.000 victimes ; 1727, 1755, 1863 lui furent également néfastes.

L'Afrique. — Souvent l'Égypte a eu de graves contre-coups des séismes de la Grèce et de l'Asie occidentale; la côte nord de l'Afrique est fréquemment ébranlée, ainsi que le prouve le tremblement de 1715 qui fit, à Alger, des milliers de victimes.

L'Inde et la Chine. — L'Inde est sujette à des séismes redoutables. L'un des plus terribles est celui de 1897 dans l'Assam. La jolie ville de Shillong fut entièrement détruite. C'était le 12 juin 1897 à 5 h. 11′ de l'après-midi. On entendit d'abord un immense grondement souterrain; puis la terre trembla pendant trois minutes, « comme de la gelée ». Des crevasses énormes se formèrent. Çà et là, il en sortait des trombes d'eau. Pas un édifice ne resta debout, les églises, le Palais du gouvernement furent littéralement aplatis. Les morts et les blessés furent nombreux.

On manque de données précises sur les tremblements de terre de la Chine; mais à en croire ses annalistes, il y en a eu de fort graves; celui de 1555, par exemple, fit 80.000 victimes. En 1830, il se serait produit une crevasse de 6 lieues de long et de 15 pieds de largeur[1]. D'après M. de Montessus de Ballore[2], le Chan-Si et le Ho-Nan constituent une région séismique assez bien définie.

Le Japon. — Les Japonais ont tenu de leurs catastrophes un compte presque aussi exact que l'ont fait pour la Grèce et l'Italie nos historiens et nos géographes anciens. Aussi y trouverait-on la matière de plusieurs volumes. Indiquons seulement les dates de 1585-1586, 1596, 1662, 1703, où il y eut à Yédo 200.000 victimes; 1729, 1738, 1835, 1854, 1891.

1. Huot. *Nouveau cours élémentaire de Géologie.* 2 vol in-8°. Paris, 1837.
2. *Géographie séismologique.* 1 vol. in-8°. Paris, 1905.

Cette dernière date est une des catastrophes récentes
les plus célèbres. Les secousses commencèrent le
27 octobre et durèrent jusqu'au 9 novembre avec,
comme toujours en pareilles circonstances, des alternatives de calme qui ne laissaient pas la moindre
sécurité. La plus grande partie du Japon trembla
et surtout les provinces de Mino et d'Owari. La ville
de Gifou, capitale de Mino, fut détruite. Il y avait
des chocs verticaux combinés avec des secousses
ondulatoires qui, du côté de Gifou, faisaient de la
terre une masse aussi houleuse que la mer démontée.
D'après les indications des instruments, lors du
premier choc, les secousses, d'abord faibles, ont
été en augmentant durant plus de 3 minutes et
ont peu à peu diminué dans le même laps de temps.
L'observatoire de Nagoya a enregistré, en onze jours,
plus de 6.600 secousses violentes. Les maisons de
Gifou étant de jolies petites constructions légères,
il n'y aurait pas eu grand mal pour la vie des habitants si le feu n'y avait pris. Il y eut des milliers
de gens brûlés ; d'autres furent engloutis, broyés
dans des crevasses. Les couches du sol, pendant
les grandes secousses, se courbaient et se redres-
saient successivement. Des crevasses jaillissaient des
masses de sable gris, des torrents de boue blanchâtre. Il sortait aussi de ces fissures des eaux
sulfureuses et des vapeurs. La forme conique du
beau volcan Fouzi-Yama fut endommagée, l'un de ses
versants ayant été fortement échancré par un éboulement, quoiqu'il ne s'y manifestât aucune activité. Le
séisme fut ressenti à Tokio dans l'E., à Kobé dans
l'O., à Sendaï dans le N., à Nagasaki au S. En Chine
même, les vibrations du sol furent constatées à
l'observatoire de Zi-ka-Wei.

Il faut citer aussi la catastrophe de la baie de Simoda,
parce que nous y voyons en œuvre ces énormes
vagues dont le Japon fournit le nom et le type.

« L'île de Niphon, sur laquelle se trouve Simoda, écrit un officier de marine à bord du vapeur des États-Unis, le *Powhatan*[1] éprouva le 23 décembre 1854 un tremblement de terre épouvantable. La ville d'Ohosaca, l'une des plus grandes de l'empire du Japon, a été complètement détruite. Yédo a beaucoup souffert, mais plus encore d'un immense incendie qui a éclaté peu après. La ville de Simoda n'était plus à notre arrivée qu'un monceau de ruines. Après les secousses, la mer s'éleva et inonda la ville entière ; elle recouvrit le sol à une hauteur de 6 pieds ; puis se retira avec une telle violence qu'elle entraîna tout, maisons, pont et temples avec elle. Cinq fois dans le jour, cette vague terrible envahit le pays dont elle a fait un vaste désert. Les jonques les plus grandes qui se trouvaient dans le port furent soulevées au-dessus de la marque des plus hautes eaux et lancées à un ou deux milles dans les terres. Heureusement, beaucoup d'habitants, à l'approche de la vague, purent s'enfuir sur les montagnes voisines. »

Un document encore plus intéressant est celui du livre de loch de la frégate *La Diane*, qui se trouva prise dans la tourmente séismique et marine :

« On éprouva la première secousse à neuf heures et quart ; elle fut très violente sur le pont et dans les cajutes ; elle se prolongea de deux à trois minutes ; aucun signe précurseur ne l'avait annoncée. A dix heures, une grande vague s'élança dans la baie où la frégate était à l'ancre, et, dans l'intervalle de quelques minutes, toute la ville, avec ses maisons et ses temples, fut couverte d'eau ; les nombreux bâtiments qui se trouvaient à l'ancre, battus par les flots, furent jetés les uns contre les autres et éprouvèrent de graves dommages ; on vit flotter aussitôt une masse de

1. Cité par ALEXIS PERREY.

débris. Au bout de cinq minutes, on vit toutes les eaux de la baie s'élever et bouillonner, comme si des milliers de sources avaient jailli tout à coup; elles étaient mêlées de boue, de paille et d'autres matières étrangères de toute nature; elles s'élancèrent sur la ville et sur les terres avec une force épouvantable, et tous les bâtiments furent anéantis. Notre équipage dut fermer toutes les embrasures des canons; l'eau était couverte de poutres et d'épaves de toute espèce qui flottaient autour de nous. A onze heures et quart, la frégate chassa sur ses ancres et en perdit une; bientôt après, elle perdit la seconde, et le bâtiment alors éprouva un mouvement giratoire et fut entraîné avec une violence qui s'accrut encore de la vitesse toujours croissante de l'eau. La ville entière n'offrit qu'une scène déserte ; d'environ mille maisons, dix-sept seulement restaient encore debout. D'épais nuages de vapeurs couvrirent en même temps l'emplacement de la ville, et l'air fut rempli de vapeurs sulfureuses. L'élévation et la chute de l'eau furent si rapides dans cette baie étroite, qu'il s'y forma de nombreux tourbillons, au milieu desquels la frégate tourna sur elle-même si fortement que tout à bord fut renversé. Vers dix heures et demie, une jonque, entraînée par un de ces terribles mouvements giratoires, avait été jetée contre la frégate, s'était ouverte, brisée et avait sombré. Deux hommes seulement furent sauvés... Cependant la frégate se maintint au milieu de ces mouvements giratoires ; elle tourna quarante-trois fois sur elle-même, mais non sans éprouver de grandes avaries au milieu des écueils qui l'environnaient de toutes parts. Les secousses réitérées firent sortir les canons de leur place, un homme fut écrasé, plusieurs furent blessés. Jusqu'à midi, l'ascension et la chute de l'eau ne cessèrent pas dans la baie ; le niveau varia de 8 jusqu'à 40 pieds de hauteur. Vers deux heures, le fond de la mer se souleva de nouveau et d'une manière si violente, que la frégate fut plusieurs fois jetée sur le flanc, et qu'on vit l'ancre à 4 pieds de profondeur seulement. Enfin la mer se calma; la frégate employa quatre heures entières à se débarrasser du réseau inextricable de ses cordages et de ses chaînes d'ancre entortillés et confondus les uns avec les autres. La baie n'était plus qu'un champ de ruines. »

Les îles du Pacifique. — Les îles du Pacifique, au sud du Japon, sont des régions en proie aux convulsions séismiques; Formose, les Philippines, Célèbes, les Moluques, les grandes îles de la Sonde comptent toutes de graves catastrophes. Aussi la science séismologique est-elle en honneur dans les Indes Néerlandaises et aux Philippines, comme au Japon. Manille fut des premières à posséder un observatoire pour l'étude des tremblements de terre.

Parmi les tremblements les plus ruineux qui ont sévi à Manille, sont ceux des années 1601, 1610, 1645, 1658, 1675, 1699, 1796, 1824, 1852, 1863. Le 3 juin de cette dernière année, il y eut d'abord, à 7 h. 25 du soir, un violent mouvement vertical, puis deux ondulations du S. au N. et deux ou trois autres de directions différentes. Elles étaient accompagnées de bruits souterrains forts et prolongés. Il se forma, dans la province de Bulacan, une grande crevasse, qui s'étendait sur une lieue de long avec plus d'un mètre de large, d'où sortaient de l'eau noire et du sable. Une vague violente ravagea la baie où les vaisseaux eurent la sensation d'avoir touché.

Notons un grand tremblement de terre à Batavia et à Sumatra en 1699. Le 16 février, commença vers 7 h. 1/2 du soir un long tremblement de terre sur la côte ouest de Sumatra avec mouvement formidable de la mer. Dans les hautes terres de Pandang, les secousses durèrent cinq minutes, si violentes qu'on ne pouvait se tenir debout. Ces convulsions furent lentes à s'apaiser, car le 9 mars, il y eut un paroxysme plus désastreux encore que celui de février. Les secousses furent alors précédées de détonations semblables à des coups de canon. Des vagues balayèrent les îles Batou.

Les Antilles et la Caroline du Sud. — En revenant à l'ouest, nous rencontrons les Antilles, qui, se rattachant à cette première bande par les Açores et les Canaries, sont une région particulièrement peu stable. Saint-Domingue a eu de grandes commotions en 1751 et 1771 ; Cuba en 1826 ; la Jamaïque en 1692, 1834 et le 15 janvier 1907. A cette dernière date, Kingston fut presque entièrement détruite, de même qu'en 1692. Dans l'écroulement des maisons, l'incendie se déclara. Puis, les chocs recommencèrent et la terreur s'accrut de la menace de la mer : il y eut un raz de marée qui atteignit en certains endroits la cime des palmiers. Le désastre du 7 juin 1692 fut pire encore. Kingston fut détruite en deux minutes et Port-Royal ensevelie sous les flots. On racontait que l'on vit longtemps sous la mer des tours à créneaux et une cathédrale dont les gens superstitieux croyaient entendre les cloches. On montrait encore récemment la pierre tombale d'un nommé Gaddy qui, dès le premier choc, happé par une crevasse qui se referma sur lui, fut lancé à la mer par une seconde commotion qui rouvrit le sol. Il regagna la terre à la nage, rebâtit sa maison et mourut quarante ans plus tard, de sa belle mort.

« Plusieurs vaisseaux qui étaient dans le port furent entraînés par la fureur des eaux, et la frégate *Le Cygne*, qui était sur la côte pour être radoubée, fut emportée par-dessus les toits des maisons qui s'écroulaient : elle y passa sans être renversée, et servit de retraite à plusieurs centaines de personnes. Le major

Kelley, témoin oculaire, dit que la terre s'ouvrit et se referma subitement en plusieurs endroits, et il vit quantité de monde s'enfoncer en terre jusqu'au milieu du corps et d'autres jusqu'au cou. Les montagnes qui s'éboulaient faisaient un vacarme épouvantable qui s'ajoutait au bruit souterrain. Quoique la mer fît le plus gros du mal, le bouleversement des montagnes était si effroyable que des esclaves qui y avaient fui leurs maîtres revinrent aux plantations, que peut-être ils ne retrouvèrent pas, du moins à la place où ils les avaient laissées. L'une d'elles située à Yellows, sur le flanc d'une montagne qui se fendit en deux, fut transportée à une lieue de là. On dit que les deux montagnes, situées entre Saint-Jacques et l'Allée de Seize-Milles, se joignirent et arrêtèrent le cours de la rivière, qui déborda et inonda plusieurs forêts des environs. La place resta pendant quelque temps couverte d'un lac qui se dessécha, mais sans laisser aucuns vestiges humains[1]. »

C'est encore sur la bande méditerranéenne, dirigée du S.-O. au N.-E. qu'il faut malgré la première apparence ranger Charleston, dans la Caroline du Sud, qui subit le 31 août 1886 un tremblement intéressant tous les États situés entre les Montagnes Rocheuses et l'Atlantique et dont il fut le centre. Il y eut quatre chocs d'une violence extrême. Le premier se produisit à 9 h. 53′. L'ébranlement se propagea en un quart d'heure sur un territoire représentant le quart des États-Unis. Les secousses reprirent avec violence les jours suivants. Charleston fut à peu près ruiné. Nous avons parlé des ondes séismiques et des crevasses auxquelles ce séisme donna lieu. L'eau des puits montait et descendait convulsivement. On prétendit avoir vu la terre « vomir des flammes ». Le Grand

1. *Histoire des anciennes révolutions du Globe terrestre.* La Haye, 1757.

Geyser du Parc National, endormi depuis des années, se réveilla en lançant une gerbe d'eau et de vapeur d'une hauteur de 300 mètres et cela pendant vingt-quatre heures. Le tremblement de terre était accompagné de bruits souterrains, détonations formidables, plus fréquentes que les secousses et qui rappelaient, aux vieux habitants, les bombardements de la guerre de Sécession, par les batteries établies à deux ou trois kilomètres de la ville.

L'Amérique du Nord. — L'Amérique continentale, qui se rattache à l'Asie orientale par la chaîne des îles du Nord, a des séismes violents tout le long des côtes Pacifiques. Il y eut aussi des séismes, mais bien moins violents, sur le versant Atlantique. Notons en 1663 un tremblement qui commença le 5 février au Canada et parcourut en six mois une étendue de 400 lieues. En 1811-1812, toute la vallée du Mississipi fut, comme nous l'avons déjà dit, successivement parcourue par le fléau.

Avec San-Francisco, nous nous retrouvons sur la bande des grands séismes. La Californie est un des pays les plus séismiques de toute la terre. Le professeur Holden a relevé 514 séismes pour toute l'étendue de l'État et 254 pour le seul territoire de San-Francisco, de l'année 1850 à l'année 1886.

En 1868, une si grande partie de la ville fut détruite qu'on se demanda s'il fallait la reconstruire. L'impression que causa le désastre du 18 avril 1906 n'est pas effacée. Le premier choc dura 8 secondes et se produisit à 5 h. 16'. Il y eut un court repos, puis une agitation de 5 secondes, enfin la terre trembla violemment et sans interruption pendant 48 secondes. Il y eut des milliers de maisons détruites, des centaines de cadavres, l'incendie ; sur les 400.000 habitants de San-Francisco, on dit qu'il y en eut plus de 200.000 ruinés. Les pertes s'élevèrent à plus de deux milliards de francs. Cependant on reconstruisit encore, sans négliger les maisons à dix-neuf étages qui, d'ailleurs, ne se comportèrent pas plus mal que les autres, à cause, dit-on, de leurs carcasses métalliques.

Le Mexique et l'Amérique centrale. — Le Mexique, l'Amérique centrale sont constamment sous la menace des tremblements de terre. La catastrophe de Riobamba, le 4 février 1797, est un des plus terribles exemples que l'on puisse citer. C'est Humboldt qui la raconte[1] : « Le tremblement de terre, dit-il, ne fut ni annoncé ni accompagné par aucun bruit souterrain. Une immense détonation, désignée encore aujourd'hui par ces mots : *el gran ruido*, se produisit seulement dix-huit on vingt minutes plus tard, sous les deux villes de Quito et d'Ibarra, et ne fut entendue ni à Tacunga, ni à Hambato, ni sur le théâtre même du désastre. Dans les tristes calamités auxquelles est exposée la race humaine, il n'y en a pas qui, dans un pays peu peuplé, puisse, en moins de minutes, frapper autant de milliers d'hommes que la production et la propagation de quelques ondes terrestres, accompagnées de crevassements.

« Lors de la catastrophe de Riobamba, sur laquelle le célèbre botaniste de Valence, don José Cavanilles, fit parvenir les premiers détails,... des fentes s'ouvrirent et se refermèrent de telle façon que des hommes purent se sauver en étendant leurs bras. Des troupes de cavaliers ou de mulets chargés disparurent dans les crevasses qui s'ouvrirent en travers sous leurs pas, tandis que d'autres échappaient au danger en se rejetant en arrière. La surface du sol fut successivement exhaussée et abaissée par des oscillations irrégulières, qui déposèrent sans secousse sur le pavé de la rue des personnes placées plus de douze pieds

_____
1. *Cosmos*, IV, p. 192.

plus haut, dans le chœur de l'église ; de vastes maisons s'enfoncèrent dans la terre, avec si peu de dégâts que les habitants sains et saufs purent ouvrir les portes à l'intérieur, et attendirent deux jours qu'on les dégageât. Ils allèrent d'une chambre dans l'autre, allumèrent des flambeaux, se nourrirent des provisions qu'ils avaient par hasard et s'entretinrent des chances de salut qui leur restaient...

« Une chose non moins surprenante, c'est la disparition de masses aussi énormes de pierres et de matériaux de construction. Le Vieux-Riobamba avait des églises et des cloîtres entourés de maisons à plusieurs étages et, cependant, je n'ai trouvé dans les ruines, lorsque j'ai levé le plan de la ville détruite, que des amas de pierre de 8 à 10 pieds de hauteur. Dans la partie sud-ouest du Vieux-Riobamba, on put reconnaître clairement une force dirigée de bas en haut, qui produisit l'effet d'une explosion de mine. »

Les cadavres d'un grand nombre d'habitants furent lancés jusque sur la Culca. Et Humboldt en vit les restes ; du moins si l'on interprète ainsi ce passage : « Sur le Cerro de la Culca, haut de quelques centaines de pieds, et qui domine le Cerro de Cumbicarra, situé un peu plus au nord, il existe des décombres mêlés d'ossements humains ».

Il périt 16.000 personnes dans la catastrophe de Riobamba. La terre ne cessa de trembler durant les mois de février et de mars, et le 5 avril, le fléau sévit encore si violemment qu'il aurait tout détruit, si tout n'avait été ruiné déjà. Riobamba, Quero, Pelileo, Patao, Pillaro furent littéralement ensevelis sous les éboulements des montagnes. Des flancs crevassés de ces montagnes s'échappaient des torrents d'eau fétide qui remplissaient des vallées profondes de six cents pieds et larges de mille, recouvrant entièrement les villages.

Le 26 mars 1811, toute la population de Caracas fut écrasée sous les ruines de cette ville.

Les 8 et 9 septembre 1891, il y eut dans la petite république de San Salvador d'effroyables secousses, dont l'une, qui eut lieu le 9, causa tout le mal. Verticale et oscillatoire, elle ne dura que vingt secondes pendant lesquelles presque toute la ville s'écroula. Heureusement les tremblements de la veille avaient donné l'alarme et l'on campait dehors. Il y eut cependant un assez grand nombre de victimes. San Salvador a d'ailleurs l'habitude d'être détruite : elle le fut trois fois dans le courant du siècle précédent.

Le Pérou. — Il existe un catalogue assez complet des tremblements de terre au Pérou depuis la conquête espagnole. Le premier qui ait été assez exactement décrit par des Européens date de 1580. Il y en eut ensuite en 1581, 1586, 1588. Pisco, Cumana, Arica périrent sous les eaux. En 1604, Aréquipa fut détruite. En 1630, 1655, c'est Lima qui est le plus éprouvée. En 1656, il y eut 11.000 victimes. En 1690, la ville de Pisco, de nouveau submergée, fut rebâtie à un quart de lieue du rivage. Désastres aussi en 1692, 1697, 1698, 1699, 1704, 1705, 1709. Durant cette dernière année, les tremblements de terre furent presque continuels. En 1716, destruction de la nouvelle Pisco. Se signalent aussi par leurs désastres, les années 1717, 1720, 1725, 1732, 1734, 1738, 1742. En 1746, presque toute la ville de Lima fut détruite, et Callao fut submergée. « La mer renversa jusqu'aux fondements des maisons et autres édifices, excepté seulement les deux grandes portes, et quelques fragments des murailles qu'on voit encore aujourd'hui dans l'eau, tristes monuments de ce qu'elles étaient. » Il périt 5.000 personnes à Callao. Catastrophes encore en 1828, en 1833. Le 9 mai 1877, submersion de la côte. La ville d'Iquique et plusieurs autres furent entièrement détruites; Mexillones et Cobija eurent les deux tiers de leurs maisons renversées. Onze navires portant du guano firent naufrage. Le raz de marée se propagea jusqu'en Californie et aux îles Hawaï.

Le Chili. — Les dates les plus fatales au Chili sont 1651, 1750, 1822-1823, 1828, 1835, 1906. La plus effroyable catastrophe fut celle de 1835, qui commença le 20 février et ravagea la côte, principalement à la hauteur de Concepcion. Alexis Perrey [1] cite la relation du capitaine Fitz-Roy :

« Concepcion, 20 février 1835. — A 10 heures du matin on remarqua dans la ville de grandes bandes d'oiseaux de mer, qui, passant au-dessus des maisons, volaient de la côte vers l'intérieur des terres... A 11 h. 40′, on ressentit une secousse qui, faible d'abord, augmenta rapidement d'intensité. Pendant la première demi-minute, beaucoup de personnes restèrent dans leurs maisons; mais les mouvements convulsifs devinrent si forts que l'alarme fut bientôt générale, et que tous cherchèrent leur salut dans les endroits découverts. Cet horrible mouvement allait toujours en croissant; personne ne pouvait se tenir debout: les édifices semblaient ballottés par des vagues; tout à coup une épouvantable et désastreuse secousse renversa et détruisit tout. En moins de six secondes la ville ne fut plus qu'un monceau de ruines. Le fracas des maisons qui s'écroulaient; les horribles craquements de la terre qui s'ouvrait et se refermait rapidement à diverses reprises en beaucoup d'endroits; les cris de désespoir et les hurlements de la population; la chaleur accablante, les nuages de poussière qui aveuglaient et étouffaient les malheureux habitants; l'horreur et

---

1. *Documents relatifs aux tremblements de terre du Chili.* in-8°. Lyon, 1854.

l'alarme portées à leur comble : voilà ce qu'on ne peut décrire ni même imaginer.

« Cette fatale convulsion eut lieu environ 2 minutes après la première secousse et dura, dans toute sa violence, à peu près deux minutes. Pendant tout ce temps, on ne pouvait rester debout sans point d'appui ; il fallait se tenir les uns aux autres, ou aux arbres, ou à d'autres objets fixes ; quelques-uns se jetèrent à terre, mais le mouvement était si violent qu'ils furent obligés de jeter leurs bras de côté, comme des arcs-boutants pour ne pas être roulés. Saisis d'une frayeur extrême, les chevaux et tous les animaux s'arrêtaient les jambes écartées en dehors, la tête basse et semblaient céder à un violent tremblement nerveux. Les oiseaux égarés fuyaient dans tous les sens.

« Après que ce choc violent eut cessé, les nuages de poussière qui s'étaient élevés des maisons écroulées commencèrent à se disperser. Chacun commença à respirer plus librement et à porter les regards autour de soi. Tous les visages étaient pâles et présentaient un aspect sépulcral : si on eût ouvert les tombeaux et ordonné aux morts d'en sortir, leur vue n'eût guère été choquante. Pâle et tremblant, couvert de poussière et respirant à peine, on courait d'un endroit à l'autre, appelant ses parents et ses amis. Beaucoup paraissaient avoir perdu la raison.

« De fortes secousses se continuèrent à de courts intervalles renouvelant les dégâts et les alarmes. La terre ne fut jamais longtemps en repos durant cette journée, ni même pendant les jours qui suivirent.

Du 20 février au 4 mars, on compta plus de trois cents secousses.

CHAPITRE VII

LES THÉORIES SÉISMIQUES

Sommaire. — Idées extra-scientifiques. — Opinions des Chinois, des Japonais, des aborigènes de la Colombie, du roi de Dahomey. — Statistique d'Alexis Perrey. — Les séismes rattachés à des influences atmosphériques, à des phénomènes astronomiques, à des dégagements de grisou. — La cause des séismes est dans l'économie même de la terre. — Théories du Dr Isaac Lea, de Béguyer de Chancourtois. — Suess veut établir une classification parmi les commotions terrestres. — Hœrnes, von Lasaulx. — La libération des compressions orogéniques comme cause des séismes. — Rôle du changement d'état des corps fluidifiables. — Séismes avortés. — Ouverture et jeu des géoclases. — Éboulements de blocs humides dans les fissures comme moteurs des chocs séismiques. — Le métamorphisme témoigne de l'activité chimique de l'eau souterraine. — Rôle de l'hydratation ou de la déshydratation des roches.

Idées extra-scientifiques. — Le phénomène séismique a exercé l'imagination des théoriciens. Leurs suppositions furent précédées par les superstitions populaires dont l'énumération serait intarissable. Mentionnons cependant dans le nombre l'opinion des Chinois pour qui le sol est soutenu par un dragon prisonnier dans les entrailles de la terre : à chacun de ses mouvements correspond une secousse et l'on conçoit dès lors le souci des Fils du Ciel de ne pas troubler le repos de ce support du sol habitable. C'est sans doute la cause de la répugnance qu'ils ont opposée si longtemps à toute proposition d'exploitation houillère et que beaucoup d'entre eux n'ont pas encore surmontée : il est clair que le percement des puits et l'ouverture des galeries peut déterminer, selon cette manière de voir, des conséquences regrettables.

On retrouve des idées analogues dans des régions bien différentes. Par exemple, les aborigènes du plateau de Colombie racontaient comment, en punition d'un crime, Bochica, la bonne déesse, avait condamné le géant Chibchacum à porter sur ses épaules la masse de la terre, qui reposait auparavant sur des piliers en bois de gaïac. Les tremblements de terre n'ont d'autre cause que les mouvements de fatigue et d'impatience de cet Atlas du Nouveau Monde[1].

Les naturels des îles Andaman adorent, sous le nom d'Eremchangala, un démon des forêts qui cause les tremblements de terre[2].

C'est sans doute par des tendances de ce genre qu'il faut expliquer la responsabilité attribuée si souvent à des divinités, lors des tremblements de terre. Dans son mémoire *Ueber Erdbeben und Vulacanausbrüche*[3], Edm. Naumann raconte qu'un tremblement de terre ayant renversé le 15 septembre 1506, à Kioto, un grand nombre de maisons et le château de Fushimi, le guerrier Taiko Toyotomi Hideyoshi se rendit au temple du Dieu Daibuzu dont la statue venait d'être renversée, lui reprocha, dans une apostrophe vigoureuse, sa faiblesse et son incapacité impardonnables et, comme sanction de son mépris, lui lança une flèche de son arc.

Dans le même ordre d'idées il faut classer le senti-

---

1. BOLLAËRT. *Antiquaria researches*, p. 12, cité par SIMONIN. *La Terre*, I, p. 56.

2. PORTMAN. *Journal of the royal asiatic Society* (new series), XIII, p. 475, 1881.

3. *Mittheilungen der deutschen Gessellschaften für Natur-und Volkeskunde ost Asiens.* V, 5e livraison, p. 17, in-4°. Yokohama, 1877.

ment qui conduisit en 1862 le roi de Dahomey à recourir à un singulier moyen pour faire cesser des tremblements de terre : « Le sol étant violemment agité, raconte Alexis Perrey[1], M. Euschart fut appelé sur le marché où il trouva le roi assis sur une estrade et entouré de ses amazones sous les armes. Le roi lui dit que c'était l'esprit de son père qui agitait la terre, parce que les coutumes n'étaient plus observées. Trois chefs Ishagga, faits prisonniers dans la dernière guerre, furent amenés devant lui et lui dirent qu'ils allaient annoncer à son père que les coutumes seraient mieux observées que jamais. Chaque chef but alors à la santé du roi et fut décapité. »

Hypothèses astronomiques ou météorologiques. — On pénètre dans un autre domaine, mais où les idées sont également gratuites, quand on examine des suppositions d'après lesquelles les séismes seraient déterminés par des influences extra-terrestres. Le point de départ en est dans des publications d'Alexis Perrey, qui fut un chercheur extrêmement laborieux, auquel on doit d'innombrables relevés de séismes.

Frappé de l'importance du phénomène des marées luni-solaires, qui détermine dans l'océan le balancement biquotidien que tout le monde connaît, Perrey se persuada qu'une masse fluide enveloppée dans la mince écorce terrestre et constituant le noyau de la planète doit être le siège d'une intumescence qui tend à suivre le soleil et la lune, dans leurs positions successives. En conséquence, la pellicule solide qui est la croûte du globe, devait subir des efforts se traduisant parfois par les convulsions qui font l'objet présent de nos études[2]. Ne se laissant pas arrêter par cette circonstance que le tremblement, dans cette

1. *Les Tremblements de terre en 1862*, in-8°. Bruxelles, 1864.
2. Le célèbre géologue américain H. D. Rogers écrivait à la page 886 de son *Final report on the geology of Pensylvania* qui

hypothèse, devrait se répéter aussi régulièrement que les marées proprement dites, Perrey se livra à des recherches statistiques véritablement héroïques et s'attacha à démontrer que les séismes sont plus nombreux aux syzygies qu'aux quadratures, au périgée qu'à l'apogée et qu'en chaque lieu, le passage de la Lune au méridien les favorise. On vit alors ce qu'on voit toujours en pareil cas : les observations se répartir inégalement dans le cours de l'année et donner lieu à des minima dont la situation prêtait à la discussion. En effet, la faiblesse des chiffres ne laissa voir que des variations très peu accusées et qui sont susceptibles d'interprétations diverses. M. de Montessus de Ballore a vraiment fait justice et d'une manière magistrale de ces rapprochements artificiels. Cela ne veut pas dire que le phénomène, qui frappait Perrey, d'une marée souterraine soit illusoire ; nous verrons plus loin que sa réalité a été démontrée. Mais il est incontestablement trop faible pour donner naissance au phénomène mécanique qu'il lui attribuait.

Cet insuccès n'a pourtant pas eu raison des appétits de prophéties, et jusqu'à ces tout derniers temps Henri de Parville a continué à proclamer les corrélations des séismes avec les déclinaisons lunaires qui l'occupaient depuis plus de vingt ans [1].

M. Zenger a défendu l'opinion que les taches du Soleil [2] et aussi les essaims d'étoiles filantes [3] déter-

parut en 1856 : « La structure onduleuse (des Apalaches, etc...) est due à une pulsation dans la matière fluide sous la croûte terrestre, propagée comme de grandes vagues de translation. L'oscillation de la croûte produite par le frottement en avant des parties rocheuses est la cause des tremblements de terre ».

1. La première publication de DE PARVILLE à ce sujet paraît être *Comptes rendus de l'Académie des sciences*, CIV, p. 761, 1887.

2. *Comptes rendus de l'Académie des sciences*, XCVII, p. 1025, et CIV, p. 959.

3. *Comptes rendus de l'Académie des sciences*, CIII, p. 1287.

minent par la variation de leur nombre des maxima et des minima dans la série des tremblements de terre[1]. M. l'abbé Moreux a fait des publications du même ordre. L'insuccès fut le même que précédemment[2].

D'autres personnes préfèrent rattacher les séismes à des influences atmosphériques. On constate, par exemple, que souvent les tremblements de terre se sont produits en même temps qu'une tempête, qu'un cyclone même[3]; seulement le nombre est incomparablement plus grand de tremblements dont le déchaînement n'a été accompagné d'aucune perturbation météorologique. Il serait bien étrange que toutes les combinaisons n'eussent pas lieu entre les deux séries de phénomènes, et, en choisissant, on peut trouver tout ce qu'on voudra. Citons, comme ayant poursuivi cette voie, un météorologiste du nom de Chapel, qui a présenté ses recherches à l'Académie des Sciences[4].

M. Francis Laur a fait des publications nombreuses sur la liaison des tremblements de terre avec les chutes barométriques et les dégagements de grisou dans les houillères[5]. L'influence des mouvements de l'écorce terrestre sur les dégagements de grisou a été discutée pour la première fois d'une façon précise dans un article du journal anglais *The Engineer*, du

1. On peut citer le commandant DELAUNEY comme ayant poursuivi des recherches analogues. *Comptes rendus de l'Académie des sciences*, XCVII, p. 470.

2. Voyez à propos des prédictions séismiques une note de FAYE : *Comptes rendus de l'Académie des sciences*, XCVII, p. 619.

3. En 1749, un certain Dr STUKLEY proclamait que le tremblement de terre est un effet du tonnerre. Voy. *Contribution to the history of american Geology*, par MERRILL. Washington, 1906. In-8°, p. 280.

4. *Comptes rendus de l'Académie des sciences*, C, p. 34.

5. *Comptes rendus de l'Académie des sciences*, XCVII, p. 842; CV, p. 533 ; CVIII, p. 75, etc.

17 décembre 1875. Les conclusions de ce travail peuvent être ainsi résumées : « Il est difficile de révoquer en doute que les mouvements de l'écorce terrestre, si faibles qu'ils soient, puissent produire des changements momentanés ou permanents dans la pression des matériaux constituants des mines de houille, ou bien disloquer le charbon lui-même d'une façon trop faible pour attirer l'attention des mineurs, mais suffisante pour modifier la diffusion du gaz inflammable dans sa masse... D'après les recherches de Perrey et d'autres séismologues, il est probable que les grands mouvements de l'écorce terrestre, c'est-à-dire les tremblements de terre, se produisent plus souvent l'hiver que l'été[1]; on peut en conclure que les petits mouvements du sol sont vraisemblablement soumis à la même loi, qui s'appliquerait aussi aux accidents de grisou, mais nous ne pensons pas que les explosions de grisou en Angleterre soient plus fréquentes en hiver que dans d'autres saisons. »

Hypothèses telluriques. — En conséquence de l'échec évident de tous ces points de vue, on est ramené à chercher dans l'économie de la terre elle-même, la cause des séismes et toutes leurs particularités.

Déjà, en 1825, le Dr Isaac Lea (de Philadelphie), qui a laissé une trace dans l'histoire de la Science, émettait l'avis qu'il existe sous la surface de la terre de grandes cavités ou canaux de connexion d'un volcan à l'autre, à travers lesquels des gaz explosifs circulent avec un mouvement instanstané, procurant les secousses et les détonations des tremblements de terre.

Une théorie séismique à laquelle a paru se rallier

---

1. Cette assertion n'est aucunement justifiée.

Béguyer de Chancourtois consiste à supposer que le refroidissement et la solidification progressive et spontanée du noyau terrestre dégage des fluides élastiques qui s'accumulent sous la croûte, après avoir fait partie intégrante de la nébuleuse primitive d'où le globe procède par transformation évolutive. C'était, en somme, revenir à une idée de Humboldt, qui est d'avis que les tremblements de terre sont causés par une longue interruption dans les émanations volcaniques. « En effet, ajoute Huot[1], l'action des vapeurs élastiques, qui tendent à se frayer une issue, paraît devoir être la cause principale et la plus générale de ce phénomène. »

La difficulté est de comprendre comment ces vapeurs ont pu se laisser emprisonner sous la croûte au lieu de se dissiper au fur et à mesure de la consolidation de celle-ci. Nous aurons à revenir sur ce point quand nous nous occuperons de l'origine des volcans et c'est alors aussi que nous aurons quelques mots à dire de suppositions d'après lesquelles les tremblements de terre dériveraient de foyers locaux d'actions très limitées et déterminées par l'accumulation de certains matériaux capables de circonstances spéciales. Parfois les réactions invoquées sont très exothermiques et déterminent des inflammations plutôt comparables aux volcans, et c'est ainsi, pour ne citer qu'un exemple, que Mac Clure, en 1829, tenta d'expliquer le tremblement de terre de 1811 et 1812, dans la vallée du Mississipi, par le dégagement des gaz provenant de matières végétales accumulées dans les couches du sol[2].

D'autre part, elles sont moins violentes et con-

---

1. *Nouveau Cours élémentaire de Géologie*, par J.-J.-N. Huot, correspondant du Muséum royal d'Histoire naturelle de Paris. I, p. 108, 2 vol. in-8°, 1837.

2. George Merrill. *Contribution to the history of american Geology*, in-8°, p. 200. Washington, 1906.

cernent, par exemple, l'hydratation de certaines roches qui se gonflent, ou la dessiccation de certaines autres qui se contractent ; les deux conditions détermineront des déplacements du sol. Aussi une certaine théorie séismique cherche-t-elle à rattacher les tremblements de terre à des effondrements plus ou moins comparables à ceux qui suivent la dissolution de lentilles de sel gemme ou d'amas de gypse par la circulation profonde des eaux. Il est clair que de semblables accidents peuvent se produire dans des conditions naturelles, par l'action prolongée de courants d'eau souterrains, sur les amas de substances solubles ou simplement délayables, et être la cause de certains tremblements de terre. Mais, si on conçoit la possibilité d'une semblable intervention, surtout dans quelques régions montagneuses, il est évidemment impossible d'y voir la cause ordinaire des séismes.

Suess, dans son *Antlitz der Erde* [1], a tenté d'établir pour les commotions terrestres une sorte de classification supposant d'abord la spécification de plusieurs types ; mais il recommande la prudence, à cause de la difficulté de soumettre le phénomène séismique à une méthode d'observation suffisamment précise.

Peut-être a-t-il raison de concentrer ses études sur la catégorie tectonique des ébranlements du sol et de se demander s'il ne faut pas y voir deux groupes de tremblements de terre selon qu'ils résultent d'un affaissement, c'est-à-dire d'une action verticale, ou de l'exercice de pressions horizontales. Sans doute ici encore faut-il prendre garde de séparer des choses qui, en réalité, sont essentiellement unies et ne pas contester que l'affaissement accompagne nécessairement les soulèvements dans les séismes tectoniques.

---

1. T. I. p. 227. Traduction française : *La face de la Terre.* I, p. 226. Paris, 1897.

A cet égard, il paraît y avoir certaines liaisons entre la direction des chaînes de montagnes et l'orientation de l'axe d'ébranlement : dans les Alpes, comme dans les Karpathes, ces deux lignes ont manifesté une tendance certaine à la perpendicularité réciproque.

C'est en voulant faire une classification parmi les tremblements de terre que le professeur R. Hœrnes a proposé de les distinguer d'après leur origine en séismes par effondrement, séismes tectoniques et séismes volcaniques[1]. Ce point de vue a été adopté sans grands changements, par plusieurs auteurs comme von Lasaulx[2] et Franz Toula[3]. Mais la pratique a montré que ces distinctions sont parfois bien incertaines et plus théoriques que réelles, au moins dans bien des cas.

Sans doute, faut-il admettre que les géoclases, même très anciennes, sont exposées à jouer encore de temps en temps et à donner lieu, en conséquence, à des secousses séismiques. Le 23 février 1828, par exemple, un faible tremblement de terre qui suivit, sur une très grande étendue, la limite des bassins houillers de la Belgique, a été considéré comme ayant eu pour point de départ la grande faille. dite du Midi, qui serait ainsi apte à donner lieu encore, malgré son âge paléozoïque, à des chevauchements.

Dans les tremblements de terre transversaux des chaînes montagneuses et spécialement des Alpes, les choses se passent comme s'il y avait, par suite de tassements successifs, de brusques déplacements horizontaux des voussoirs de la croûte terrestre.

1. R. Hoernes. *Erdbebenstudien* dans *Jarhbuch. K. K. geologisches Reichunstall*, XXVIII, p. 387, 1878.

2. *Die Erdbeben*, dans A. Kenngott. *Handwörterbuch für Mineralogie, Geologie und Paleontologie*, I, p. 358, 1883.

3. Toula. *Ueber den gegenwartigen Stand des Erdbebenfrage*, in-8°. Wien, 1881, p. 54.

Une opinion qui a séduit beaucoup de personnes consiste à dire que les phénomènes séismiques sont le « résultat de la libération des compressions orogéniques des couches terrestres, lorsque quelque partie de ces mêmes couches finit par céder sous l'effort »[1].

Mais cette manière de voir n'est pas complète. On oublie qu'une partie (et sans doute la plus notable) de l'énergie ainsi emmagasinée provient du recouvrement de roches par des roches plus chaudes, à la suite des refoulements venant d'en bas et déterminant le changement d'état des corps fluidifiables préalablement introduits dans leurs pores.

En outre, cette énergie ne saurait rester perpétuellement emmagasinée et elle doit subir une déperdition plus ou moins lente. Si le refroidissement se déclare et s'accentue assez dans la partie intéressée, les éléments atteignent peu à peu un état d'équilibre qui ne se manifeste plus au dehors par des mouvements marqués et le sol profond conserve les témoignages de véritables *séismes avortés*. Nous verrons plus loin, par l'histoire des *laccolithes*, que l'écorce terrestre a révélé de même les indices de *volcans manqués*, c'est-à-dire dans lesquels l'énergie emmagasinée s'est peu à peu dissipée, sans donner lieu à des effets violents.

Il importe de remarquer ici que le rattachement du séisme au grand phénomène tectonique qui nous occupera en son temps conduit à assigner une cause simple et évidente aux répétitions si remarquables qui sont un des traits les plus essentiels des tremblements de terre. L'ouverture et le jeu secondaire des géoclases et des fissures de tout genre qui traversent le sol ne peuvent se produire sans que les parois disjointes n'alimentent la chute, dans le vide résultant de leur séparation, de fragments rocheux provenant

---

1. DE MONTESSUS DE BALLORE. *La Science séismologique*, p. 545.

de leur égrugement (fig. 14). Si ces blocs, dont nous constaterons la présence dans toutes les cassures terrestres, viennent d'assez haut et tombent assez bas, ils transportent l'humidité dont ils sont naturellement imprégnés dans des domaines où règne une température incompatible avec la persistance de l'état liquide de l'eau et qui peut même déterminer la dis-

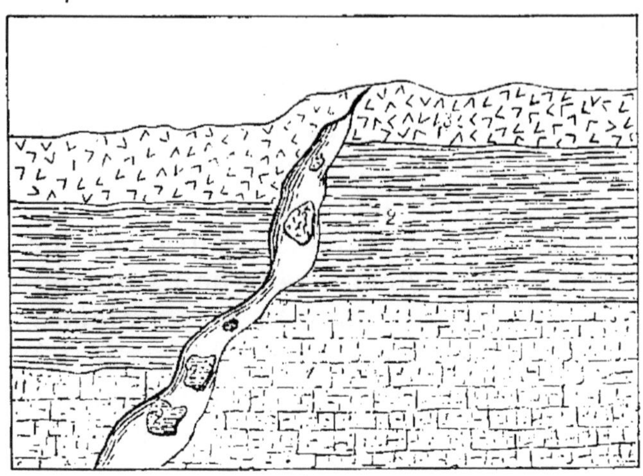

Fig. 14. — Coupe théorique d'une géoclase dans le vide de laquelle ont été précipités des fragments provenant des parois et gisant maintenant au-dessous du niveau des roches dont ils ont été détachés.

sociation de ce composé. L'eau, dans ces conditions, manifeste des propriétés explosives qui font de chacun des fragments écroulés l'analogue d'une cartouche de dynamite. M. Issel en a constaté la chute avant chaque secousse, lors du séisme de Zante, en 1894[1], et leur rôle explique aussi bien la multiplicité des secousses, leur distribution, si capricieuse en apparence, dans le temps et même l'émigration progressive des centres d'ébranlement dont les exemples ont été énumérés précédemment[2].

1. *Comptes rendus de l'Académie des sciences*, t. XVIII, 12 février 1894.

2. STANISLAS MEUNIER. *Comptes rendus de l'Académie des sciences*, t. XVIII, p. 4 (15 mai 1894).

En résumé, on voit que la manière de comprendre le phénomène séismique a varié notablement suivant les auteurs. La première cause de ces divergences réside certainement dans la variété des points de vue exclusifs, où les théoriciens se sont ordinairement placés. Aussi doit-on s'attendre à constater que la cause du phénomène est bien loin d'être la même partout et toujours. Une synthèse des opinions raisonnables émises s'impose à l'esprit, mais il faut reconnaître que, dans beaucoup de circonstances, nous sommes impuissants à reconnaître à quelle catégorie appartient un tremblement de terre donné.

Une dernière remarque est indispensable pour préciser le problème, sinon pour le résoudre. Elle est inspirée par le principe, fondamental lui-même, de la doctrine activiste.

Le résultat principal des études récentes, c'est que, loin d'être le domaine de l'immobilité, les profondeurs terrestres sont le théâtre d'une activité incessante : tout y est en circulation continue, en voie de modification ininterrompue. Pour borner nos remarques à cet égard, on sait que les eaux chaudes qui imprègnent les niveaux convenablement éloignés de la surface, exercent une influence chimique sur les roches ambiantes, d'où dérive le caractère général auquel on a donné le nom de *métamorphisme* et qui les distingue à première vue des dépôts actuels de l'Océan. Par l'effet de cette chimie continue au travers des périodes géologiques, les sables sont devenus des quartzites à ciment de cristal de roche, les craies et les marnes sont passées à l'état de marbres et les argiles se sont métamorphosées en schistes, en phyllades, parfois même en talcschistes, en micaschistes et en gneiss.

Or, il suffit d'un moment de réflexion pour démontrer que ces gigantesques travaux, accompagnés de soustractions de matières ou de substitutions épigéniques, n'ont pu se réaliser sans déterminer d'énormes variations de volume dans les masses intéressées.

Précédemment, on insistait sur les compressions internes résultant des refoulements mécaniques considérés presque seuls par la plupart des séismologistes. Il est évident que des tensions analogues devront résulter des transformations chimiques que nous avons en vue. Il y a longtemps qu'Élie de Beaumont appelait l'attention sur la diminution de volume subie par le gypse qui, par déshydratation, passe à l'état de karsténite, et sur la dilatation inverse qui accompagne la transformation de l'anhydrite en pierre à plâtre. Mais ce n'est là qu'un infime détail dans une métamorphose universelle.

Il n'y a pas un massif de roche, pas une couche, qui ne subisse au cours des temps les travaux dont il s'agit et qui, par conséquent, ne devienne un centre dynamique avec lequel doit avoir à compter l'équilibre des masses environnantes. Nous avons rappelé les curieux caractères explosifs des grès de Monson et nous avons admis qu'ils sont dus à une sorte d'emmagasinement dans la roche d'une énergie consécutive à une compression antérieure. Mais si, dans certains cas, il est vraisemblable que la cause de cette compression soit d'origine tectonique, c'est-à-dire purement mécanique et rattachable en dernière analyse à la contraction du noyau interne, dans d'autres cas, il est loisible de supposer qu'elle dérive de phénomènes de transformations internes, physiques ou chimiques, que les roches subissent dans les régions souterraines.

La masse des matériaux apportés à la surface, par les eaux jaillissantes, par les volcans et par les autres causes énumérées plus haut, conduit à la nécessité d'admettre l'ouverture progressive de vides considérables dans le sous-sol. Si ces manques de matière sont voisins de la surface, il peut en résulter de simples affaissements, et on les considère volontiers comme des pseudo-séismes. Mais s'ils se pratiquent plus bas, les conséquences prennent un tout autre caractère et il peut être très difficile de les distinguer des tremblements de terre proprement dits.

La simple dissolution, par circulation bathydrique, de massifs rocheux peut jouer, vis-à-vis des assises voisines, le même rôle que l'ouverture des mines de Dortmund, et, dès lors, les libérations des compressions provenant de maintes causes et simplement, dans bien des cas, de l'empilement des sédiments normaux, peut développer les explosions (détonations, etc.) et les déplacements perceptibles à la surface.

Parmi les conséquences auxquelles doivent conduire les remarques de ce genre, il en est une spécialement intéressante après les considérations relatives à la géographie séismique. C'est que, malgré la très grande prépondérance de la zone méditerranéenne dans le régime séismique de l'Europe (pris comme exemple), des tremblements de terre d'intensité très variable peuvent se déclarer jusque dans le nord de cette partie du monde. Ceux-ci dériveraient moins du phénomène orogénique général que des conditions locales qui viennent d'être signalées et ne constitueraient qu'en apparence des exceptions à la règle si manifeste qui a servi de base directrice à nos descriptions géographiques.

DEUXIÈME PARTIE

LES VOLCANS

CHAPITRE PREMIER

LES PSEUDO-VOLCANS

Sommaire. — Les *Salzes* ou *Volcans de boue* : Bakou, les cônes de boue, les feux éternels des Guèbres. La Salze de Sassuolo étudiée par Spallanzani. Les Volcans de boue ou *volcancitos* de Turbaco. Les *Maccalube* de Girgenti. — Les *Soffioni* de Volterra exploités par Larderel. — Les *Geysers*. En Islande : le Grand Geyser, le Stokkr, le petit Geyser. En Amérique, les geysers du Yellowstone Park : le Géant et le Vieux Fidèle. Les geysers de la Nouvelle-Zélande : le Rotomahara ou Lac Chaud. Geysers au Japon. — Un cratère creusé par une météorite.

De même que nous avons précédemment déblayé l'étude des tremblements de terre, en éliminant tout d'abord des phénomènes dynamiques ayant avec les séismes des ressemblances extérieures plus ou moins accentuées, — de même il est de toute nécessité de distinguer des manifestations volcaniques vraies une série de phénomènes éruptifs, qui s'y rattachent plus ou moins et qui, fréquemment, leur sont intimement associés, mais qui dérivent de dispositions différentes.

Dans le nombre, sont spécialement les salzes, les *maccalube*, les *soffioni* et les geysers.

Les Salzes ou Volcans de boue. — Les salzes tirent leur nom de la saveur salée de leurs produits solides et liquides ; on les a fréquemment qualifiées de volcans de boue, appellation qu'on a traduite en grec par *Pélocones*. Les deux extrémités de la chaîne du Caucase, divers points de l'Italie, les environs de Turbaco, en Nouvelle-Grenade, sont les localités les plus célèbres de ces formations.

A la surface du désert qu'il faut traverser pour arriver à Bakou sur la mer Caspienne, j'ai vu, en plusieurs points, se dresser des monticules coniques qui donnent lieu, de temps à autre, à de véritables éruptions. En 1794, l'illustre naturaliste russe Pallas assista au phénomène et en laissa une description. Après une période de grondements souterrains et pendant un séisme qui fut ressenti à plus de 250 kilomètres de distance, un des cônes rejeta plus de 20.000 mètres cubes de boue bitumineuse et salée accompagnée de gaz en partie combustibles. A l'extrémité orientale de la chaîne du Caucase, la presqu'île d'Apchéron présente des phénomènes du même genre[1]. Le sol est formé de couches tertiaires gréseuses, argileuses et marneuses imprégnées de tous côtés de matières bitumineuses. On y voit des jets de gaz combustibles (feux éternels des Guèbres) et les cônes de boue s'y dressent en plusieurs points. L'île de Kumani, apparue non loin de là dans la mer Caspienne, en mai 1861, doit évidemment son origine à l'activité éruptive dont il s'agit.

Sur une partie de sa longueur, la chaîne des Apennins présente des phénomènes analogues. Spallanzani, le premier, en a donné la description et des études plus précises ont été faites par Fouqué et par M. Gorceix.

1. ABICH. *Mémoires de l'Académie des Sciences de Saint-Pétersbourg*, 6e série, VI, n° 5, 1865.

C'est en 1789 que l'auteur du *Voyage dans les Deux-Siciles*[1] a étudié la salze de Sassuolo qui, déjà, avait attiré l'attention des anciens : « Elle se présente, dit-il, sous la forme d'un cône terreux, haut de deux pieds, terminé par un entonnoir d'un pied de diamètre, d'où sortent, par intervalles, des bulles de 4 ou 5 pouces de diamètre qui, à peine formées, éclatent et disparaissent. Ces bulles soulèvent une terre argileuse grisâtre, imprégnée d'eau et semifluide, qui déborde au-dessus de l'entonnoir et descend le long des parois extérieures. A cette époque, les éruptions de la salze paraissaient très faibles, en comparaison de celles qui étaient survenues dans les temps passés ; ces dernières avaient fourni, vers l'ouest, des coulées de boue qui s'étaient étendues jusqu'à la plaine où passe la grande route et elles occupaient une aire d'environ trois quarts de mille de tour. »

Le 4 juin 1835, à 5 heures du matin, après des vicissitudes variées, la salze redevint active, à la suite d'une secousse violente du sol accompagnée d'une détonation qu'on entendit jusqu'à Saint-Michel, au delà du torrent de la Lecchia et qui brisa les vitres à Sassuolo. Une colonne d'épaisse fumée traversée de lueurs d'un rouge jaunâtre s'échappa de la salze. Des pierres furent lancées à une grande distance et une bouillie d'argile épaisse et visqueuse s'échappa du sol. Les pierres rejetées avec l'argile, et qui se recouvrirent bientôt d'une croûte cristalline de sel, étaient formées de calcaire marneux, de calcaire cristallin, de macigno, de marne argileuse verte, de serpentine, etc. A 9 heures et demie, une nouvelle détonation, plus faible que la première, se fit entendre et des bruits analogues, de moins en moins forts, et ressemblant à des coups de pistolet, se succédèrent pendant douze

1. Traduction Toscan, 6 vol. in-8°. Paris, an VIII.

jours. Pendant tout ce temps, la salze continua à bouillonner, et en appliquant l'oreille contre le sol, on entendait un bruissement semblable à celui d'un écoulement d'eau. Le sol était notablement échauffé et le gaz qui s'en échappait prenait feu au contact d'une allumette. La quantité de matière terreuse rejetée s'éleva à plus de 100 millions de mètres cubes.

Les volcans de boue de Turbaco (en Nouvelle-Grenade) sont connus dans le pays sous le nom de *volcancitos* : ils ont été décrits par Humboldt qui les visita au cours de son voyage d'exploration des régions équinoxiales. Ils sont au nombre de vingt et les plus grands, formés de terre glaise d'un gris sale, ont 6 à 7 mètres de hauteur et au moins 25 mètres de diamètre à la base. Au sommet se trouve un orifice circulaire de $1^m,50$ à 2 mètres de circonférence entouré d'un petit mur de boue. Le gaz sort avec violence sous forme de bulles. La partie supérieure de l'entonnoir est remplie d'eau reposant sur une couche épaisse de boue.

On connaît des salzes plus ou moins analogues dans l'île Célèbes, à Tondano, dans l'île de Java, à Kourou et ailleurs.

Les salzes de Girgenti, en Sicile, qualifiées de *maccaluhe* (fig. 15), sont d'un aspect particulier. « Dans une plaine d'argile qui a 150 pas de long sur 50 de large, écrit Dolomieu, on trouve une trentaine de cônes ayant de $0^m,60$ à 1 mètre. Chacun porte vers son sommet un petit enfoncement de quelques centimètres, qui est rempli d'eau salée ; constamment, la surface de ces petites flaques d'eau est agitée par le dégagement des bulles de gaz. Il en résulte, sur le flanc des cônes, de petits courants d'argile délayés par l'eau salée, qui ressemblent pour la forme à de petits courants de lave. »

Les Soffioni. — Les *soffioni*, quoique d'un type

absolument différent, offrent aussi des traits d'analogie avec les volcans. Ce sont des jets de vapeur d'eau à 90, à 100 et même à 175 degrés qui forment sept groupes bien distincts répartis sur un petit espace, au sud-est de Volterra, en Toscane.

La vapeur d'eau est mélangée d'une foule de substances différentes, dont quelques-unes se dégagent, comme le gaz carbonique, l'hydrogène et des hydrocarbures, pendant que d'autres se cristallisent, comme le gypse, l'acide borique et une série d'autres minéraux. Un de nos compatriotes, Larderel, a transformé la région des *soffioni*, considérée jusqu'à lui comme infernale, en un des centres industriels les plus prospères de toute l'Italie. Il a ingénieusement imaginé d'employer la chaleur des jets de vapeur à l'évaporation des eaux provenant de leur condensation, et il a obtenu ainsi à très bon compte l'acide borique et les borates qui ont une valeur marchande si importante.

On connaît dans quelques régions des jets de vapeur rappelant les *soffioni* de la Toscane, par exemple à Java et dans la Nouvelle-Zélande. Mais ils ne contiennent pas de substances exploitables.

Les Geysers. — Nous achèverons la revue des pseudo-volcans avec les *geysers*, qui sont parmi les plus remarquables phénomènes de la nature et qui ont depuis longtemps fixé l'attention des savants et des simples touristes. Ils se présentent avec une intensité prodigieuse en Islande, aux États-Unis et en Nouvelle-Zélande; mais on en cite aussi en d'autres régions comme aux Açores.

Les geysers sont caractérisés par le jaillissement intermittent de volumineuses colonnes d'eau poussées verticalement ou obliquement par de la vapeur très chaude.

Ce sont les geysers d'Islande qui ont été d'abord étudiés, parce que l'Europe les connaît depuis fort

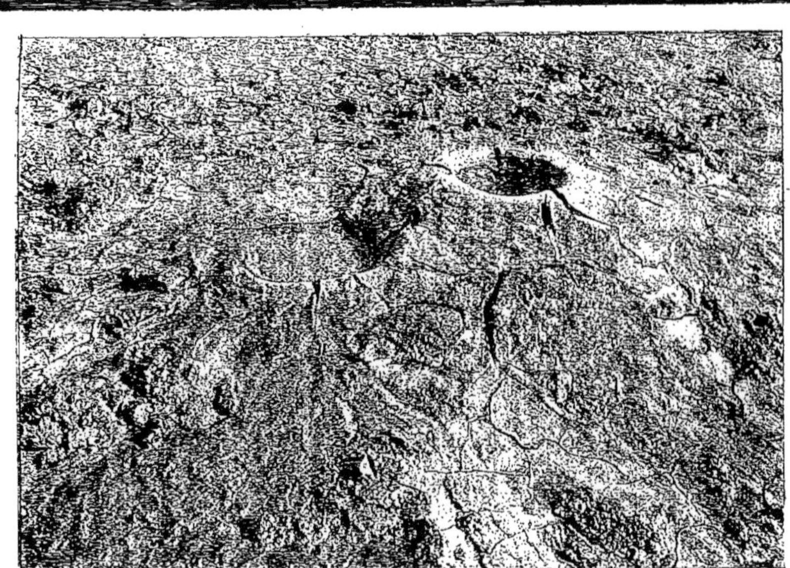

Fig. 45. — *Maccalube* de Girgenti (Sicile). — Deux bouches cratériformes; l'une active,
l'autre au repos. — Cliché Aug. Robin.

longtemps. La plupart sont situés dans une plaine longue de 6 kilomètres et large de 2, bornée par une chaîne de montagnes, le Barnar-Fell, qui fait partie d'un contrefort de l'Hécla, courant est-ouest. Cette région s'annonce par d'épaisses vapeurs, par des grondements sourds. Sur le sol siliceux, l'eau bout sans cesse, jaillissant de tous côtés par des orifices plus ou moins grands.

Voici comme le Dr Labonne raconte une éruption du Grand Geyser[1] :

« Les courlis qui planent en bandes nombreuses sur cette région, se mirent à fuir en poussant des cris aigus, et le sol trembla, ce qui signifiait : une éruption va se produire ! Nous n'eûmes, en effet, que le temps de courir à toutes jambes pour arriver à point jusqu'au bord du Grand Geyser.

« Une puissante colonne d'eau, aussi large que l'orifice à sa base, jaillissait alors en s'évasant dans les airs avec d'effroyables sifflements, tandis que la terre frémissait sous nos pieds et qu'un bruit formidable semblait sourdre de la vallée fumante. Ensuite, la gerbe retomba dans le gouffre, mais pour remonter immédiatement après ; il y eut de la sorte quatre ascensions et quatre chutes consécutives qui jouèrent trois minutes ; puis, comme dans un feu d'artifice, arriva le bouquet qui fut la plus haute projection de la douche brûlante, jusqu'à 30 mètres. Après quoi, tout rentra dans l'ordre. Quand la vapeur à odeur légèrement sulfureuse qui nous enveloppait eut été dissipée par le vent, je gravis le monticule de silice qui entoure le réservoir et je pus plonger le regard jusque dans la cavité du puits. Le Geyser s'était si bien épuisé sous l'effort de sa dernière poussée qu'il était absolument vide, et il fallait regarder tout au fond pour percevoir le liquide bleuâtre en ébullition.

1. *La Nature* du 16 juillet 1887, n° 757, pp. 106 et suiv.

Ce n'est, en effet, que graduellement que l'on voit, par la suite, l'eau s'élever de nouveau et venir affluer à la surface libre du canal. La température des parois de la cheminée désemplie est telle que l'orifice du Geyser se dessèche immédiatement. Je mis à profit cette propriété pour y faire rôtir des oiseaux destinés au déjeuner du lendemain. Ce prosaïque usage du Geyser est chose commune. »

Le canal du Grand Geyser a environ 4 mètres à son orifice. Il va en se rétrécissant dans les profondeurs de la terre.

Un bassin conique, dominant la plaine de 3 mètres, entoure le Geyser, formé par ses dépôts de tufs siliceux disposés en plaques minces et extrêmement dures.

Les jaillissements du Grand Geyser étaient plus fréquents autrefois qu'aujourd'hui. Un observateur, qui voyageait en Islande en 1772, dit qu'ils se produisaient à plusieurs reprises par jour. D'après le docteur Eugène Robert, le phénomène, en 1835, ne se manifestait ordinairement qu'une fois en vingt-quatre heures. Et, selon le Dr Labonne (1886), il s'espaçait de trois en trois jours.

Une autre source jaillissante, aussi célèbre que le Grand Geyser, c'est le Strokkr. Peu important avant le tremblement de terre de 1789, c'est maintenant le geyser le plus considérable de l'Islande. Il a des éruptions spontanées très fréquentes; mais on peut aussi provoquer le jaillissement en jetant des mottes de tourbe dans la cheminée, qui est beaucoup moins large que celle du Grand Geyser. Aussitôt le bouillonnement devient moins fort dans la source et finit par cesser entièrement; le silence s'établit, règne quelques instants; puis on perçoit un bruit semblable à celui que produit une masse liquide qui commence à bouillir...

« Une immense colonne d'eau de 30 mètres de

hauteur jaillit environ une heure après, dit encore le Dʳ Labonne... et cela nous advint sans le moindre avertissement au moment même où je m'efforçais de me rendre compte du mouvement rotatoire du liquide au fond du tube. Le premier jet sort avec une maëstria et une fureur incomparables; un rugissement assourdissant l'accompagne, tandis que le sol tremble comme pour le geyser, et souvent cette trépidation s'accuse à plus de 100 mètres. » Les éruptions d'eau se répètent jusqu'à quinze ou vingt fois, coup sur coup, un jet n'ayant pas souvent le temps de retomber avant le jaillissement d'un autre. Le mot Strokkr veut dire *baratte*, à cause des mouvements de l'eau lorsque l'éruption se prépare. Quant au mot geyser, il signifie *furieux*. L'eau de ces deux fontaines se maintient à la température de 104 degrés.

Au sud-ouest du Strokkr, se trouve le Petit Geyser dont le débit est continuel et d'une extrême abondance; jamais il ne s'élance à plus de 2 mètres. Il paraîtrait que ces dimensions modestes datent du tremblement de terre de 1789, qui, au contraire, développèrent son voisin.

Les éruptions du Grand Geyser et du Strokkr ne sont jamais simultanées, ce qui donne à croire qu'il existe entre eux des canaux souterrains.

Les deux sources bleues communiquant sous terre et qui portent le nom de *Blesi* sont sans doute des geysers dont la période active est finie.

Aux États-Unis, le *Yellowstone Park* (Utah) contient plus de 3.500 sources chaudes, parmi lesquelles on compte 80 geysers, dont certains renommés dans le monde entier. Comme en Islande, on y rencontre divers degrés d'activité.

« Les plus grands, dit M. Marcellin Boule[1], qui les a visités, sont l'Excelsior, le Monarque, le Géant, la

---

1. *La Nature* du 22 mars 1902, p. 247.

Ruche, le Splendide. Excelsior est le roi des geysers. Son cratère a 100 mètres de diamètre. Ses éruptions, très irrégulières, sont remarquables par leur violence. Des quartiers de roc sont parfois projetés dans les airs à 80 mètres de hauteur. La quantité d'eau émise à chaque éruption est si considérable qu'elle élève de plusieurs pouces le niveau de la rivière voisine, la Firehole.

« La colonne d'eau bouillante du Géant est moins volumineuse que celle de l'Excelsior, mais elle s'élève à une hauteur beaucoup plus considérable : 250 pieds au début de l'éruption. Celle-ci a lieu régulièrement tous les six jours et dure une heure et demiè.

« Le geyser le plus populaire du Parc s'appelle le Vieux Fidèle, parce qu'il joue à des intervalles réguliers. En 1891, c'était toutes les 65 minutes. Actuellement, il n'entre en éruption que toutes les 75 ou 80 minutes. Son cratère est admirable. Ses concrétions de geysérite sont de toute beauté. »

Parmi les sources qui ont été autrefois geysers, on peut signaler encore le Bol-de-Punch où l'eau bout constamment avec un frémissement ondulatoire fort curieux.

En Nouvelle-Zélande, la région des geysers s'étend le long du Waïkato, à une distance de 1 kilomètre et demi sur les deux rives. Les sources les plus remarquables dans la contrée sont comprises dans une large masse blanchâtre de dépôts siliceux de 120 mètres en tous sens. Là sont soixante-seize sources jaillissantes, dont la principale est l'Homaiterangi. De Hochstetter, témoin de plusieurs éruptions de ces geysers, raconte que l'eau s'agitait tout à coup et formait instantanément un jet puissant qui s'élevait en ligne oblique à une hauteur de près de 7 mètres, conservant une température de 94 degrés centigrades. Puis, le bassin se vidait, laissant voir une ouverture étroite en forme d'entonnoir, d'où

s'échappaient des vapeurs. Il y eut trois éruptions
dans l'espace de quatre heures.

Une autre fontaine, voisine de celle-ci, lança au
moment du tremblement de terre de Wellington,
en 1848, un jet d'eau avec des pierres, qui s'éleva à
30 mètres d'altitude, et s'y maintint pendant près de
deux ans. Lors du passage du savant autrichien, le
jet montait à une hauteur qui variait de 60 centimètres à 1 mètre; il avait une température de
98 degrés et exhalait une odeur sensible d'hydrogène
sulfuré.

Près du village de Tokadou, sur un espace de
3 kilomètres, s'étend une autre région de sources
jaillissantes. De la haute mer, on aperçoit la colonne
de vapeur qui s'échappe du Pironi. A quelques pas de
ce gouffre est le *Korakorootopohinga*, orné de stalactites siliceuses et qui, dans un bassin large d'environ
3 mètres, renferme de l'eau constamment en ébullition.

Mais ce qui en Nouvelle-Zélande excite par-dessus
tout la surprise et l'admiration des voyageurs, c'est la
région des lacs, qui rappelle en miniature les beautés
de la Haute-Italie et dépasse en manifestations
geysériennes les phénomènes les plus étonnants de
l'Islande.

Le Rotomahara ou lac chaud, qui est l'un des plus
petits lacs de ce district, car il n'a pas tout à fait
1.500 mètres de long sur 400 de large, est situé à
plus de 3.000 mètres au-dessus du niveau de la mer.
Des collines arides l'entourent; ses eaux sont ver-
dâtres, ses bords marécageux. De toutes parts jaillissent des colonnes d'eau bouillante qui échauffent
le lac tout entier et le couvrent de vapeur.

Les principales sources sont sur le rivage oriental
du lac. La plus belle est le *Té-Tarata* (Roche-
Tatouée), dont les eaux s'échappent en bouillonnant
et descendent dans le lac par des terrasses succes-

sives, offrant l'aspect du marbre blanc et ornées de stalactites d'une pureté éclatante.

Vingt-cinq geysers alimentent le Rotomahara.

Le lac Rotorua est également entouré de sources chaudes dont l'une des principales a une température de 72 degrés. Il en est de même du lac Rotoïti, l'un des plus pittoresques de toute la Nouvelle-Zélande [1].

Il y a des geysers au Japon. Le geyser d'Atani, dans l'île de Mundo, près de Tokio, à 1 kilomètre de la mer, a cinq éruptions par jour, rejetant alternativement de l'eau et de la vapeur d'eau. Parfois il se produit un *nawagaki*, c'est-à-dire une éruption d'eau prolongée pendant plusieurs heures. Des puits creusés près du geyser ont donné de l'eau chaude, mais en diminuant l'activité du geyser. D'après les analyses chimiques, celui-ci serait en relation avec la mer. On suppose que la bouche d'éruption communique avec des réservoirs souterrains dont l'inférieur dépasserait la température d'ébullition et le supérieur resterait en deçà.

A citer aussi l'intéressante région geysérienne que le Mexique possède à Ixtlan de los Hervores, au nord de l'état de Michoecan. M. Paul Waitz y compta en avril 1905 environ 600 points volcaniques de différents ordres, dont 400 étaient en activité ou présentaient des indices d'activité et contenaient de l'eau chaude dans leur bassin. Il y avait au moins 13 geysers proprement dits avec une température de 90 à 94° centigrades et les projections se faisaient à 2 mètres de hauteur, l'éruption durant à peu près cinq minutes. Les repos étaient de deux heures environ [2].

Le pseudo-cratère du Canyon Diablo mérite aussi

1. DE HOCHSTETTER. *New Zealand*, 1867. Londres.
2. *Boletin de la Sociedad geologica Mexicana*, II, p. 71, 1906, avec une planche. Voir aussi le *Livret guide*, du 10° Congrès géologique en 1906, à Mexico.

d'être mentionné[1]. Il s'agit d'un bourrelet circulaire ayant 50 mètres de relief, limitant un espace de 2 kilomètres de tour, creusé en une cavité dont la profondeur atteint 150 mètres au-dessous de la surface de la plaine environnante. Le fond de cette cavité, décrite d'abord comme une bouche de volcan, est formé de roches fondues, vitrifiées et scoriacées. De toutes parts se voyaient des blocs de fer métallique ou des rognons de limonite provenant de son oxydation, mais qui ont disparu complètement, ayant été soigneusement récoltés par les collectionneurs. Or, toutes ces cavités paraissent avoir été produites par la chute, dans un passé inconnu, d'un gigantesque bloc de fer d'origine météoritique, c'est-à-dire extra-terrestre. M. Merrill suppose que le bloc pouvait avoir 150 mètres de diamètre et à cette condition, étant donnée la vitesse ordinaire des bolides qui parcourent 60 kilomètres à la seconde, il considère que tous les détails de ce gisement (qui n'a par conséquent rien de volcanique) s'expliquent très aisément.

1. GEORGE MERRILL. *The meteor crater of Canyon Diablo, Arizona; its history, origin, and associated meteoric irons.* Dans *Smithsonian micellaneous Collections*, t. L, 4e partie. Washington, 1908.

CHAPITRE II

L'ÉRUPTION TYPIQUE

Sommaire. — Description de l'éruption. — Exemple à l'appui : le
Vésuve. — Son réveil en 79 : lettre de Pline le Jeune. —
L'éruption de 1905-1906. — Détonations, projections de
matières, ouverture de fissures, épanchement de la lave. —
Paroxysme en avril 1906 : ouverture d'une nouvelle bouche :
coulées abondantes de laves ; explosion du cratère ; détonations
formidables ; projections énormes de lapilli et de cendres :
obscurité, pluie de boue ; victimes nombreuses. Démantellement du sommet de la montagne. Formation d'une caldeira. — L'éruption de 1872. Imprécations et prières des
paysans vésuviens ; leur amour de la montagne : récit du
peintre Joseph de Nittis.

Pendant les périodes de repos, les anciennes issues
des éruptions se sont bouchées avec les vieilles scories, la cendre délavée, la lave solidifiée. Il faut une
expulsion violente de ces produits, pour que d'autres
se fassent jour.

L'éruption commence presque toujours par des
tremblements de terre plus ou moins violents, causés
par le travail interne, « spasmes intérieurs, dit Poulett Scrope, semblables à ceux de la parturition chez les
animaux ». Ce sont aussi des détonations violentes,
comparées à celles d'une grosse artillerie et trans-
mises parfois extrêmement loin.

La lave force son chemin et l'éruption commence,
ordinairement avec une explosion qui semble fendre
la montagne. Les matières qui obstruaient les con-

duits sont projetées verticalement à des hauteurs énormes, en blocs, en scories. Les jets rapides et réitérés auxquels sont soumises les substances, finissent par les réduire en cendres de plus en plus fines, qui restent en suspension dans l'air, mêlées aux nuages de vapeur brûlante.

Cette vapeur aqueuse s'élève en colonnes de milliers de mètres de hauteur et sillonnées d'éclairs, ainsi que le jet de matières solides. Bientôt l'épaississement de la vapeur, de la cendre, du sable répand l'obscurité sur le pays environnant, alors même que les matériaux liquides et incandescents sortent du volcan en fontaines de feu, que des gaz enflammés projettent des flammes au-dessus du cratère.

La lave s'épanche, par les issues qu'elle s'est ouvertes, soit à la lèvre inférieure du cratère, soit sur le flanc ou au pied de la montagne, cachée pendant le jour par la vapeur qui s'élève de sa surface et la nuit se montrant comme un fleuve d'un rouge blanc, qui s'assombrit à mesure que la surface se solidifie.

L'émission de la lave cesse ordinairement avant l'éruption, qui continue de se manifester par des explosions gazeuses, des jets de pierres et de cendre. C'est la cendre qui persiste le plus longtemps ; mais à chaque éjection elle est lancée de moins en moins haut ; elle retombe dans le cratère et en obstrue l'orifice, de même que les éboulements du cône qui se produisent presque toujours. Après les fortes éruptions ce cône se trouve donc tronqué et la partie supérieure devient un vaste abîme, en forme de chaudron : c'est la *caldeira*.

L'éruption terminée, il en reste des fumerolles qui s'échappent des coulées de lave ou du fond du cratère. Comme on le verra plus loin, c'est là l'origine des soufrières. Il se fait aussi des sources d'eau chaude contenant du soufre et de l'acide carbonique : ce **sont les mofettes**.

Avant d'entrer dans le détail de ces différents caractères de l'éruption, nous les observerons dans le volcan, pour nous le plus intéressant, et parce qu'il est en terre latine, et parce qu'il a toujours été minutieusement étudié, décrit, par les hommes les plus éminents. Nous le montrerons d'abord à son terrible réveil de l'an 79 et dans sa dernière grande éruption, celle de 1906.

Pour l'événement de 79, il est impossible de ne pas citer la fameuse lettre de Pline le Jeune, toujours invoquée, et qui raconte la fin de Pline le Naturaliste, dont on dirait aujourd'hui qu'il est mort au champ d'honneur :

« Il était à Misène et gouvernait en personne la flotte. Aux calendes de novembre, vers la septième heure, ma mère l'avertit qu'il paraissait une nuée d'une forme et d'une grandeur extraordinaires. Il étudiait alors, couché au soleil, selon sa coutume, après quoi il était dans l'usage de boire un peu d'eau froide, ce qu'il n'oublia point, même en cette occasion. Il se lève ; il demande des souliers, et monte sur une hauteur d'où ce phénomène pouvait le mieux se considérer. La nuée partait d'une montagne, on n'eût su dire de laquelle dans l'éloignement, on connut par la suite que c'était du Vésuve. On n'en peut mieux comparer la forme qu'à un arbre, et parmi les arbres, qu'à un pin ; car elle était comme soufflée de bas en haut, sous la figure d'un tronc excessivement prolongé, d'où se répandaient quelques rameaux. Cette forme venait, je pense, de ce qu'à la source, le jet du volcan s'élevait tout à coup, puis, s'affaiblissant, la faisait retomber avec lui ou l'abandonnait à son propre poids. Elle était blanche en certains endroits, en d'autres comme salie et couverte de taches, selon qu'en s'élevant elle s'était plus ou moins chargée de terre et de cendre. Habile comme il l'était dans ces matières, il jugea le fait d'importance et digne d'être reconnu de plus près. Il commande qu'on lui prépare un vaisseau liburnien, et me dit que j'étais le maître de le suivre, si j'en avais envie. Je lui répondis que j'aimais mieux étudier. Au sortir de la maison, il reçoit un billet du commissaire de marine Retina qui, effrayé du danger imminent où il se trouvait (car sa maison de campagne était sous la nuée même, et l'on ne pouvait se sauver de là que par le moyen d'un vaisseau) le priait de le faire échapper à un si grand péril. Cela lui fait changer de dessein; et ses démarches, qui n'avaient d'abord pour guide que l'ardeur de s'instruire, prennent pour règle les sentiments d'une âme vraiment grande. Il fait mettre en mer les galères à quatre rangs; il y monte lui-même, non seulement pour secourir Retina, mais un grand nombre de personnes, toute cette côte étant très fréquentée à cause de son agrément. Le côté d'où il voit fuir les autres épouvantés est précisément celui où il s'empresse d'arriver : c'est là qu'il dirige sa course, poussant droit au danger, et dégagé de crainte, au point de dicter ou de noter lui-même toutes les variétés et toutes les figures de ce fatal prodige, au moment où il les remarquait. Déjà les vaisseaux se couvraient d'une cendre dont la densité et la chaleur augmentaient de plus en plus à mesure qu'on s'avançait : déjà ils étaient atteints de pierres blanches et criblées comme la ponce, et d'autres pierres de la nature du caillou, mais noircies, calcinées et mises en éclats par le feu. Déjà l'amas des matières tombées dans l'eau y formait un nouveau gué, déjà les ruines d'une partie de la montagne écroulée dans la mer leur opposaient un nouveau rivage. Il s'arrête un instant, incertain s'il ne virera point. Le pilote l'exhortait à prendre ce parti, mais Pline lui répond : « La fortune protège les gens de « cœur; mène-moi vers Pomponianus. » Celui-ci était à Stabies; il s'était retiré au fond du golfe que la mer

et les courbures du rivage forment en cet endroit.
Là, à la vue du péril qui était encore éloigné, mais
qui semblait s'approcher et croître d'heure en heure,
il avait fait porter tout son bagage dans des vaisseaux,
résolu de tenter la fuite par la mer, si le vent contraire venait à tomber. Pour mieux tromper les
alarmes de Pomponianus par sa sécurité, Pline se fait
porter au bain. Ensuite il soupe tout joyeux ou, ce
qui n'indique pas une âme moins forte, il paraît tel
que s'il avait eu de la joie. Cependant les flammes et
les incendies du Vésuve se manifestaient au loin en
plusieurs lieux de la montagne; leur éclat fulgurant
surmontait les ténèbres de la nuit. Pour modérer les
terreurs que causait un tel spectacle, mon oncle sou-
tenait que ces flammes et ces incendies venaient uni-
quement de ce que le feu avait pris dans les maisons
de quelques villageois que la peur avait fait fuir en
désordre et sans laisser personne à la garde de leurs
foyers. Tout en raisonnant ainsi, il s'abandonna au
repos et s'endormit d'un sommeil très avéré, car ceux
qui passaient auprès de la porte l'entendirent ronfler
d'une manière très sonore, ce qui lui était assez ordinaire, vu l'ampleur de sa poitrine. Mais la cour qui
conduisait à la salle à manger s'était couverte de
cendres et de pierres criblées; le terrain s'en était
élevé au point de boucher incessamment les issues des
chambres : on l'éveille en sursaut, il s'avance et vient
se rendre aux vœux de Pomponianus et de tous les
autres qui n'avaient pu fermer l'œil. Ils se consultent
en commun s'il est plus à propos de rester enfermés
dans l'intérieur des murs, ou d'errer à l'aventure en
plein champ; car de fortes et fréquentes secousses
ébranlaient les toits : on eût dit qu'enlevés de leur
assiette, ils allaient çà et là, étant comme dans une
sorte de flux et de reflux perpétuels; d'autre part, en
plein air, on avait à craindre la chute des pierres criblées, quelque légères et rongées qu'elles pussent

être. Cependant, en comparant les deux inconvénients, on choisit ce dernier. Au reste, chez lui la raison la plus forte l'emporta, et chez les autres la plus grande terreur. On se mit sur la tête des coussins bien serrés avec des bandes de linge pour se garantir de ce qui viendrait à tomber. Le jour était déjà levé ailleurs; mais toute cette côte encore était dans la nuit la plus épaisse et la plus sombre que perçaient cependant un grand nombre de flambeaux et de lumières de toute espèce. On fut d'avis de s'avancer jusqu'au bord du rivage, et de voir le plus près possible ce que la mer permettait d'entreprendre; car elle était encore également déserte et contraire. Lorsqu'il y fut arrivé, il trouva une voile jetée à terre, sur laquelle il s'étendit, et ayant demandé une seconde fois de l'eau froide, il en but. Ensuite la violence des flammes et l'odeur du soufre qui en fut l'avant-coureur mirent les autres en fuite. Quant à lui, elles le forcèrent à se lever en s'appuyant sur deux esclaves; mais il retomba aussitôt, sa respiration ayant été, comme je le conjecture, interceptée par une vapeur épaisse... Le surlendemain du dernier jour qu'il avait vu luire, on trouva son corps entier sans aucune blessure, et vêtu comme on l'avait laissé. »

On sait que cette éruption de 79 détruisit les villes de Pompéi, de Stabies et d'Herculanum.

En avril 1905, le Vésuve manifesta une activité paroxysmale par l'édification, dans son cratère, profond de 80 mètres, d'un petit cône qui grandit si rapidement qu'en mai il dépassait d'une quinzaine de mètres les bords du premier cratère. Du 25 au 27 mai, à la suite de violentes détonations, accompagnées de projections intenses, une fissure s'ouvrit, à 1.245 mètres d'altitude, sur les flancs N.-N.-O. du volcan; puis une autre se fit, à 1.180 mètres, plus près de la station du chemin de fer funiculaire. De ces fissures, la lave s'écoula sans interruption, jusqu'en avril 1906, époque du plus grand paroxysme qui, le 4 avril, se manifesta par l'ouverture d'une nouvelle bouche, sur le flanc sud, à 1.200 mètres d'altitude, d'où s'échappa une coulée. De nouvelles fissures, donnant des torrents de lave, se formèrent les jours suivants. Bosco Trecase fut atteint. Le courant dévastateur s'arrêta à quelques mètres seulement du cimetière de Torre Annunziata. A l'exception de trois, les habitants eurent le temps de s'enfuir.

Le plus grand mal fut causé, le soir du 7, par les explosions du cratère, projetant à 2 kilomètres de hauteur des matériaux incandescents. Ces projections, accompagnées de détonations entendues jusqu'à Naples, semblaient continues et ressemblaient à des fontaines de feu. A minuit et demi, puis à 2 h. 40, détonations plus formidables encore et tremblements de terre ressentis tout autour du Vésuve. Ce fut alors qu'une énorme quantité de lapillis, couvrant un territoire ayant Ottajano pour centre, fit un grand nombre de victimes et des dégâts matériels considérables. L'affreux phénomène dura quelques heures, avec accompagnement de bruits formidables, de fréquentes explosions, de nuages de cendres faisant parfois l'obscurité complète, de condensation de vapeur d'eau entraînant la poussière et produisant des pluies de boue, de phénomènes électriques. Tel fut le paroxysme du 8 avril, qui mit plusieurs jours à se ralentir.

Les explosions modifièrent profondément l'aspect du Vésuve. D'abord, le petit cône de 1905 fut détruit; ensuite, ce fut le démantèlement du sommet de l'ancien cône, dans lequel fut creusée la profonde caldeira qui est le cratère actuel. M. Lacroix, qui en fit l'ascension le 3 mai, en donne cette description :

« Sa section est presque circulaire; elle mesure 640 mètres (N.-S.), 650 mètres (E.-O.). Sa profondeur paraît être d'au moins 300 mètres. Ses parois sont presque verticales, sauf au voisinage de la surface, où elles constituent un talus fort raide, et à leur partie inférieure, où elles se terminent en entonnoir, dont le fond est en partie caché par des fumerolles.

« La crête, très ébouleuse et irrégulière, est généralement tailladée en sifflet à arête tranchante. Son altitude est très variable, suivant les points considérés ; le côté le plus élevé se trouve au N.-O.; le plus bas consiste en une profonde entaille située au N.-E. et faisant face à l'arête de la Somma comprise entre la Punta di Nasone et Cognoli di Ottajano. D'après les mesures de M. de Loczy, la partie la plus élevée des bords du cratère est à 1.232 mètres. Si l'on admet l'altitude antérieure de 1.335 mètres, l'abaissement minimum du sommet de la montagne a donc été de 103 mètres. L'altitude de l'échancrure étant d'environ 1.155 mètres, l'abaissement maximum a été de 180 mètres. Il est à noter que ces dimensions se modifient chaque jour : le cratère s'agrandit, en effet, continuellement par l'écroulement de ses bords, même depuis qu'il ne se produit plus d'explosions. C'est par le même mécanisme que j'ai vu s'élargir rapidement la vieille caldeira de la Montagne Pelée.

« Notons enfin que les parois verticales montrent, dans d'admirables coupes, des alternances de lits de conglomérats ou de cendres et de coulées traversées par des filons verticaux ou obliques, qui caractérisent l'anatomie du volcan [1]. »

Cette description est à rapprocher de celle du cratère de 1822 décrit par Poulett Scrope :

« Le cratère, ou plutôt l'abîme laissé par cette éruption, ne fut que l'agrandissement local d'une énorme fissure ouverte à travers le cône, du N.-O. au S.-E.

1. *L'Éruption du Vésuve en avril 1906.* Extrait de la *Revue Générale des Sciences* des 30 octobre et 15 novembre 1906, pp. 38 et suiv.

La déchirure se prolonge à travers le cône entier sur le côté du S.-E., en faisant une profonde entaille dans l'arête du cratère. Cette entaille, quoique considérablement remplie par la quantité de scories et de matières évacuées, était encore de 500 pieds en dessous du bord de la coupe[1]. »

Et, plus explicitement, dans un Mémoire antérieur[2] : « J'ai eu l'insigne bonne fortune de voir, je dirais même d'observer de près la plus violente éruption qui, de mémoire d'homme, soit arrivée en Europe ; je veux parler de l'éruption du Vésuve en octobre 1822. Les explosions continuelles et rapides, trop rapides même pour être comptées, vomissant des colonnes de scories et de matières fragmentaires de plusieurs mille pieds de haut, durèrent pendant vingt jours, et au bout de ce temps il se trouva qu'elles avaient percé le noyau jusque-là solide de la montagne, d'un abîme circulaire abrupt de 4 kilomètres de tour et de plus de 1.000 pieds de profondeur ; quelques observateurs (entre autres M. Forbes) disent 2.000. »

Comme en 1906, la hauteur de la montagne se trouva diminuée, « de 600 pieds au moins ».

Nos lecteurs nous sauront gré de leur donner, pour achever cette peinture d'éruptions typiques, un passage d'un livre charmant, spirituel, émouvant et plein de jolies anecdotes, — où nous trouvons le côté humain (qui tient aussi une bonne place dans la lettre de Pline le Jeune).

Il s'agit de l'éruption de 1872.

Et d'abord ceci, parce que c'est irrévérencieux pour les savants :

---

1. Poulett Scrope. *Les Volcans*, trad. Pieraggi. Paris, 1864, p. 163.

2. Le Même. Mémoire sur le *Mode de Formation des Cônes volcaniques et des Cratères*. Extrait du *Quartely journal of the geological Society*, trad. Pieraggi. Paris, 1860, p. 52.

« A l'Observatoire, Palmieri demeurait en perma-
nence depuis plusieurs semaines.

« Les guides, gens d'expérience, haussaient les
épaules et secouaient la tête :

« — Don Peppino[1], voyez-vous, les savants!...
« Qu'est-ce qu'ils en connaissent, de la montagne? Elle
« est à nous, de bas en haut, de père en fils; elle nous
« a donné le pain et le macaroni, la belle montagne.
« Eux, les savants, ils écrivent, ils font des chiffres...
« et dites-le moi, vous, don Peppino, ce que les
« numéros ont à voir là-dedans? Voyez-vous, le
« Vésuve, c'est la *caldaja* (chaudière). Mettez votre
« oreille par terre... là... Entendez-vous comme elle
« bouillonne, la lave? Et ça monte! Au bord, il faudra
« bien que ça éclate peut-être? Pas besoin d'*osserva-*
« *toire*, allez, pour deviner ça... »

Puis ce passage si plein de fine observation :

« — Alerte, Peppino! la montagne flambe!

« En un instant je fus prêt. Nous montâmes leste-
ment le Vico Cecere et la route Nationale.

« La rouge lueur incendiait la terre et le ciel, malgré la dense fumée. Des femmes éperdues, les cheveux épars, souffletaient leur propre visage.

« — Ah! saint Janvier! Nous sommes morts! Nous!
« Et les autres! Et aussi les petits, et les vieux encore!
« San Gennaro, qu'est-ce que nous t'avons fait? Man-
« que-t-il de cierges à ta chapelle? N'avons-nous pas
« prié sur les genoux et baisé la terre en gardant sur
« nos lèvres la poussière de lave? Oh! porco de saint
« Janvier, tu fais méchamment. Quand il te plaît, tu
« peux bien arrêter cette mer de feu; dans les temps
« passés tu le fis bien voir. Viens vite, accours sur
« ton grand cheval en or. »

« La montagne crépitait. La lave dévorait tout sur son
passage. A distance la chaleur desséchait les arbres:

______

1. « Don Peppino », c'est le peintre Joseph de Nittis.

Ils faisaient *pffff*, puis flambaient comme des allumettes.

« Nous allions devant nous, par les chemins âpres des scories anciennes. Les familles fuyaient avec des fardeaux, traînant des grappes de vieillards et d'enfants, criant l'appel à la Madone, et plus encore qu'à la Madone, à saint Janvier [1].

« L'aube éclaira l'immense désastre.

« Il fallait partir. J'allai retenir un carrosse qu'on plaça chez moi, dans le *cortile* ; puis, le portail fermé, je fis une étude.

« La foule fuyait toujours ; on emportait même les mourants. Le grand jour était venu, lourd de soleil ardent, et ce qu'on entendait c'était le hurlement immense d'un peuple qui s'unissait au grondement de la montagne.

« Un cri d'épouvante domina soudain tous les bruits :

« — Le pin ! »

« Le pin, c'est le fléau prompt comme le vent et le nuage qui, en s'éparpillant, couvrit Pompéi pour des siècles. Un peu de brise et nous n'avions plus le temps matériel de fuir...

« Pendant huit jours on oublia la clarté du ciel. Ce fut le déluge des cendres avec le grondement ininterrompu du cratère. Des hauteurs on voyait le fleuve de feu toujours alimenté, la ville muette et sombre. Ce fut un temps de cataclysme pareil à la fin du monde.

« Cela dura huit jours.

« Le onzième commença l'accalmie... Rien ne restait plus des choses passées.

« Et pourtant...

« L'amour de la montagne est si tenace au cœur des Vésuviens (cet amour qui fit rebâtir sept fois Torre del Greco, la riche ville sept fois engloutie) que

----

1. Voyez le frontispice du présent volume.

les habitants revenaient déjà tous, avec leurs matelas, les montants de fer et les planches des lits.

« Ils gémissaient. Ils parlaient à la montagne comme à une créature vivante, aimée, par qui l'on a souffert, à qui l'on offre le pardon.

« — Ah! pauvre de nous! Comme elle a fait des
« siennes, la montagne, la belle montagne! Ah! ma-
« donna mienne! Seigneur du ciel! c'est donc pour
« nos péchés! Montagne chère! Montagne belle! ah!
« Montagne méchante! Hâte-toi de faire refleurir les
« figuiers que nous allons planter... Elle est comme
« ça... Mais si vous mettez un brin de figuier dans un
« trou, vite il y pousse un arbre... Nous te pardon-
« nerons, pauvre de nous [1]! »

1. *Notes et souvenirs du peintre* JOSEPH DE NITTIS, pp. 91 et suiv., 1 vol. in-8°. Paris, 1895.

CHAPITRE III

APPARITION ET RÉVEIL DES VOLCANS

Sommaire. — Volcans en éruption permanente. — Volcans à éruptions fréquentes. — Volcans à éruptions rares. — Volcans considérés comme éteints, qui se réveillent : le Timboro, le Ceboruco. — Volcans nouveaux : le Monte-Nuovo (1538). Le Jorullo (1759) : histoire de son apparition par Humboldt. Le Malpais et les Hornitos. Le nouveau volcan de Léon, dans l'Amérique Centrale (1850).

Ordinairement les éruptions volcaniques se déclarent sur des points de la surface du sol où maints caractères démontrent que des éruptions ont déjà eu lieu. Telles sont la surface de l'Etna ou celle du Vésuve. Les nouveaux produits viennent s'associer à des produits antérieurs dont la sortie a certainement été accompagnée des mêmes incidents qui caractérisent les éruptions actuelles.

Volcans en éruption permanente. — Quelques volcans sont en éruption permanente. Le plus célèbre pour nous est le Stromboli, dans les îles Lipari, en activité depuis la plus haute antiquité. Il y a aussi le Sangay, dans l'Amérique du Sud, dont l'éruption ne s'est pas interrompue depuis 1770; l'Isalco, sur la côte occidentale de l'Amérique centrale, depuis 1728, etc.

Volcans à éruptions fréquentes. — Il y a des volcans dont les éruptions sont fréquentes et en première ligne on doit citer le Vésuve dont on compte depuis 79, date de son réveil, trente-quatre paroxysmes désastreux. Quant aux petites éruptions, elles sont vraiment innombrables. L'Etna fut en activité fréquente durant les quatre siècles qui ont précédé l'ère chrétienne. Puis il semble qu'il y eut dix siècles de tranquillité. Et depuis, c'est une activité modérée, avec, de temps à autre, de violents paroxysmes. Au siècle dernier, il y eut de grandes éruptions les années 1805, 1809, 1811-1812, 1819, 1831, 1852, 1855.

Volcans à éruptions rares. — Ailleurs, les éruptions ne se produisent qu'à de très longs intervalles, par exemple à Santorin. Il y a dans l'Amérique du Sud et dans l'Asie orientale des volcans qui n'ont guère plus d'une éruption par siècle. Au xviiie siècle, le volcan de l'île Bourbon émit de la lave avec une grande régularité, environ deux fois par an. Il en est résulté, sur le parcours de ces courants, une région désolée, appelée le Pays Brûlé.

Assez souvent, des volcans considérés comme éteints se réveillent : l'exemple le plus fameux est celui du Vésuve. Le Timboro, situé dans la petite île de Subava, dans l'archipel au S.-E. de l'Asie, n'avait point donné signe de vie depuis la découverte de l'île. Il se réveilla en 1815 par une éruption épouvantable, qui dura quatre ans. Le Ceboruco, au Mexique, n'était pas compté parmi les volcans. Il fit connaître sa nature en 1870, par une éruption formidable.

Il semble, d'ailleurs, que, plus le repos a été long, plus l'éruption est violente. Les explosions du Timboro étaient ressenties à des distances considérables : à Java, à une distance de 2.250 kilomètres, la pluie de cendres, l'ébranlement du sol étaient si intenses que les habitants crurent à l'éruption de leurs propres volcans.

Volcans nouveaux. — Il arrive aussi qu'un volcan nouveau se déclare dans un point où des éruptions n'ont pas eu lieu précédemment et, par exemple, dans les plaines où il n'y a pas de montagnes ignivomes. Il est bien intéressant de rappeler que cette circonstance de la naissance de volcans nouveaux s'est offerte à l'observation de l'homme à diverses reprises.

Ainsi, le 28 septembre 1538, non loin de Pouzzoles, en pleins Champs Phlégréens, à l'ouest de Naples, au milieu d'explosions bruyantes et dans une nuit opaque, il s'édifia un cône de 130 mètres qui a conservé jusqu'à nos jours le nom de Monte Nuovo. Dès le 3 octobre, on put gravir ce sommet à peine sorti de terre et, le 6 du même mois, plusieurs personnes périrent en voulant trop s'avancer sur le bord du cratère.

En 1759, en Nouvelle-Espagne (Mexique), ce fut l'éruption soudaine du Jorullo qu'il faut raconter avec le texte même de Humboldt [1], bien qu'il mêle à son récit sa théorie du soulèvement et son opinion quant aux *hornitos* depuis longtemps démontrées fausses.

« L'existence de ce volcan, dit-il, dont j'ai le premier fait connaître la topographie fondée sur des mesures certaines, est, par sa position entre les deux volcans de Toluca et de Colima, et par son apparition soudaine sur la grande faille qui s'étend de l'océan Atlantique à la mer du Sud, un fait d'une grande importance géognostique; aussi a-t-il été l'objet de nombreux débats.

« En suivant la puissante coulée de lave sortie du Jorullo, j'ai réussi à pénétrer dans l'intérieur du cratère et à y établir mes instruments. Le soulèvement se produisit dans la nuit du 28 au 29 septembre 1759, au milieu d'une vaste plaine de l'ancienne province de Michuacan, séparée du volcan le plus rapproché par plus de 30 milles géographiques, et fut précédée par un bruit souterrain qui se fit entendre à partir

---

1. *Cosmos,* trad. GALUSKY. Paris, 1859, IV, pp. 335 et suiv.

du 29 juin, c'est-à-dire pendant deux mois entiers. Ce bruit différait des singuliers bramidos que l'on entendit à Guanaxato au mois de janvier 1784, en ce que, comme cela d'ailleurs est le cas habituel, il était accompagné de tremblements de terre, dont la ville aux riches mines d'argent ne ressentit aucune atteinte. Le soulèvement du nouveau volcan eut lieu à trois heures du matin, et s'annonça la veille par un phénomène qui d'ordinaire marque la fin et non le commencement des éruptions. A l'endroit où s'élève actuellement le Jorullo, existait autrefois un bois épais de goyaviers, fort aimé des indigènes pour la douceur de ses fruits. Des hommes qui travaillaient aux champs de cannes à sucre de la Hacïenda de San Pedro Jorullo, propriété de Don Andres Pimentel, étaient allés cueillir des goyaves. Lorsqu'ils revinrent à la métairie, on remarqua avec surprise que leurs larges chapeaux de paille étaient couverts de cendres volcaniques. Des crevasses s'étaient donc ouvertes dans ce que l'on appelle aujourd'hui le Malpais, vraisemblablement au pied de la haute coupole de basalte nommée el Cuiche, et avaient déjà rejeté des cendres ou lapilli, avant que rien parût changé dans la plaine.

« Dans les premières heures de la nuit, la cendre noire formait déjà une couche d'un pied de haut. Tout le monde se réfugia sur les hauteurs d'Aguasarco, petit village indien, situé 2.160 pieds au-dessus du plateau de Jorullo. De là on vit, telle est du moins la tradition, une vaste étendue du pays en proie à une effroyable éruption de flammes, et au milieu de ces flammes apparut, comme un château noir (*Castello negro*), une butte immense et sans forme (*Bulto grande*), suivant les expressions de témoins oculaires. A cette époque où le coton et l'indigo étaient cultivés sur une très petite échelle, la contrée n'était guère peuplée; aussi n'y eut-il pas mort d'homme, malgré la violence et la durée du tremblement de terre... En fuyant précipitamment au milieu des ténèbres, les habitants de la Hacienda de Jorullo avaient oublié un esclave sourd-muet. Un métis eut l'humanité de retourner, et put le sauver avant que l'habitation s'écroulât. Aujourd'hui encore on raconte qu'on trouva cet homme, un cierge bénit dans la main, agenouillé devant l'image de *Nuestra Señora de Guadalupe* ».

Humboldt ajoute, et c'est ici qu'il rencontre de graves objections :

« Tous les témoins oculaires racontent qu'avant l'apparition de la terrible montagne, les secousses et les bruits souterrains acquirent plus de fréquence, et que le jour même où se produisit le grand phénomène, on vit la surface du sol se dresser perpendiculairement. Toute la plaine se tuméfia, et forma des vessies, dont la plus grande est devenue le Jorullo. Ces sortes de bulles de dimensions très différentes, et en général d'une forme conique assez régulière, crevèrent plus tard, et vomirent une vase bouillonnante, ainsi que des masses de pierres scorifiées, qui se retrouvent encore à d'énormes distances, recouvertes de masses de pierres noires... [1].

« Le volcan de Jorullo et les cinq autres montagnes qui ont surgi en même temps sur la même faille sont situés de telle sorte qu'ils n'ont à l'est qu'une petite partie du Malpais [2]. Aussi le nombre des Hornitos est-il beaucoup plus considérable à l'ouest ; et lorsque le matin de bonne heure je sortais de la case indienne où j'avais passé la nuit, ou que je montais sur le Cerro del Mirador, je voyais le volcan noir se détacher d'une manière très pittoresque au-dessus des innombrables colonnes de fumée qui s'élevaient des Hornitos... [3].

---

1. *Loc. cit.*, p. 338.
2. Mauvais pays.
3. *Loc. cit.*, p. 341.

« Des milliers de petits cônes d'éruption, semés assez régulièrement sur la surface du Malpais, et qui ressemblent à des fours de boulangers, les uns plus arrondis, les autres plus allongés, ont en moyenne une hauteur de 4 à 9 pieds... Chacun de ces innombrables Hornitos est formé de sphères basaltiques d'où se détachent des écailles concentriques. J'ai pu souvent compter vingt-quatre et même vingt-huit de ces écailles. Les globes sont un peu aplatis comme des sphéroïdes. Le plus grand nombre ont de 15 à 18 pouces de diamètre; il y en a pourtant dont le diamètre n'a qu'un pied, d'autres dans lesquels il y en a trois... [1].

« En 1780, on pouvait encore allumer des cigares, en les attachant au bout d'un bâton, et en les enfonçant de 2 ou 3 pouces; en quelques endroits même, l'air était si échauffé par le voisinage des Hornitos, que l'on était forcé de faire des détours pour se rendre au but que l'on voulait atteindre. Malgré le refroidissement que, d'après les Indiens, la contrée a subi depuis vingt ans, j'ai trouvé le plus souvent dans les crevasses des Hornitos 93 et 95 degrés centigrades. Les vapeurs, faiblement imprégnées d'acide sulfurique, dépouillaient de leurs couleurs des bandes de papier réactif, et quelques heures après le lever du soleil, s'élevaient visiblement jusqu'à 60 pieds de hauteur [2]. »

Le 11 avril 1850, on assista de même dans la plaine de Léon, aux environs de Las Pilas, dans l'Amérique centrale, à la production d'une nouvelle montagne volcanique qui, le 14 novembre 1867, a été avoisinée par une production très analogue. D'abord, on entendit de Léon, qui est à 32 kilomètres de distance, une série d'explosions, puis on constata l'ouverture dans

1. *Loc. cit.*, p. 342.
2. *Loc. cit.*, p. 344.

le sol d'une fente de 800 mètres de longueur. Cette fente passe à peu près à égale distance du volcan de Las Pilas et du volcan d'Orota, dont l'origine remonte à une époque inconnue. Avant le lever du soleil, on vit des flammes sortir de cette crevasse et l'on entendit un grondement souterrain interrompu seulement de temps en temps par une violente explosion. Quelques jours après, deux cratères s'ouvraient sur la crevasse, à 300 mètres l'un de l'autre. Le plus méridional lançait ses projections verticalement; l'autre, sous un angle de 45°. Dès le 29, le voyageur Dickerson visita la région et reconnut que le cratère principal avait 60 mètres de diamètre. Le pays aux alentours était couvert de cendres sur un rayon de 80 kilomètres.

Nous verrons dans le chapitre : *Géographie volcanique*, bien d'autres exemples de cette formation contemporaine de volcans.

CHAPITRE IV

LA VULCANOLOGIE

Sommaire. — Ancienneté de l'étude des volcans. — Sociétés et observatoires vulcanologiques. — Histoire de l'Observatoire du Vésuve. — Courage des observateurs : Palmieri, Matteucci. — Les instruments, le laboratoire, la bibliothèque de l'Observatoire. — L'Observatoire de l'Etna.

Sociétés et Observatoires vulcanologiques. — Il y a bien longtemps que l'observation et l'étude des volcans a attiré l'attention passionnée des spécialistes séduits par la solution d'un merveilleux problème. Peu à peu, ce genre d'études a pris les apparences d'une science distincte, la Vulcanologie, qui a maintenant à sa disposition des moyens d'action très étendus. Des Sociétés vulcanologiques existent en plusieurs pays, et spécialement en Italie, et elles publient des mémoires qui sont déjà une source de documents précieux [1]. Il existe des observatoires spéciaux, installés dans les régions volcaniques, et des savants se condamnent à y séjourner d'une manière constante, afin de ne pas manquer une éruption, quelque inopinée qu'elle puisse être. On sent tout de suite à quel degré de dévouement à la science il faut s'être élevé pour assumer la responsabilité de diriger de semblables établissements ; à quelle grandeur d'héroïsme il faut être prêt, pour braver les périls toujours renou-

____

1. Par exemple, le *Bolletino del Vulcanismo italiano*. Rome.

velés des manifestations volcaniques; pour accepter parfois la réclusion qui peut être longue, la séparation du reste du monde dont vous isolent les coulées de lave et les pluies de cendres ! Il y a quelques années, M. Matteucci nous donnait un exemple de cette abnégation.

Il n'est pas sans intérêt de rappeler que l'Observatoire du Vésuve a une origine à laquelle la France est loin d'être étrangère. Il faut, en effet, la rattacher à la visite que le roi des Deux-Siciles, Ferdinand II de Bourbon, fit en 1846 à l'Observatoire astronomique de Paris, dont François Arago était le directeur. Ce grand homme, comme chacun le sait, était un grand cœur : il songea à tirer parti de la visite du roi, non pour lui-même, cela va sans dire, mais en faveur de Macedonio Melloni, un physicien qui s'était consacré à des études que, de son côté, Arago a poursuivies avec grand succès. Malheureusement Melloni s'était jeté dans des luttes politiques et avait été exilé de sa patrie. Arago fut si éloquent auprès du roi que Melloni rentra en grâce : non seulement l'arrêt de proscription fut rapporté, mais le banni reçut deux cents ducats par mois avec le titre de directeur de l'Observatoire du Vésuve, qui n'était pas terminé encore, mais dont Arago avait démontré la future utilité.

L'édifice fut achevé en 1847. Melloni ne sut pas en jouir longtemps. Il se laissa de nouveau aller à la lutte des partis et fut exilé une seconde fois. L'Observatoire lui-même partagea sa disgrâce et allait passer à l'état d'auberge pour les touristes, lorsque le météorologiste Luigi Palmieri obtint l'autorisation d'y poursuivre des recherches sur l'électricité atmosphérique. En 1855, ce savant reçut le titre de directeur de l'établissement, succédant à Melloni, mort en 1854, et il fit des travaux de la plus grande valeur. Il y montra les qualités dont je parlais. Lors de

l'éruption de 1872 il recueillit de précieuses observations, en dépit du scepticisme des guides dont parle
Joseph de Nittis.

Les gens de Naples ne semblèrent pas, d'abord, cette
année-là, avoir une idée nette du danger, car une
foule de curieux partirent de la ville, la nuit, et firent
l'ascension du cône pour assister au phénomène. Mal
leur en prit, car, à trois heures du matin, une explosion extrêmement violente se produisit : deux cratères
nouveaux s'ouvrirent à la cime du volcan ; des pierres
furent lancées à 1.300 mètres de hauteur et les cendres
allèrent pleuvoir jusqu'à Cozensa en Calabre à près de
240 kilomètres de distance. De nombreux spectateurs,
surpris par la coulée, furent ensevelis sous la lave...

L'Observatoire fut enserré entre deux bras de feu :
mais Palmieri resta à son poste.

Il garda ses fonctions jusqu'en septembre 1896 et
fut alors remplacé par Eugène Semnola, auquel suc-
céda le directeur actuel, M. Mattcucci.

Quand on fait l'ascension du Vésuve en partant de
Résina, on est séduit par la vue de l'élégant édifice
scientifique construit à 637 mètres au-dessus du
niveau de la mer et qui n'est éloigné du sommet de
l'Ottajano que de 2 kilomètres environ. On a eu soin
de l'établir dans un repli de l'Atrio del Cavallo qui est
désigné sous le nom de Col des Cantoreni et qui lui
procure une sorte d'abri contre les projections du cratère. Ce repli, d'ailleurs, a presque été comblé par
des coulées de lave dont quelques-unes sont venues
s'arrêter au pied du monticule que couronne l'Observatoire.

La visite de l'Observatoire est des plus intéressantes : on y trouve à côté de tout le matériel des
établissements météorologiques, la légion des instruments spécialement affectés à l'étude des volcans, des
séismographes de tous genres, des microphones, des
magnétomètres, des spectroscopes et un outillage

chimique très complet. L'analyse des produits volcaniques est évidemment une des branches les plus
nécessaires des recherches qui s'y poursuivent.

On admire aussi la bibliothèque où se sont donné
rendez-vous tous les ouvrages publiés sur les volcans
en général et sur le Vésuve en particulier et dont le
catalogue est maintenant considérable.

Un observatoire analogue a été construit à Catane
pour l'Etna ; il est bien à désirer que chaque grand
volcan soit prochainement pourvu d'un établissement
du même genre.

CHAPITRE V

LES DÉTAILS DE L'ÉRUPTION VOLCANIQUE

Sommaire. — *Séismes volcaniques*. La région de l'Etna. Observations du professeur Silvestri, de Catane. Crevasses volcaniques : une montagne qui se fend du haut au bas. — *Détonations volcaniques*. On les entend à d'énormes distances. Les bruits du Stromboli, décrits par Spallanzani. Les bruits de la Montagne Pelée. Etude des bruits à l'aide du microphone. — Conduction des ondes volcaniques par l'atmosphère et par l'eau. L'écroulement et la *titubation* des édifices, d'après un observateur de l'éruption du Vésuve en 1737. Effets de l'explosion d'une poudrière en 1871. Trajet des ondes atmosphériques après les explosions. — *Projection des cendres et des lapilli*. Hauteur de la colonne projetée. Le *Pin*. Un voyageur français sous une pluie de lapilli au Japon (éruption du Kirishima 1890). Les nuées ardentes de la Montagne Pelée. Vitesse et température des nuées ardentes. — Cendres en suspension dans l'atmosphère ; les crépuscules rouges. Eruptions de boue : le mont Kloet (1863). — *L'orage volcanique*. — *Gisement des lapilli et des cendres*. Edification du cône volcanique. Comment Pompéi fut ensevelie. Abondance des cendres. Effets de neige sur le Vésuve dus à la cendre blanche. Action des pluies sur la cendre. Etendues énormes recouvertes par les cendres. Inondations volcaniques. — *Ecoulement des laves*. La lave dans le cratère : Spallanzani l'observe au Stromboli. La lave du Kilauea : mer de feu ; jets immenses ; splendeur du spectacle (Lettres des Rév. Gulik et Titus Coan). Émission de la lave. Abondance de ses coulées en Islande. Courants de lave au Vésuve en 1905-1906. Cascades de lave. Faible conductibilité calorifique de la lave. Bizarreries de certains accidents. Sortie de lave solide formant l'aiguille de la Montagne Pelée. La lave dans la mer ; les ichthyolithes du Monte Bolca. — *Gaz des volcans*. Les flammes et les fumées des cratères. Stromboli et Kilauea. Les gaz des laves. Manière de les recueillir. Leur composition. La vapeur d'eau. Son aspect et sa pression dans une grande éruption (Vésuve 1822). Calculs sur la force explosive de la vapeur d'eau. Divers types d'explosions volcaniques.

1° **Séismes volcaniques**. — Personne ne conteste que les régions volcaniques soient spécialement exposées aux tremblements de terre, — ce qui ne veut pas dire que les deux phénomènes éruptif et séismique soient indissolublement liés entre eux. Il est facile, d'ailleurs, de concevoir, et on aurait prévu, que le sol crevassé par les travaux volcaniques doit subir fréquemment des tassements internes et d'autres déplacements produisant fatalement tous les effets superficiels des séismes proprement dits. On a essayé de définir une catégorie de tremblements de terre volcaniques, mais il va sans dire que cette catégorie ne se distingue pas absolument de l'autre (tremblement de terre tectonique) et se soude, en certaines circonstances, très intimement avec elle.

Par exemple, la région de l'Etna est fréquemment secouée de tremblements de terre remarquables avant tout par le peu d'étendue de la surface sur laquelle ils sévissent, et l'on reconnaît, avec certitude, que ces séismes sont distribués le long d'une ligne enveloppant le cratère, ou, plus exactement, circonscrivant la vaste région volcanique dont l'Etna est l'élément le plus visible et dont le centre est au voisinage des îles Lipari. Ed. Suess donne d'intéressants détails à ce sujet, qui a été étudié plus récemment par plusieurs observateurs.

Le tromomètre, que nous avons décrit à propos des tremblements de terre, procure, dans le voisinage des volcans, des indications précieuses. Le professeur Silvestri, de l'Observatoire de Catane, a publié, à cet égard, une série de tableaux concernant l'éruption de l'Etna, le 22 mars 1883. On y vit l'instrument en branle plusieurs jours déjà avant le phénomène. Les vibrations microscopiques commencèrent par une espèce de frémissement, puis elles s'accentuèrent et, peu à peu, devinrent presque continues : c'est le moment où l'éruption allait avoir lieu. Ensuite, on constata de temps à autre des paroxysmes et ensuite des périodes toujours courtes de repos apparent. Il faut noter que, pendant l'éruption même, le calme caractérise l'allure du pendule. Mais la cessation du flux de lave se signale par des vibrations qui coïncident avec les dernières poussées gazeuses.

Dans l'Amérique Centrale, un très violent tremblement de terre, éprouvé à partir du 19 décembre 1862, pendant plusieurs semaines successivement, sembla avoir eu pour foyer d'origine une bande très notable du sol portant les volcans célèbres d'Isalco, de Fuego et d'Attitlan[1].

Le géologue américain Dutton a admis la supposition de grandes cavités souterraines, qu'il a qualifiées de *maculas* et dans lesquelles peuvent s'écrouler des fragments parfois volumineux de l'écorce terrestre. Il serait facile de concevoir que le phénomène volcanique lui-même donnât antérieurement naissance à ces vides, justement par la projection au dehors des masses de matériaux qui constituent l'éruption. A cet égard, on pourrait faire état du peu de développement superficiel de ce genre de séismes et de leur échelonnement constaté le long de cassures du sol disposées concentriquement au foyer éruptif. Peut-être est-ce le cas pour le célèbre tremblement de la Calabre en 1783. Parfois, au contraire, les choses se passent comme si la montagne volcanique était traversée par une ou plusieurs géoclases rectilignes et radiales d'où partiraient les secousses, et c'est ainsi

---

1. SUESS. *La Face de la Terre*, I, p. 123, d'après J.-A. LIZARZABURU ; *Gaceta de Guatemala*, 1862.

que M. Silvestri émit l'hypothèse d'une crevasse recoupant au sud-ouest et au nord-est tout le massif de l'Etna.

Au séisme volcanique peuvent se rattacher les crevasses ouvertes dans le sol par l'éruption elle-même. Le 26 octobre, le mont Saint-Augustin, dans l'île de Cook's Sond (Alaska), se fendit du haut en bas en deux parties. La partie supérieure du fragment septentrional s'abîma dans la mer et donna lieu à une grande vague qui, vingt-cinq minutes plus tard, arriva à Port Graham, situé à l'extrémité sud-est de la baie.

2° Détonations volcaniques. — Un des faits les plus constants de la plupart des éruptions volcaniques, c'est la violence des détonations. Ainsi, les explosions du Krakatau (27 août 1883) furent distinctement entendues à Ceylan, en Birmanie, dans le Cambodge, à Doreh, en Nouvelle-Guinée, à Pesth, sur la côte occidentale de l'Australie; en résumé, sur toute la surface d'un cercle décrit de Krakatau comme centre avec un rayon de 30 degrés, soit 3.333 kilomètres.

En mai 1900, le bruit des explosions du Vésuve était tel qu'il a été nettement entendu dans toute la *Campania felice*.

M. Matteucci a écrit : « Je me suis tenu sur le Vésuve pendant trois jours consécutifs, du 11 au 13 mai 1900. Le 13, dans la matinée, on remarquait seulement une violente émission de vapeurs; mais vers midi, les explosions recommencèrent et devinrent bientôt d'une intensité extraordinaire. Du bord du cratère, j'en suivais parfaitement le mécanisme, lorsque je fus surpris par une explosion formidable qui fit pleuvoir, autour de moi, des myriades de blocs et de scories incandescentes auxquels je n'échappai que par miracle. Parmi les phénomènes les plus importants, j'ai noté l'incandescence complète du cratère et la multitude de bombes explosives qui éclataient en l'air pendant leur course. C'était un spectacle merveilleux[1]. »

M. Albert Brun visitant le Vésuve en septembre 1904, moment d'une éruption grave, écrit : « On distingue très bien l'explosion claire et vibrante de l'inflammation de l'hydrogène ». Et il ajoute : « Lorsque l'inflammation a lieu un peu profondément dans la cheminée le bruit est plus sourd. Il y a, en outre, le bruit de la détente des gaz inertes, vent très violent, continu, faisant rafale et d'une sonorité particulière[2]. »

« Spallanzani, qui a visité le Stromboli en août 1788, en a noté les bruits[3] : « En arrivant dans l'île, j'avais choisi mon logement dans une maisonnette située au nord et à un demi-mille de la mer, à deux du volcan... Les plus fortes explosions ressemblaient à celles d'une grosse mine qui jouerait mal, parce qu'elle aurait été en partie éventée. Chaque coup ébranlait mon habitation, et la secousse était proportionnée au bruit, non que la terre tremblât ; mais cette secousse avait sa cause dans la réaction de l'air, rompu subitement par les tourbillons de feu. C'est ainsi qu'un coup de canon fait trembler les fenêtres des maisons voisines et, quelquefois, les maisons elles-mêmes.

« Dans la matinée... la cime de la montagne était couverte d'un chapeau de fumée qui descendait plus bas encore que la veille. Les phénomènes étaient pourtant les mêmes ; mais le volcan paraissait plus courroucé ; son murmure était plus continu, plus profond » ; Spallanzani fit ensuite l'ascension de la mon-

1. *Comptes rendus de l'Académie des Sciences*, t. CXXXI, p. 964, 1900.

2. *Archives des Sciences physiques et naturelles*, t. XVII, nov. 1904, Genève.

3. *Voyage dans les Deux-Siciles*, trad. TOSCAN. Paris, an VII, t. II, pp. 4 et suiv.

tagne, observa de près le cratère, et constata que les explosions n'avaient point des intermittences régulières, comme on l'avait dit.

On entend aussi, dans les volcans, des grondements sourds, des contre-coups de chocs donnant l'idée de blocs tombant dans des matières molles.

En prêtant une attention plus grande, on saisit des bruissements très faibles, comme une sorte de halètement.

« La sortie d'une nuée ardente, dit M. Lacroix, était accompagnée par un sourd grondement dû à la production dans l'ouverture provisoire par laquelle devait se faire l'émission et l'écoulement des matériaux solides arrachés ainsi à la carapace du dôme. Ce grondement était parfois très nettement perceptible à 10 kilomètres du cratère, au sud-ouest de celui-ci; il était rarement isolé... Ces grondements nous tenaient en éveil à l'Observatoire, et c'est en partie grâce à eux que, pendant nos cinq mois d'observation, nous avons pu nous trouver à point pour assister à la sortie de presque toutes les nuées importantes... »[1]

Dès qu'on eût reçu d'Amérique la description du premier microphone, — c'était en 1878, — le professeur de Rossi transforma le nouvel appareil en un ausculteur endogène et l'appliqua à l'étude des bruits souterrains d'origine séismo-volcanique[2].

Les premières expériences furent disposées dans une grotte souterraine, située à Rocca di Papa et l'auteur nota attentivement les diverses catégories de sons observés. Ces catégories sont au nombre de cinq : roulements, crépitements, frémissements, détonations isolées et sons métalliques dits sons de cloche. Ces trois dernières variétés sont spécialement

1. *La Montagne Pelée et ses éruptions.* 1 vol. in-4°, Paris, 1904.
2. *Il icrofono nella meteorologia endogena.* Rome, 1878.

attribuables aux phénomènes souterrains, tandis que les deux premières doivent avoir des origines superficielles et peuvent être reproduites artificiellement.

Transporté à la solfatare de Pouzzolles, le microphone a donné de forts frémissements accompagnés de détonations (dites coups de mousqueterie), de sifflements, de souffles et de bruits semblables à celui que donne un frein sur les roues d'une voiture. L'auteur a réussi à reproduire tous les bruits entendus à la solfatare en plaçant le microphone sur un vase clos dans lequel on faisait bouillir de l'eau.

En comparant au Vésuve les observations faites simultanément au séismographe et au microphone, M. de Rossi a reconnu que les agitations des deux instruments se correspondent. En outre, à chaque qualité de mouvement séismique correspond un même son microphonique : les secousses verticales correspondent communément aux coups de mousqueterie, les horizontales aux frémissements.

3° Conduction des ondes volcaniques par l'atmosphère et par l'eau. — La commotion déterminée par l'éruption volcanique apporte une perturbation profonde dans l'équilibre des fluides (océan et atmosphère) qui en éprouvent le contre-coup.

Par exemple, les détonations volcaniques ont fréquemment déterminé des poussées de vent sous lesquelles les fenêtres et les portes se sont violemment ouvertes et auxquelles, parfois, des constructions n'ont pu résister, de sorte qu'on a attribué la ruine à un tremblement de terre. La preuve la plus nette de leur vraie nature, c'est que le choc d'air parvient en même temps que le bruit.

1. *Histoire du Mont Vésuve avec l'explication des phénomènes qui ont coutume d'accompagner les embrasements de cette montagne,* le tout traduit de l'italien de l'Académie des Sciences de Naples, par M. DUPERRON DE CASTERRA. Paris, 1741, in-18.

On trouvera une bonne description du phénomène dont il s'agit dans un curieux ouvrage relatif à l'éruption dont le Vésuve fut le théâtre en 1737. « Une chose très remarquable au plus fort de notre dernier incendie, c'est la détonation qu'on entendait assez souvent éclater dans le bassin de la montagne, surtout le Lundy vingtième de May. Alors on voyait crouler les édifices les plus fermes, non seulement dans Naples où leur *titubation* était affreuse, mais encore à la distance de quinze milles et même plus loin. A l'égard de cette *titubation* que l'on pourrait prendre pour l'effet d'un tremblement de Terre, nous devons observer qu'elle n'était causée ni par les secousses de la montagne, ni par les secousses des cantons voisins. C'est une vérité dont nous avons des preuves très sûres. Quelle était donc la cause d'une titubation si formidable? C'était l'air rompu par de nouveaux jets d'un feu très violent qui s'allumait d'heure en heure, comme on voit la poudre à canon s'enflammer et pétiller toujours avec un surcroît d'impétuosité lorsqu'à diverses reprises on en jette dans un brasier bien rouge. L'argument qui prouve que telle était la vraie cause du fait en question, c'est que dans la plus grande fureur de l'incendie, nous avons observé de Naples que la détonation du Vésuve et la secousse des maisons arrivaient toujours au même instant; mais que l'une et l'autre ne suivaient qu'après quelque intervalle ces violents jets de feu dont nous venons de parler et dont nos yeux étaient témoins. »

J'ai pour mon compte assisté en 1871 à des effets qui, bien que dérivant d'une cause artificielle, coïncident avec les précédents et en confirment l'explication. J'étais dans un appartement de la rue de Vaugirard, au coin de la rue Madame, au moment où fit explosion la poudrière du Luxembourg. La poussée du vent fut si violente que la fenêtre s'ouvrit toute grande et qu'une porte, située en face et qui était condamnée, c'est-à-dire fermée à clef, fut arrachée de ses gonds. En même temps, la maison subit un balancement si accentué que j'eus pendant un moment appréciable la sensation que le plancher s'effondrait.

Dans certains cas, les ondes atmosphériques déterminées par l'explosion volcanique ont fourni un trajet assez long, et lors de l'explosion du Krakatau (Iles de la Sonde), le 27 août 1883, elles firent, et sans doute plusieurs fois, le tour entier du globe terrestre. Aussi les baromètres de tous les pays les signalèrent-ils au passage par de brusques oscillations dont le mouvement a pu faire retrouver, avec une précision absolue, le moment du phénomène. C'est ce que M. Verbeek[1] a parfaitement mis en évidence et ce qui a été repris par plusieurs observateurs[2].

La même transmission s'est effectuée par la masse liquide de la mer, comme M. de Lesseps l'a montré par la comparaison des courbes données par les marégraphes comme ceux de Colon et de Panama[3], — comme aussi de Rochefort, de la Pointe-de-Galles et de Port-Louis. La vitesse de l'onde fut trouvée égale à 275 mètres environ à la seconde. Citons sur le même sujet deux notes d'Errington de la Croix[4] et un travail de M. Boussinesq[5].

Projection des cendres et des lapilli. — Les premières matières rejetées d'un volcan qui commence

---

1. *Archives Néerlandaises*, XX. 1883.

2. Voir par exemple C. WOLF. *Comptes rendus de l'Académie des sciences*, XCVIII, p. 177. — BAILLAUD. *Comptes rendus de l'Académie des sciences.* XCVIII, p. 349. — TACCHINI. *Comptes rendus de l'Académie des sciences*, XCVIII, p. 616.

3. *Comptes rendus de l'Académie des sciences.* XCVIII, p. 1172.

4. *Comptes rendus de l'Académie des sciences*, XCVII, p. 1575 et XCVIII, p. 1324.

5. *Comptes rendus de l'Académie des sciences*, XCVIII, p. 1251.

une éruption sont à l'état fragmentaire, avec les volumes les plus variables, depuis la poussière très fine désignée sous le nom essentiellement impropre de *cendres*, jusqu'à de gros blocs, parfois qualifiés de *bombes volcaniques*, en passant par des pierrailles parfois très abondantes et auxquelles on applique universellement la dénomination italienne de *lapilli* ou de *rapilli* [1].

On peut avoir une idée de la prodigieuse énergie avec laquelle ces matériaux pierreux sont projetés par le volume gigantesque de certains blocs et par la hauteur qu'ils ont atteinte.

Les cendres et les lapilli sont normalement lancés verticalement par le cratère et constituent alors une colonne qui peut avoir un grand nombre de fois la hauteur de la montagne. Parvenue aux altitudes où sa force vive s'est épuisée, la masse cesse de monter et alors elle s'étale (surtout par le temps calme) en un nuage horizontal et qui a tendance à la forme circulaire. Dans cet état, l'ensemble prend un contour qui a, comme on l'a vu, été comparé déjà par Pline à celui du pin et que les Napolitains appellent encore aujourd'hui du nom de cet arbre.

Les *bombes* sont des lopins de roches lancés tout fondus au travers de l'atmosphère et qui se solidifient avant de toucher le sol. De là vient qu'elles ont souvent une surface tordue et comme cordée (fig. 16). Parfois, elles subissent des craquellements superficiels qui leur donnent l'apparence de la croûte du pain (fig. 17).

L'horreur de la pluie de ces matériaux incandescents a été bien éprouvée et bien exprimée par un Français, M. Lelièvre, sous-Commissaire de la Marine, qui conta son aventure dans le Bulletin de la *Société*

---

1. HUMBOLDT emploie ce dernier mot comme synonyme de cendres : *Cosmos*, IV, 336.

de *Géographie commerciale du Havre*. Il s'agit d'une éruption, en 1890, du volcan Kirishima, dans l'île de Kiou-Siou au Japon. Notre voyageur, qui en voulait

Fig. 16. — Bombe volcanique cordée, du Puy de Lassolas (Puy-de-Dôme), 1/4 de la grandeur naturelle. — Cliché Aug. Robin.

faire l'ascension, partit de Kagoshina et commença à monter à partir de Matsunga :

« Aucun sentier ne mène au cratère. Après entente préalable avec mon guide, je décide de l'aborder par l'ouest; c'est le côté le moins élevé et le vent chasse les vapeurs sur l'autre versant. Je choisis un petit dos d'âne entre deux ravins où la pente me semble moins raide, et l'ascension commence. Ces ravins, espacés à l'origine d'une cinquantaine de mètres, finissent par se rejoindre au sommet. Ils sont peu profonds, mais dès les premiers pas, je m'aperçois qu'il est prudent de s'en éloigner : à chaque instant, sans cause apparente, une pierre se détache de leurs bords et roule silencieusement jusqu'au fond. Je me suis demandé depuis si ces éboulements mystérieux n'étaient pas dus à des trépidations imperceptibles de la montagne, trop faibles pour être perçues par le pied. A mi-chemin environ, j'abandonne mon guide qui, trop absorbé dans ses prières, marchait trop lentement à mon gré, et je continue rapidement mon ascension.

« Le sol sur lequel je marche est un tuf dur et glissant composé de cendres et de laves durcies. A quelques pas du sommet, la pente devient brusquement si raide que je me demande s'il ne serait pas prudent de rebrousser chemin, car je ne me sens pas sûr de pouvoir redescendre ; mais je suis si près du but que je me décide, malgré tout, à reprendre ma marche. Une simple arête de cendres dures, de quatre ou cinq mètres au plus, me sépare du cratère qui s'ouvre à pic de l'autre côté...

« Jusque-là je n'avais rien senti, rien vu, rien entendu. Le volcan garde le silence, pas un bruit ne sort de la terre. La pente étant très abrupte, je grimpe, le visage presque sur le sol. Je vais arriver au bord du cratère, je le touche... lorsqu'une détonation effroyable se fait entendre. Le bruit est si immense, il emplit tellement l'air que je ne lui assigne, tout d'abord, aucune direction. Mon premier mouvement est de me retourner vers mon guide, qui était resté assis loin derrière moi. Je le vois qui, les bras en l'air, s'enfuit de toute la vitesse de ses jambes. Je regarde alors vers le cratère : une colonne épaisse de vapeurs blanches, de fumée et de cendres grises monte vers le ciel, sillonnée de roches

en ignition, illuminée de lueurs rouges. D'un coup
d'œil, je calcule le point extrême où va s'abattre cette
pluie de projectiles: aucune illusion n'est possible :
il faudrait dix minutes, peut-être plus, pour être hors

Fig. 17. — Bombe volcanique, dite à *croûte de pain*, de la Montagne Pelée.
Échantillon au Muséum, 1/3 de la grandeur naturelle.

de danger, et, dans quelques secondes, le sol sera
couvert de pierres et de scories en feu. La fuite est
inutile; la mort certaine. Je tire ma montre : il est
8 h. 35'; avant une minute, tout sera fini. La colonne
monte, s'élève à plus d'un kilomètre; elle se recourbe

en une gerbe grandiose et, de tous côtés, part une
fusillade si puissante qu'elle couvre le grondement
même du volcan. Ce sont les rochers incandescents
qui éclatent dans l'air. La gerbe s'incline et tombe ;
c'est un moment effroyablement beau ; je me trouve
au centre d'une sphère de feu : le ciel, la terre disparaissent, et je n'ai plus devant les yeux, au-dessus de
ma tête et au-dessous de moi, qu'un immense voile
rouge qui se déploie comme le bouquet d'un inépui-
sable feu d'artifice. Il s'enroule. tourne, crépite.
tombe et... je reçois un éclat sur la tête. Je tourne
sur moi-même, je m'étale sur le sol, la face contre
terre, présentant le flanc droit au volcan. Je reste
immobile dans cette position. Pourquoi bouger? Mourir ici ou là, debout ou couché, qu'importe? Une grêle
de pierres s'abat sur mon dos qu'elle frappe comme une
volée de coups de bâton ; une pluie de grains de cendres agglomérées, gros comme des noix, me maintient
irrésistiblement cloué à terre. Autour de moi tombent des blocs incandescents qui creusent dans le sol
des trous profonds et me couvrent de leurs éclats.

« Quelques-uns de ces projectiles monstrueux ont
été cubés à la fin de l'éruption, et ce qui en restait,
après éclatement, ne mesurait pas moins de 200 mètres
cubes !

« Mais je ne devais pas mourir lapidé : la crémation
m'était réservée. Le cratère se met à dégorger un
torrent de cendres brûlantes, de pierres et de roches
incandescentes. En quelques secondes, le fleuve est
sur moi. Je porte la main à mes yeux pour les pré-
server et tâcher de mourir avec moins de souffrances.
Le torrent de feu passe sur mon corps ; je ne respire
plus que des vapeurs brûlantes ; les rochers s'amassent
sur mon flanc droit, qu'ils compriment lentement,
j'étouffe... lorsque, tout d'un coup, cet amoncellement, sans doute sous la poussée d'un bloc plus
vigoureux, se disperse, saute et rebondit sur ma

hanche gauche, qu'il écrase ; des éclats viennent me frapper au talon et à la main gauches qui sont atrocement blessés... et je me trouve debout, je ne sais comment. Puisque la mort a consenti à m'épargner, je vais tenter de fuir. Je laisse mon chapeau fumant à côté de mon parapluie ; je ramasse ma montre collée sur ma nuque dans un caillot de sang et je me mets à descendre lentement, péniblement, sous l'averse de pierres qui continue, au milieu des fumées qui m'aveuglent, des cendres et des fragments de roches qui dégringolent en cascades sur les flancs de la montagne et me roulent entre les jambes. Passant près de l'endroit où j'avais aperçu mon guide pour la dernière fois, je lance trois appels ; mais moi-même je n'entends pas ma voix et son corps serait étendu à mes pieds que je ne pourrais pas le voir dans ce torrent de poussière et de débris qui me monte jusqu'à mi-jambe. Je descends, mais où me diriger ? Avant de me lancer dans l'inconnu, je m'arrête de nouveau pour prendre quelques points de repère, et je recommence ma marche automatique. Encore quelques pas, et je vais me trouver hors de la zone dangereuse. Une détonation immense se fait entendre derrière moi, comme si la montagne entière s'effondrait dans un suprême cataclysme. C'est une deuxième explosion du volcan... Un dernier pas, un regard d'adieu au volcan et je suis hors de ses atteintes.

« J'entre dans la région herbue et broussailleuse qui l'entoure. Elle est toute en feu. La chaleur me suffoque et les flammes s'accrochent à mes vêtements en lambeaux, comme si la montagne faisait un dernier effort pour me ressaisir. Je descends dans un chaos de rochers éboulés, crevassé de profonds ravins et j'arrive enfin à la lisière de la grande forêt que le feu n'a pas entamée. Je trouve là une vague sente, à peine foulée ; je la suis, tout en pansant mes plaies avec mon mouchoir. Je croise plusieurs sentiers mieux tracés que le mien ; mais je ferme les yeux pour ne point les voir. Si je me suis trompé, si je m'égare, c'est la mort, car personne ne viendra me chercher dans le coin de cette forêt déserte où je serai tombé. A chaque pas que je fais, il me semble que c'est le dernier que je puisse faire. De dernier en dernier, je finis par déboucher dans une clairière qu'entoure un groupe de cryptomérias. Un homme qui passe m'aperçoit et m'aide à descendre l'escalier délabré qui conduit au village, pendant que son fils, un enfant, déchire sa ceinture et étanche le sang qui coule à flot de mes blessures. A la première maison, je me laisse aller épuisé sur le *tatami*. Je viens de faire huit kilomètres en deux heures. »

Le malheureux guide avait été tué. Le surlendemain seulement, pendant une accalmie de l'éruption, on put aller chercher le corps.

« La tête, séparée du tronc, avait été projetée à six mètres en avant, ce qui semble indiquer que la mort est venue le surprendre en pleine fuite, sans qu'il ait eu le temps de s'en apercevoir. Sa montre gisait à côté de lui, à moitié fondue. »

Une des particularités de l'éruption de la Montagne Pelée, mais dont il y a d'autres exemples, c'est que la projection des cendres, au lieu d'être verticale, a été fortement oblique à l'horizon. Ce fut là la cause de la destruction de la ville de Saint-Pierre.

M. Lacroix a observé ces *nuées ardentes* de vapeurs et de cendres incandescentes, et il en a donné la description :

« Au moment de son apparition, la nuée avait l'aspect d'une masse compacte de petite dimension, mais immédiatement elle se gonflait, prenait la forme d'un bourgeon mamelonné en forme de choux-fleurs ou de cervelles, creusé de circonvolutions nombreuses, à sinuosités profondes, qui allaient sans cesse en grossissant. Quand elle se produisait en pleine lumière, sa couleur était d'un gris roux foncé; elle était noire le soir, parfois incandescente la nuit. Elle était opaque avec un aspect très pierreux.

« A peine sortie, la nuée se précipitait le long du talus du dôme et s'engageait dans la vallée de la Rivière-Blanche pour se diriger vers la mer; son départ était si rapide qu'il nous a donné plusieurs fois l'illusion de la chute de l'aiguille, presque aussitôt d'ailleurs cachée par les vapeurs. La soudaineté de l'apparition, et la rapidité de la marche de ces nuées font comprendre la signification d'une phrase qui se trouve dans tous les récits des grandes éruptions faits par les gens du pays : « La montagne s'ouvre, la mon-« tagne se fend de part en part. »

« La nuée était le siège des mouvements de rotation les plus intenses; ses circonvolutions roulaient sans trêve les unes sur les autres, se dilatant à chaque tour; par suite, le volume de la nuée augmentait à mesure qu'elle progressait plus en avant, et bientôt elle constituait un mur vertical, atteignant parfois 4.000 mètres de hauteur, et s'avançant avec une majesté terrifiante dont on ne peut se rendre compte sans l'avoir vue.

« La vitesse de translation horizontale dépassait toujours celle du mouvement de dilatation, de telle sorte que, dans la vallée de la Rivière-Blanche, le front de la nuée roulait sur le sol, en précédant la partie postérieure toujours de plus en plus élevée.

« D'ordinaire, en touchant la mer, les mouvements de rotation à l'intérieur de la nuée s'accentuaient encore; on voyait les circonvolutions de la partie antérieure devenir plus serrées. Le haut de la nuée prenait souvent une forme en visière, faisant ombre sur la mer...

« Jusqu'alors la direction de la nuée était indépendante du vent ; mais, dès que sa vitesse initiale diminuait, le vent dominant entamait ce mur compacte, désagrégeait les circonvolutions et réduisait cette masse d'abord si dense « en un nuage fibreux de vapeur d'eau et de cendres, s'éclaircissant et se confondant peu à peu avec les nuages atmosphériques. Puis, pendant des heures et des heures, une fine chute de cendres se produisait dans la direction du Prêcheur (direction où poussait le vent dominant), ainsi qu'au large. »

La vitesse des nuées est variable, selon les éruptions. Pour plusieurs, elle a été de 50 mètres à la seconde pendant la partie la plus rapide de leur marche ; pour d'autres, la vitesse moyenne n'était que de 10 mètres. Elles se composaient d'un mélange intime, « une sorte d'émulsion » de matériaux solides, cendres, lapilli et blocs, en suspension dans la vapeur d'eau très abondante et dans des gaz, très difficiles à déterminer. Les apports solides des nuées faisaient des dépôts considérables, surtout de cendres fines et de lapilli. M. Lacroix cite un ravin encaissé par une falaise mesurant plus de 100 mètres de hauteur et qui se trouva presque entièrement comblé.

La température des nuées ardentes est fort élevée, surtout à leur sortie du cratère. Celles qui furent observées, d'octobre 1902 à mars 1903, avaient au maximum 1.100° C. Après un trajet de 6 kilomètres, la température était encore de plus de 200° C. Dans les grandes éruptions, alors que la vitesse des nuées était considérable, la température se maintenait nécessairement plus élevée, et c'est ainsi que s'expliquent tous les phénomènes calorifiques de Saint-Pierre.

Les cendres fines peuvent rester en suspension dans l'air pendant un temps prodigieux. En 1883, à la suite de l'éruption du Krakatau, ces poussières déterminèrent des effets météorologiques tout à fait remarquables. D'abord, dans la mer des Indes, puis sur une surface de la Terre progressivement croissante, on vit le ciel, lors de l'aurore, comme lors du crépuscule, prendre une couleur rouge d'une intensité inusitée. En même temps, et par un effet de contraste, le disque du Soleil à son lever et à son coucher et le disque de la Lune paraissaient verts. Après quelques mois, ces apparences se sont montrées dans des pays très éloignés du détroit de la Sonde; ils ont été en particulier très visibles à Paris.

M. Plumandon a étudié les crépuscules rouges dont il s'agit et, en octobre 1902, il a signalé des ciels du soir presque aussi brillants qu'en 1883. Même le 21 décembre 1903, vers 5 h. 1/2 du soir, il y avait dans l'atmosphère un éclat de cuivre rouge si brillant qu'on distinguait à peine le croissant de la Lune.

Suivant lui, les crépuscules 1902-1903 étaient les résultats lointains des éruptions de la Montagne Pelée. Ainsi qu'il le remarque, les crépuscules rouges n'ont pour ainsi dire pas cessé de se manifester par intermittences dans toutes les parties du monde, depuis 1883, à cause des nombreuses éruptions volcaniques qui ont alimenté les nuages de poussière.

La présence de cette poussière était d'ailleurs révélée par la formation de l'anneau de Bishop autour du Soleil. On sait qu'il est dû à la diffraction des rayons solaires par les poussières[1].

Une calamité dont les volcans menacent leurs environs, c'est l'éruption de boue, causée ordinairement par le déversement du lac enfermé dans le cratère et véritablement projeté avec les cendres, les lapilli et autres matières obstruant la cheminée. L'éruption du Kloet, à Java, en 1863, fut l'une des

---

1. *La Nature* du 23 avril 1903, n° 1613, p. 325.

plus extraordinaires de ce genre. Le cratère, fermé depuis 1848, se brisa en partie, répandant tout son contenu.

Alexis Perrey enregistre des rapports très précis sur cet événement, mais sans indiquer les auteurs.

« Vers minuit trois quarts, le mont Kloet commença à vomir un torrent de vase bouillonnante, au milieu d'un bruit de tonnerre, de décharges électriques et d'éclairs qui durèrent jusqu'à trois heures et quelques minutes, tandis que la pluie de cendres ne cessa qu'à quatre heures le lendemain.

« L'éruption et l'émission de boue étaient si violentes, la masse de cette vase bouillante était si grande, qu'au bout d'une heure et demie environ, elle avait atteint Blitar, chef-lieu de la division, situé à 15 kilomètres du volcan ; le courant était si brûlant que le pays était rempli d'une vapeur chaude [1]. »

L'orage volcanique. — Pendant que la colonne de cendres s'élève au-dessus du cratère, elle est le siège de phénomènes variés. L'un des plus souvent observés consiste dans la production de gigantesques éclairs qui témoignent d'une énergique production d'électricité. Celle-ci dérive vraisemblablement des frottements développés entre toutes les particules projetées.

Pline a décrit les éclairs du nuage de cendres s'avançant sur Misène. Lors des dernières éruptions du Vésuve (1905-1906), on vit dans les énormes colonnes qui s'élevaient du cratère avec un bruit assourdissant, des treillis d'incessants éclairs, surtout dans la partie moyenne, et se prolongeant du sommet de la Somma à la crête du Vésuve [2]. Des *étoiles scin-*

---

1. *Note sur les Tremblements de terre en 1863.* Extrait des *Mémoires de l'Acad. Roy. de Belgique.* Brochure in-8°. Bruxelles, 1865.

2. *L'Éruption du Vésuve en avril 1906.* Extrait de la *Revue Générale des Sciences* des 30 octobre et 15 novembre, p. 83.

tillantes, également des éclairs, étaient fréquentes dans les nuées paroxysmales de la Montagne Pelée. On les observait alors jusque dans les nuages entraînés au-dessus de Fort-de-France, c'est-à-dire à 25 kilomètres du cratère.

On peut ajouter que cette production a fréquemment des contre-coups météorologiques. Bien que les explosions puissent avoir lieu par tous les temps, on remarque cependant qu'elles coïncident souvent avec des perturbations atmosphériques et, d'après ce qui précède, on pourrait croire qu'elles les déterminent.

Suess a appelé l'attention sur des faits de ce genre[1] et l'on remarquera que le récent réveil du Pico de Teyde, à Ténériffe (novembre 1909), a été suivi du déchaînement d'un violent cyclone, causant de grands dégâts sur terre et de graves accidents sur les côtes, entre autres le naufrage d'un grand bateau de pêche jeté sur les rochers et dont tout l'équipage fut noyé. Très fréquemment aussi, l'orage volcanique développé dans la colonne de cendres occasionne des pluies torrentielles et boueuses qui augmentent, et souvent dans d'énormes proportions, les ruines des régions avoisinantes.

Les éruptions volcaniques ont souvent une influence sur l'aiguille aimantée, même à grande distance. C'est ainsi que le 8 mai, au moment de l'éruption de la Martinique, le magnétomètre de l'Observatoire de Zi-Ka-Wei, en Chine, indiqua une augmentation subite de la force magnétique, et pendant huit heures manifesta des signes d'agitation.

Gisement des lapilli et des cendres. — A mesure que la colonne s'élève, elle subit de la part de l'air un triage qui détermine d'abord la chute de ses matériaux les plus gros et successivement de ceux dont le grain est de plus en plus réduit. C'est de cette

---

1. Suess. *Das Antlitz des Erde*, t. I.

manière que se constitue autour de l'orifice de sortie, un mamelon annulaire qui est le germe du cône volcanique. Chaque éruption donne naissance à un nouveau cône et nous aurons à revenir un peu plus loin sur les conséquences de cette observation relativement à la structure des montagnes volcaniques et à la distinction qu'on peut faire entre les différents types de volcans.

Les cendres tombent à leur tour plus ou moins loin, et sur le cône même, quand il n'y a pas de vent. Leur chute constitue l'un des périls les plus graves des éruptions volcaniques. Après avoir enveloppé la région de ténèbres impénétrables qui parfois durent plusieurs jours, elles ensevelissent les objets sur le sol environnant, incendiant par leur haute température les matériaux combustibles et tuent les êtres vivants.

Elles se délayent dans la pluie volcanique pour faire des inondations de boue. Ce fut ainsi que périt Pompéi en 79, et ce fut pourquoi, sous cette couche, pour ainsi dire moelleuse, les vestiges de la cité romaine nous ont été si parfaitement conservés.

Les pluies de cendres du Vésuve, en avril 1906, ont reproduit en petit, et partiellement, pour Ottajano et San Giuseppe, la célèbre catastrophe. Ce fut d'abord la chute d'une poussière grossière provenant de la démolition du petit cône, édifié en avril 1905, dans le fond du cratère. Cette poussière noirâtre tomba jusqu'à Naples. La trituration des matériaux projetés puis retombés dans le cratère devenant de plus en plus complète, il ne se répandit plus, au bout de quelques jours, que de la cendre fine variant du rose au gris-blanc.

La teinte rose, selon M. Lacroix, résulte de l'oxydation du fer des minéraux ferrugineux, et elle peut se produire postérieurement à la chute : c'est ainsi qu'il a suivi à la Montagne Pelée la marche d'une modification de couleur de ce genre ; immédiatement après le passage d'une nuée ardente, le sol était couvert d'une couche de poussière fine, d'un blanc éblouissant ; mais, d'une façon constante, dès le lendemain, cette surface prenait une teinte rose qui s'accentuait très rapidement.

Les flancs du Vésuve se trouvèrent recouverts d'une couche si profonde de cendre blanche que c'était comme un paysage de neige. Cette cendre, très mobile, dans les premiers jours après sa chute, se modela en dunes sous l'action du vent. Lorsqu'elle a commencé à se tasser sous l'influence de la pesanteur et sous celle de l'humidité absorbée, l'érosion éolienne a produit un effet différent ; la surface, devenue immobile, a été alors abrasée, laissant apparaître des courbes de niveau.

Poulett Scrope-raconte que les cendres fines de l'éruption du Vésuve, en 1822, qu'il vit balayées le long de la montagne par des pluies torrentielles, se consolidèrent en une roche extrêmement dure et tenace, ne se cassant que sous un coup de marteau très sec ; évidemment, les particules en étaient agrégées par une espèce de cohésion comme la prise du mortier ou du ciment. Les couches de tuf durci qui recouvrirent Herculanum à la profondeur de cinquante à cent cinquante pieds furent, sans aucun doute, produites de cette façon par l'éruption de 79[1].

« L'action de légères pluies, dit M. Lacroix[2], suivant immédiatement la chute de la cendre ou l'accompagnant, a produit ce granulage, qui a été signalé déjà au cours de plusieurs éruptions du Vésuve (notamment en 1794 et en 1822). Je n'ai guère ren-

<hr>

1. *Les Volcans.* Trad. PIERAGGI. Paris, 1864, p. 176.
2. *L'Éruption du Vésuve en avril 1906.* Extrait de la *Revue Générale des Sciences* des 30 octobre et 15 novembre 1906, p. 59.

contré que des granules de la grosseur d'un grain de
mil et n'en ai jamais trouvé de la dimension d'un
gros pois, comme ceux qui étaient fréquents aux
Antilles et qui abondent dans les lits de cendres
recouvrant les ponces de Pompéi...

« *Quand les précipitations atmosphériques étaient
extrêmement abondantes, au cours d'une chute de
cendres, il se produisait une véritable boue, qui, dans
un stade intermédiaire avec le précédent, pouvait
même s'agglomérer en petits globules avant d'atteindre
le sol.* »

En 1906, la cendre fut distribuée au caprice du
vent, très irrégulièrement. A Naples, elle eut seulement 3 centimètres d'épaisseur, et causa cependant
l'effondrement de la toiture du marché, ce qui fit de
nombreuses victimes. Au pied du volcan, à Torre del
Greco, il y en eut 20 centimètres; 12 centimètres à
Portici, 10 à Résina.

Les cendres qui furent emportées à de grandes
hauteurs retombèrent fort loin du Vésuve. J'en ai
recueilli à Paris, sur le toit d'une maison du quai
Voltaire[1].

L'éruption du Pichincha, en 1534, couvrit de cendres
l'armée de Cortez, à une distance de cinquante lieues
du volcan. En 1600, au Pérou, celle d'Arequipa ensevelit, sous ses produits, toutes les maisons de trente
à quarante lieues à la ronde. En 1797, le Tunguragua,
près de Quito, remplit de la boue de son cratère-lac
des vallées de plusieurs milles de long, sur une largeur de 1.000 pieds, une hauteur de 600 pieds. Le
Timboro, dans l'île de Sumbawa, qui se réveilla
en 1815, vomit, pendant quatre ans sans interruption,
tant de scories et de cendres que les toits des maisons en furent enfoncés à quarante milles de dis-

---

1. Stanislas Meunier. *Comptes rendus de l'Académie des
sciences*, t. CXLII, p. 938, 1906.

tance. La ponce provenant de la même éruption formait, dans la mer, à l'ouest de Sumatra, une masse flottante de plusieurs pieds d'épaisseur et de plusieurs milles d'étendue, à travers laquelle les vaisseaux avaient peine à avancer. A 300 milles de distance, les cendres formaient des nuages dont le ciel était obscurci. Dans l'éruption de Coseguina (Amérique Centrale), en 1835, des cendres furent répandues en couches épaisses encore à une distance de 935 kilomètres. Et dans un rayon de 33 kilomètres, le sol était couvert de fragments sur une épaisseur de dix pieds. En 1842-1843, le Sangay, dans les Cordillères de l'Amérique du Sud, couvrit de cendres noires, sur une épaisseur de trois à quatre cents pieds, une surface ayant 16 kilomètres de rayon.

Les volcans neigeux, qui reçoivent sans cesse pendant les éruptions des pluies de scories rouges et autres matériaux incandescents, produisent des torrents brûlants charriant des débris pierreux et ajoutant encore aux calamités. L'énorme quantité de vapeur d'eau rejetée par le volcan suffit, sans neige, à produire ces inondations terribles.

Humboldt rapporte qu'en 1803, dans une seule nuit, toute la neige, sur l'immense cône du Cotopaxi, fut fondue et s'écoula en torrents d'eau chargée de cendres et de boue. Quelquefois, les lacs qui occupent les cratères nourrissent des poissons. En 1691, le volcan d'Imbambaru en rejeta une telle quantité que leur putréfaction donna la fièvre au voisinage. Quelquefois, la boue provenant de ces cratères contient tant de matière carbonée, provenant aussi des algues et autres plantes d'eau, qu'elle en arrive à s'enflammer.

Il arrive aussi que les cendres tombent dans l'eau, et c'est ainsi que la baie de Naples reçoit souvent celles du Vésuve. Alors elles se stratifient sur le fond inondé où elles peuvent, plus tard, être recouvertes par les vases ordinaires. Ainsi incluses entre deux lits sédimentaires et pouvant contenir des débris des animaux et des plantes vivant dans la mer ou qui y ont été charriés, elles reproduisent exactement les traits essentiels de ces formations géologiques de tous les âges qui sont qualifiées de *cinérites*. Ces cinérites, pour le dire en passant, ont constitué l'argument sans réplique en faveur de l'existence des volcans à toutes les époques géologiques. On sait que cette existence, aujourd'hui absolument démontrée, avait été dénoncée comme impossible par Elie de Beaumont[1].

Écoulement des laves. — Après que la projection des lapilli et des cendres s'est continuée un certain temps, un autre phénomène se déclare : la sortie de la lave.

Si l'on est monté sur le bord du cratère, on voit, dans la cheminée, osciller de haut en bas et réciproquement, la surface rouge de feu d'un banc de roche fondue. Les oscillations suffisent déjà pour démontrer que cette roche est en association intime avec des matières élastiques formant avec elle une véritable *émulsion*.

De temps en temps, de grosses bulles de vapeur viennent éclater sur le banc dont elles diminuent momentanément l'éclat. Peu à peu, la roche en fusion parvient à la surface du sol. Elle peut même s'élever plus ou moins dans le cratère et elle s'épanche au dehors.

Ou bien, elle s'ouvre dans la masse des lapilli une sorte de tunnel d'où elle surgit à l'état de coulée; ou bien, elle détermine par son poids énorme l'écroulement d'un des côtés du cône.

La coulée offre des allures fort diverses, suivant les

---

1. *Leçons de géologie pratique professées au Collège de France*, 1 vol. in-8°. Paris, 1845.

cas, étant plus ou moins liquide et se déplaçant sur une pente plus ou moins inclinée.

Donnons quelques exemples de ces faits, pour bien les préciser.

Lors de son étude déjà citée du Stromboli, Spallanzani trouva moyen de s'approcher du bord du cratère, et de s'y tenir, grâce à une petite grotte qui lui offrait un abri contre les pierres enflammées lancées par les explosions. Ce fut ainsi qu'il put voir la lave, pour ainsi dire chez elle :

« Les orles du cratère, amas confus de laves, de scories, de sables, ont une forme arrondie; leur contour est d'environ 340 pieds. Les parois intérieures vont en se rétrécissant depuis le haut jusqu'en bas; elles représentent un cône tronqué et renversé... En plusieurs endroits, elles sont incrustées d'une substance-jaune, qui paraît être du muriate d'ammoniaque ou du soufre. Le cratère, jusqu'à une certaine hauteur, est rempli d'une matière embrasée, liquide, semblable au bronze fondu : c'est la lave, elle-même agitée par deux mouvements très distincts, l'un circulaire, tumultueux, interne; l'autre agissant de bas en haut. La matière liquéfiée est soulevée dans le cratère avec plus ou moins de rapidité; parvenue à la distance de 28 ou 30 pieds du bord supérieur, elle éclate comme un coup de tonnerre. En ce moment, une portion de cette matière, déchirée en mille morceaux, est lancée dans les airs avec une vitesse inexprimable et un débordement de fumée, d'étincelles et de sable.

« Quelques instants avant l'explosion, on voit la surface de la lave se gonfler en forme de grosses bulles, dont quelques-unes ont plusieurs mètres de diamètre : ces bulles se rompent, et leur rupture occasionne la détonation et la projection des matières.

« Après l'explosion, la lave s'abaisse, elle fait peu ou point de bruit; quand elle s'élève et se gonfle, elle produit un murmure semblable à celui que fait un liquide qui bout à gros bouillons.

« Les matières de ces faibles éruptions retombent dans le gouffre, et leur collision avec la lave liquide produit un son semblable à celui que rendraient plusieurs bâtons qui frapperaient à plat la surface de l'eau. Dans les fortes éruptions, le volcan jette toujours, au dehors, une grande quantité de pierres.

« La rougeur des grosses pierres enflammées, qui ne sont que des laves scoriacées, se distingue à travers la lumière du soleil. Plusieurs se brisent en se heurtant, quand elles sont à une certaine hauteur. Plus près de leur point de départ, au lieu de se rompre, elles s'agglutinent quelquefois ensemble, à cause de la liquidité qu'elles conservent encore, et ne font plus qu'un seul corps.

« On peut compter sur quelques moments de repos entre les jets qui s'annoncent avec une extrême violence : les autres n'en accordent presque point. On croirait que les pierres que lancent les premiers tombent du ciel, si on ne savait d'où elles partent. Le bruit qui les accompagne est semblable à celui du tonnerre, et le nuage de fumée, épais et noir, qui plane sur la tête du spectateur, lui présente l'image de la tempête [1]. »

Et maintenant, transportons-nous dans l'hémisphère sud, à Hawaï, où nous verrons les plus gigantesques réservoirs de lave qui soient sur le globe.

Il s'agit du Kilauea, le cratère inférieur du Mauna-Loa, bassin ovalaire, de 4.500 mètres de longueur et de 2.250 mètres de largeur, où la lave fait des lacs ou des mers de feu.

« On monte par des espèces de gradins jusqu'aux bords du cratère. Le spectacle que l'on découvre laisse une impression solennelle de calme et de repos.

____

1. *Voyage dans les Deux-Siciles*, trad. TOSCAN.

L'approche d'une éruption ne s'annonce pas par des tremblements de terre ou des bruits souterrains, mais par ce signe que la lave s'élève et s'affaisse soudainement, lorsqu'il s'en fallait quelquefois de 300 à 400 pieds qu'elle atteignît le bord supérieur du grand bassin... Si le grand bassin de Kilauea, qui forme le cratère inférieur et secondaire de Manau-Loa, menace quelquefois de déborder, jamais, cependant, il n'a débordé de façon à produire une véritable coulée de lave. Ce qui fait l'effet de coulées, c'est que la lave descend à travers des canaux souterrains et s'échappe par de nouvelles ouvertures éruptives qui se forment à la distance de quatre ou cinq milles géographiques, par conséquent, sur des points beaucoup moins élevés. Le niveau s'abaisse dans le bassin de Kilauea, à la suite de ces éruptions, déterminées par l'énorme pression qu'exerce la lave[1]. »

Et voici un autre récit plus circonstancié, le passage d'une lettre[2] écrite le 25 juillet 1863 par un missionnaire américain, le Rév. Gulik au géologue Dana, qui fit lui-même une étude de cette région :

« Cette fois, nous avons vu le lac tel que les voyageurs le dépeignent depuis plusieurs années. Il n'est cependant pas arrivé souvent, je pense, qu'on l'ait trouvé plus actif. De différentes cavernes, situées de ce côté du lac, s'échappent continuellement, en bouillonnant et en écumant, des flots de matière embrasée qui, comme les vagues de l'Océan, viennent en lames de feu se briser sur les rochers des bords du lac. A des intervalles, tantôt de quelques secondes seulement, et tantôt d'une demi-minute, une immense fontaine jaillissante se fait jour au milieu du lac et soulève autour d'elle une crête de lave rouge qui n'a pas moins de 10 à 12 pieds de hauteur, tandis que de plus petites

____

1. HUMBOLDT. *Cosmos*, trad. GALUSKY. Paris, 1859, IV, p. 349.
2. Citée par A. PERREY.

masses laviques sont projetées jusqu'à 20 et 30 pieds. Tout le lac, excepté à l'endroit où jaillit l'ébullition, était couvert d'une croûte scoriacée ou d'écume de couleur pâle de plomb, ressemblant assez à celle qui se forme à la surface d'un fourneau rempli de métal en fusion. Cette croûte était dans un mouvement continuel, et de divers points les matières superficielles se dirigeaient vers les centres d'ébullition; à leur arrivée dans ces foyers de plus grande activité ignée, elles étaient consumées en un instant et réduites en lave fondue. Des changements incessants se manifestaient dans les différentes parties de cette croûte, qui flottait à la surface de la matière liquide. De petites pierres qu'on y jetait ne s'y enfonçaient que lentement et partiellement, comme dans la boue.

« ... D'immenses jets de feu, dont nos plus grands feux d'artifice ne peuvent donner une idée, s'élançaient tantôt sur un point, tantôt sur un autre, et souvent sur trois, quatre ou cinq points du lac à la fois. A des intervalles irréguliers d'une ou deux minutes, un petit cône de 12 à 15 pieds de hauteur s'élevait à la distance d'une quarantaine de pieds du lac, avec un fracas qui aurait fait croire à la présence de dix mille démons dans ses entrailles. Ces bruits, comme les jets de matières ignées, semblent dus au dégagement de la vapeur et des gaz.

« Nous restâmes une heure et demie à admirer ce spectacle, puis nous retournâmes à notre station, située à une distance de 4 milles sur le bord de cet immense cratère. »

Dans les grandes éruptions, l'émission de la lave se fait souvent par d'énormes ouvertures ou par un grand nombre de bouches. Ainsi, en 1536, douze cheminées s'ouvrirent successivement sur l'Etna, l'une au-dessous de l'autre, sur le même rayon. En 1669, le flanc de la même montagne fut déchiré depuis le sommet, sur les deux tiers de sa hauteur. Il en jaillissait ce torrent de lave qui inonda Catane et s'avança à plus d'un kilomètre en mer. En 1809, du bord du cratère partit une longue fissure, laissant échapper de la lave par de nombreux orifices. Pendant l'éruption de 1811-1813, un témoin oculaire, Gemellaro, observa que « la lave, qui montait toujours, avait presque atteint le sommet de la montagne par l'orifice central ; une secousse d'une violence inusitée se fit sentir, et un torrent de lave jaillit du cône à très peu de distance du sommet ». Il s'ouvrit ensuite sept ouvertures, les unes au-dessous des autres, toutes sur la même ligne, du sommet à la base [1].

L'Islande, qui n'est pour ainsi dire qu'un immense volcan, produisit en 1783 une énorme quantité de lave qui jaillit de trois sources ouvertes dans une plaine au pied du cône de Skaptar-Jokul, à la partie orientale de l'île. Ces ouvertures, à des distances presque égales les unes des autres, étaient sur une fissure dont la longueur, entre les sources extrêmes, était au moins de 160 kilomètres. La lave qui en sortit couvrit une étendue de plus de 650 kilomètres carrés. Une quatrième source s'ouvrit dans la mer, sur le prolongement de la même ligne, créant une île bientôt réduite à des bas-fonds.

Lors des dernières éruptions du Vésuve, en 1905-1906, M. Lacroix[2] fit une étude spéciale de l'allure de la lave à sa sortie du volcan et pendant son refroidissement.

« Ce n'était point la fissure elle-même, mais un tunnel de lave, situé un peu au-dessous. L'ouverture avait un peu plus d'un mètre carré. Le magma incandescent en sortait rapidement, avec une vitesse de

---

1. Poulett Scrope. *Les Volcans*, trad. Pieraggi. Paris, 1864, p. 162.

2. *L'Éruption du Vésuve en avril 1906*. Extrait de la *Revue Générale des Sciences* des 30 octobre et 15 novembre 1906, pp. 22, 27 et suiv.

6 mètres à la minute et avec une pression suffisante
pour former un bombement très marqué au-dessus
de la bouche d'émission. Il constituait un ruisseau
rectiligne, descendant sur la pente très raide du cône.
Pendant les 25 premiers mètres environ, sa surface était étirée dans le sens de l'écoulement. La
fluidité était assez grande pour qu'il fût possible d'enfoncer facilement un bâton dans la lave en marche ;
mais de gros blocs de roches lancés sur cette masse
en mouvement ne s'y enfonçaient pas : ils s'y sou-
daient seulement d'une façon assez solide pour être
entraînés par le courant et s'y maintenir malgré l'inclinaison de la pente. Au delà des 25 premiers mètres,
on voyait apparaître à la surface des scories solidifiées,
aussitôt entraînées vers les bords, où elles formaient
une moraine ; celle-ci augmentait rapidement d'épaisseur, limitant de plus en plus la partie centrale, libre
de scories, qui, à une centaine de mètres du point de
départ, était entièrement cachée ; la surface de la coulée était alors uniformément couverte par un train
de scories incandescentes et fumantes. La lave s'écou-
lait sans projection, sans effort, d'une façon continue ; mais, à un moment donné, nous vîmes sortir
de l'orifice un énorme caillot qui émergea d'abord
à moitié, puis, entraîné par le courant, s'enfonça à
nouveau dans le magma en marche, laissant derrière
lui un bourrelet qui, de circulaire, ne tarda pas à se
déformer et à se confondre peu à peu avec les scories
d'étirement de la lave ambiante ; c'était là une grosse
enclave de lave antérieure, une pseudo-bombe. Cette
coulée descendait vers le Colle Umberto, au pied
duquel elle s'étalait en un lac de feu. C'était un spectacle admirable que celui de ce torrent incandescent
et des projections stromboliennes, dont les gerbes
embrasées d'un rouge vif s'élevaient du cratère au-
dessus de nos têtes... »

Le moindre obstacle ralentit la marche du courant

de la lave. Celle-ci alors s'élève et s'accumule sur elle-même jusqu'à ce qu'elle puisse tourner ou surmonter l'obstacle.

« C'est pour cela, dit Poulett Scrope, qu'en Auvergne, qu'au Vivarais, et que dans les autres districts volcaniques où des gorges étroites et sinueuses ont été obstruées par des courants descendants de lave, sur une étendue assez considérable, chaque coude concave se trouve rempli d'une masse volumineuse de basalte, pendant que les sections intermédiaires n'offrent que des bandes comparativement étroites et peu profondes. C'est aussi pour la même raison que si l'obstacle est d'une grande hauteur, et tel qu'il ne puisse pas être tourné, mais doive être surmonté par le courant, l'accumulation nécessaire atteindra souvent à ce point un niveau plus haut que la surface du courant en arrière, de façon à faire croire que le courant a coulé en *montant*. La cause en est que la croûte durcie agit comme un canal couvert, dans lequel le liquide s'élève vers le niveau de son point de départ, comme l'eau dans un tuyau[1]. »

Quand la lave s'écoule en cascade, elle est très brillante, flamboyante, d'éclat changeant comme un brasier, à cause des crevasses qui s'ouvrent dans la pellicule extérieure.

A la surface, très rapidement durcie, à cause de l'immédiate expansion et du dégagement abondant de la vapeur d'eau, il se produit des fissures, d'où souvent jaillit de la lave encore incandescente qui à son tour se solidifie puis se craquelle superficiellement, de façon que la vapeur continue de s'échapper. Il y a des frictions considérables et la surface des laves continuant de s'épaissir, elle se brise en croûtes grossières, en dalles scoriformes, irrégulières, semblables pour la forme aux glaçons des cours d'eau

____

1. *Les Volcans*, trad. PIERAGGI. Paris, 1864, p. 86.

gelés ou des mers boréales. Des masses incohérentes de lave peuvent ainsi s'élever de 10 à 15 mètres au-dessus du niveau. De là ces noms de Serres, Cheires ou Sciaras, pour désigner ce hérissement en forme de scie des grands courants de lave.

La conductibilité calorifique est faible. De là mille effets en apparence bizarres.

Parfois, des arbres entourés par la lave, à peine carbonisés à leur base, peuvent quelque temps demeurer verts.

Mais, le plus souvent, les arbres sont complètement incendiés et produisent des flammes que de loin on peut prendre pour celles de la lave elle-même. Cependant si les troncs sont rapidement enveloppés par la lave, les branches seules flambent, le tronc se carbonise, laissant parfois, quand il est postérieurement enlevé, un tube cylindrique dans la lave solidifiée. Le Muséum d'histoire naturelle possède un de ces tubes, provenant d'un palmier consumé dans une lave de Bourbon. Dana, qui vit des forêts d'Hawaï traversées par des laves vitreuses du Kilauea, constata de nombreuses stalactites d'osidiennes suspendues à des branches sur lesquelles on voyait à peine des traces de la chaleur.

Toujours par suite de sa faible conductibilité, l'intérieur d'un courant de lave retient souvent une très haute température longtemps après son émission, ainsi que l'indique la vapeur qui se dégage par les crevasses. Plus la masse est épaisse, plus l'intérieur se solidifie et se refroidit lentement. Au bout de plusieurs années, la chaleur est parfois assez forte pour que s'embrase un bâton introduit dans les crevasses les plus profondes. Là où, comme en Islande, il y a des courants d'une profondeur de 2.000 mètres[1], des siècles peuvent s'écouler avant que le refroidisse-

---

1. *Les Volcans*, trad. Piëraggi. Paris, 1864, pp. 85 et 86.

ment soit complet. Aussi la partie inférieure d'une puissante coulée, ayant mis beaucoup de temps et de régularité à se solidifier, se montre, lorsqu'il y a eu dénudation, plus uniformément divisée par des fissures de retrait que ne l'est la partie supérieure : d'où la structure prismatique des *colonnades basaltiques*, que l'on observe, par exemple, en Auvergne et dans le Vivarais.

Demeurant liquide, la lave peut rester longtemps en mouvement à sa partie inférieure. Poulett Scrope en fit l'observation sur un courant de lave dont l'émission avait cessé depuis neuf ou dix mois.

Au cours de l'éruption de la montagne Pelée en 1902, un très remarquable dôme d'andésite se trouva édifié dans la caldera de l'étang sec. Sa formation fut étudiée par M. Lacroix.

« J'ai eu la chance, dit-il, de pouvoir, d'octobre 1902 à mars 1903, assister aux stades successifs et décisifs de ce phénomène, de pouvoir les décrire et en donner une explication rationnelle. L'évolution de ce dôme a continué depuis lors sans modifications capitales et continue encore. »

Le point culminant de la montagne s'en trouva complètement changé et prit les formes les plus diverses, surtout lorsqu'une aiguille commença de s'y former grandissant par moments à vue d'œil. D'après l'auteur, l'aiguille a commencé son ascension dans la nuit du 3 au 4 novembre, par la localisation de la poussée dans la région la plus méridionale de l'arête en voie d'évolution ; ce point avait alors une altitude d'environ 1.343 mètres. L'ascension a été extrêmement rapide, car le 24 novembre, le sommet atteignait une altitude de 1.575 mètres, ce qui correspond à une montée moyenne de plus de 10 mètres par vingt-quatre heures, mais avec des accentuations très marquées ; c'est ainsi que du 9 au 12 l'ascension a été de 60 mètres.

Après l'élévation maximum atteinte le 24 novembre 1902, il y eut des écroulements alternant avec des remontées brusques ne compensant pas les pertes. Le 6 février au soir, l'altitude de l'aiguille n'était plus que de 1.424 mètres. A partir du 7 février, nouvelle phase d'ascension, — toujours avec des chutes, — aboutissant au maximum de 1.608 mètres atteint le 6 juillet. Ensuite une série d'écroulements ramenait le sommet de l'aiguille à 1.380 mètres (10 août 1903). Les écroulements continuèrent; la montagne se modifia, encore une nouvelle aiguille s'érigeant, des bourgeonnements se produisant en de nombreux points du sommet du dôme.

On peut calculer, selon M. Lacroix, que si l'aiguille n'avait subi aucun écroulement depuis le 3 novembre 1902 jusqu'au 4 juillet 1903, jour de sa plus grande hauteur, elle eût atteint à cette dernière date une altitude d'au moins 2.200 mètres de hauteur; la hauteur de la colonne d'andésite qui a fait extrusion a donc été d'environ 850 mètres. En admettant que cette aiguille ait eu une forme parfaitement cylindrique avec 150 mètres de diamètre, on voit que le volume des roches écroulées dans la Rivière Blanche ou enlevées par les nuées ardentes pendant cette période à la seule aiguille n'a pas été inférieur à quinze millions de mètres cubes.

Au dire de Lyell [1], on a trouvé de la glace solide sous la lave de l'Etna. Cette glace avait été sans doute protégée contre la lave par une couche de sable et de scories; peut-être aussi étant en masse puissante, avait-elle déterminé une solidification rapide de la lave en contact avec elle, produisant ainsi une cloison mauvaise conductrice de la chaleur.

Lorsqu'un courant de lave descend dans la mer, il n'y a point d'explosions violentes, comme on pourrait

---

1. *Les Volcans*, trad. PIERAGGI. Paris, 1864, p. 94.

se le figurer. L'eau qui rencontre la lave incandescente est bien vaporisée, mais il se produit aussitôt une solidification superficielle qui adoucit les contacts, malgré les gerçures de la croûte solidifiée émettant encore des torrents de vapeur, jusqu'à refroidissement complet. Cependant l'eau de la mer s'échauffe et ses habitants s'en trouvent fort mal. C'est ainsi que l'on voit sur les plages des échouements considérables de poissons morts. Des auteurs ont émis l'avis que les ichtyolithes du Monte-Bolca ont une telle origine. Le calcaire tertiaire dans lequel les poissons sont conservés est, en effet, recouvert d'une couche de basalte et de pepérino calcaire. Il y eut là une éruption sous-marine, mais rien ne prouve qu'elle ne soit pas postérieure à l'enfouissement des poissons dans la vase.

Gaz des Volcans. Vapeur d'eau. — Nous avons vu que la lave, pendant son ascension dans la cheminée du volcan, se signale d'après son aspect comme constituant une association intime, une sorte d'émulsion avec des matières élastiques qui s'échappent déjà dans le cratère en bulles énormes.

Il faut donc insister sur le rôle des gaz et des vapeurs dans le phénomène volcanique. Dans les régions à volcans, le sol laisse échapper de toutes parts des jets gazeux et on a même constaté que les diverses phases traversées par une même éruption pourraient être caractérisées par la prédominance de tel ou tel fluide élastique.

Vu de loin, un volcan en activité apparaît bien comme une source de gaz plus ou moins enflammés. Voici sous quel aspect le Stromboli se présenta d'abord à Spallanzani :

« Etant parti de Naples pour me rendre en Sicile, le 24 août 1788, et ayant dépassé à l'entrée de la nuit les bouches de Capri, je commençai à découvrir ce phénomène, bien que j'en fusse encore éloigné de cent milles. Il apparaissait comme une légère bouffée de flamme qui, à l'improviste, frappait mais faiblement les yeux, durait deux ou trois secondes, et disparaissait tout d'un coup. Au bout de dix ou douze minutes, la flamme reparaissait, puis s'éteignait... Les matelots regardaient ces feux avec plaisir; ils me disaient que, sans leur secours, ils courraient souvent risque, dans les nuits obscures et orageuses, ou de faire naufrage en pleine mer, ou de se briser sur les côtes voisines de Calabre.

« Quand le jour fut venu, je me trouvai très près de l'île volcanique. La vive lumière du soleil avait fait disparaître la lumière du volcan; je ne voyais plus à la place de ses flammes que des fumées qui suivaient, dans leur apparition intermittente, les mêmes intervalles de temps...

« Les fumées épaisses, abondantes, qui correspondent pour l'ordinaire avec des éruptions plus violentes et plus fréquentes, n'accompagnent pas seulement les vents de sud-ouest, de sud-est, ou de sud, mais elles les devancent de quelques jours. C'est par leur apparition que les habitants de l'île annoncent les temps favorables ou contraires à la navigation... Au reste, ces présages vrais ou faux ne sont pas le résultat des observations modernes des insulaires : on les retrouve dans l'antiquité la plus reculée[1]. »

Une coulée de lave récemment sortie du sol fume abondamment. Quand la coulée est refroidie, on peut y retrouver facilement des témoignages de la présence des gaz et du rôle qu'ils y ont joué en remarquant l'existence en divers points de cavités sphéroïdales qui ne sont que le moulage de bulles n'ayant pu se dégager de la roche déjà devenue trop pâteuse. Ces

---

1. *Voyage dans les Deux-Siciles*, trad. Toscan. Paris an VIII, t. II, p. 4.

cavités ont la même origine en somme que celles de
la mie de pain auxquelles elles ressemblent d'une
manière intime.

« Ces ampoules démontrent fort bien, dit un vieux
livre[1], non seulement que la matière qui les cache
fut autrefois liquide, mais encore que la même
matière bouillonnait dans son état de fusion, et qu'en
bouillonnant, elle s'endurcit peu à peu jusqu'au point
de garder pour jamais dans son cœur les marques de
son effervescence. »

Ce qui confirme cette notion, c'est qu'une coupe
entière de la coulée montrerait que toutes les cavités
sont réunies dans la partie supérieure, le poids de la
roche ayant suffi pour chasser les gaz des parties
basses qui ont été comprimées pendant le cours du
refroidissement.

Les observateurs se sont préoccupés depuis longtemps de déterminer la composition des matières
gazeuses émises par les volcans et qu'on a souvent
réunies sous la dénomination de fumerolles.

Il a fallu avant tout imaginer des méthodes et des
appareils propres à la récolte et à la conservation de
ces substances et on doit citer d'une manière spéciale
les travaux dans cette voie de Fouqué[2] et plus récemment de M. A. Gautier[3].

Il est facile de constater que les émanations
gazeuses des volcans sont loin d'avoir la même
composition. Il y en a qui se signalent par leur
odeur : dans le nombre, on reconnaît tout de suite
le gaz chlorhydrique et le gaz sulfhydrique. D'autres
sont combustibles. C'est pourquoi l'on a pu voir ces
flammes sortant non seulement des cratères, mais

---

1. *Histoire du Mont-Vésuve par les Académiciens de Naples*,
in-18, p. 189. Paris, 1741.

2. *Santorin et ses Éruptions*. 1 vol. in-4°. Paris, 1878.

3. *Comptes rendus de l'Académie des Sciences*, CXLIX, p. 245,
21 juillet 1909.

encore des fissures : il en sortit, par exemple, des crevasses du sol, lorsque s'érigea, le 19 novembre 1867, le volcan nouveau étudié par Dikerson. Il s'en est présenté bien des fois au Vésuve. En septembre 1904, on a remarqué que la coulée de lave qui s'échappait de ce volcan pétillait et laissait échapper de la fumée[1].

Nous aurons à revenir plus loin sur la composition et sur les propriétés de ces dégagements dont la considération sera tout à fait nécessaire pour l'établissement de la théorie volcanique. Pour le moment, il suffira de dire que leur volume est parfois gigantesque. On ne peut pas attacher une idée de précision absolue aux chiffres donnés. Cependant Fouqué calcula qu'en 1865, le cratère de l'Etna a dû rejeter une quantité de vapeur d'eau correspondant à 2.000 mètres cubes de liquide.

M. le capitaine Vernier, dans un travail relatif à la destruction de Saint-Pierre, développe une formule qui lui permet de calculer la température à laquelle il faut porter l'eau pour avoir le même potentiel qu'un explosif connu[2]. Si on choisit le potentiel de l'acide picrique, on trouve que la température doit être portée à 767 degrés, ce qui n'a rien d'inacceptable, étant donnée la température des roches des volcans. « Dans ces conditions, dit l'auteur, si toute la chaleur était transformée en travail, 1 kilogramme d'eau pourrait, comme 1 kilogramme d'acide picrique, produire 319 tonneaux-mètres, c'est-à-dire l'énergie nécessaire pour soulever à 1 kilomètre de hauteur un poids de 319 kilogrammes. Un mètre cube d'eau produirait le travail nécessaire pour élever plus de 30 tonnes à 10 kilomètres de hauteur. Ajoutons que

1. ALBERT BRUN. *Archives des Sciences physiques*, novembre 1904. (Genève).

2. On sait qu'on entend par potentiel d'un explosif le travail maximum d'un kilogramme de cet explosif.

le potentiel ne dépend que de la température et que si le travail maximum reste le même, les manifestations extérieures peuvent cependant être très différentes suivant le volume de l'enceinte (cheminée volcanique, par exemple) dans laquelle a lieu l'explosion. Plus ce volume est petit, plus la pression est considérable; théoriquement celle-ci serait *infiniment grande*, si l'eau était vaporisée dans son propre volume[1]. »

M. Matteucci a fait des calculs analogues[2].

La plus grande hauteur atteinte par les bombes et les scories a été de 537 mètres, à partir du fond du cratère, — lors de l'éruption de 1900 au Vésuve. Le plus grand des blocs lancé le 9 mai mesurait environ 22 mètres cubes, avec un poids approximatif de 30 tonnes. Ce bloc a mis 17 secondes pour parcourir sa trajectoire entière, tombant sur le sol avec une vitesse d'au plus 80 mètres à la seconde.

La force vive des vapeurs qui l'ont projeté peut être évaluée à 45.599.635 kilogrammètres, soit 607.995 chevaux-vapeur.

Les géologues ont distingué plusieurs types d'explosions volcaniques, déterminés par l'état physique du magma, c'est-à-dire par son plus ou moins de fluidité ou de viscosité au moment de l'éruption.

Le magma le plus fluide que l'on connaisse, car il coule presque comme de l'eau, est le magma basaltique des volcans d'Hawaï; il est émis sans explosion violente, comme un jet de fontaine, avec accompagnement de vapeurs légères; c'est un liquide opaque, à couleur orangée en plein jour. Il fournit un type d'explosions que MM. Friedlander et Aguillar ont désigné sous le nom d'*hawaïen*.

---

1. *Note au sujet des circonstances de la destruction de la ville de Saint-Pierre le 8 mai 1902;* brochure in-8° sans lieu ni date.

2. *Comptes rendus de l'Académie des sciences*, CXXXI, p. 963, 1900.

Moindre est la fluidité du magma basaltique de Stromboli. « Des dégagements gazeux, dit M. Lacroix, déterminent de violentes explosions, lançant dans l'air des portions de magma pâteux, qui tantôt retombent sur les bords du cratère, imparfaitement consolidées, et s'y aplatissent comme de la bouse de vache, tantôt planent dans l'air et retombent sous forme de scories, qui, quelles que soient leurs dimensions (blocs ou fines poussières), sont limitées par des surfaces fondues. Les fragments de roches déjà consolidées, englobés par le magma, servent de centre à ces bombes de structure pyriforme, données dans tous les traités de géologie comme type des bombes volcaniques alors qu'en réalité elles ne constituent qu'un cas particulier de celles-ci. Je désigne avec M. Mercalli ce type d'explosions sous le nom de *strombolien*. »

La vapeur d'eau est souvent à peine apparente sur les projections stromboliennes; elle y fait tout au plus des volutes blanches peu épaisses.

M. Mercalli appelle *vulcanien*, du nom de l'île de Vulcano, le type d'explosion où le magma est très visqueux, ou totalement consolidé, donnant lieu, dans le premier cas, aux bombes à structure en *croûte de pain* (v. la figure de la page 177) avec centre ponceux et périphérie vitreuse; dans le second cas, les bombes sont formées par des blocs anguleux. Il y a des nuées très denses, à contours très nets, formant d'épaisses volutes, grises ou noires, souvent sillonnées d'éclairs. Elles transportent des fragments ou de la poussière de roche entièrement consolidés. Ces nuées vulcaniennes ont été observées à Vulcano, à la Montagne Pelée, au Vésuve, etc.

CHAPITRE VI

FORME ET STRUCTURE GÉNÉRALE DES VOLCANS

Sommaire. — Différents types de cônes : le Monte-Nuovo et les volcans d'Auvergne, l'Etna et le Plomb du Cantal, le Vésuve et le Stromboli. Cratère moderne inclus dans le cratère ancien. — Parties essentielles du volcan. — Renseignements fournis par l'érosion des volcans. — Allure des masses éruptives : dykes et nappes. — Les laccolithes. — Conditions générales de formation des laccolithes : les Monts Henry et le Caucase.

Malgré des variantes très nombreuses et qui s'expliquent toujours par des circonstances particulières, la forme des volcans est typiquement celle d'un cône. Elle est, d'ailleurs, réalisée dans un certain nombre de cas, comme au Cotopaxi, sur le plateau de Quito et à l'Orizaba, au Mexique. Le plus souvent, elle s'est compliquée en raison de phénomènes nombreux qu'on peut répartir en deux groupes principaux : la succession d'éruptions dans une même région, chacune modifiant les résultats précédemment obtenus et l'intervention des causes extérieures qui altèrent et détruisent peu à peu la forme primitive.

Au point de vue de la structure générale, on peut faire trois types parmi les volcans, quitte à admettre entre eux des dispositions mixtes qui effacent les degrés tranchés dans une série continue.

Le plus simple de ces types est celui que nous pré-

sente le Monte-Nuovo et dont nous retrouvons tant
d'exemples encore assez bien conservés pour servir à
une étude précise, dans les cinquante petits cônes,
tronqués à leur sommet et renfermant un cratère,
qui font deux séries régulières sur le plateau dominant Clermont-Ferrand. Dans ce cas, la « montagne »
est le produit d'une seule éruption ; elle consiste en
un bourrelet annulaire de lapilli et de cendres,
cimenté plus ou moins, par places, par des épanchements laviques et souvent aussi par des refusions de
matéraux réchauffés après leur accumulation. Des
circonstances favorables permettent parfois de
pénétrer dans l'intimité de semblables cônes et, par
exemple, l'exploitation industrielle des matériaux
dont ils sont formés. C'est ce qui se présente dans le
volcan de Gravenoire, à Royat, où des carrières de
« pouzzolane » placées diversement, mettent en évidence la structure « en chevrons » des pierrailles accumulées.

Rien de plus facile que d'interpréter une pareille
disposition et l'expérience vient, à cet égard, au cours
de l'observation : d'après ce qu'on a vu précédemment, le cône résulte de l'accumulation, autour du
point éruptif, de matériaux projetés verticalement par
les vapeurs souterraines et qui retombent sous l'action
de la pesanteur. Il est facile d'imiter ces conditions en
lançant par un trou percé au milieu d'une table, un
jet ascendant d'air chargé de poussière. On obtient très
rapidement un tas annulaire enveloppant un cône
creux et renversé, au fond duquel, en faisant varier,
pendant l'expérience, la grosseur ou la couleur des
petits grains pierreux projetés, on produit dans le
tas des alternances de structure qui se traduisent par
une stratification *en chevrons* tout à fait caractéristique de ce genre de formations[1].

1. STANISLAS MEUNIER. *La Géologie générale*, 2ᵉ édition. p. 150.
Paris, 1909, vol. in-8°.

D'ailleurs, chacun des cônes d'Auvergne ne peut guère être considéré comme un volcan complet, et l'on sait que les « puys » sont alignés sur de longues cassures plus ou moins voisines des méridiens et par conséquent rectilignes. La comparaison avec les faits procurés par des observations concernant des productions plus anciennes, conduisent à faire supposer que ces cassures ont donné passage à des plaques de roches éruptives qui n'ont trouvé qu'en certains points les facilités nécessaires pour parvenir au jour et pour y développer la série des phénomènes de projection dont le cône est le résultat. Il est permis de supposer aussi que chacune des crevasses d'éruption s'est propagée avec le temps, de façon à transporter dans une direction plus ou moins continue le point d'activité superficielle : ce transport étant un caractère à chaque instant reproduit de ces énergies originaires des profondeurs.

Il y a déjà longtemps qu'on a signalé l'inégalité d'âge de cratères voisins, conclue de l'état de leur altération intempérique. En particulier, Poulett Scrope a développé, à cet égard, des considérations qui ont été exceptionnellement fécondes au point de vue de la Géologie générale.

L'Etna peut nous servir d'exemple d'un second mode de structure du volcan facilement rattachable, d'ailleurs, au premier. Un coup d'œil suffit pour montrer que chacune de ses éruptions affecte un siège particulier et donne naissance à un cône rigoureusement construit sur le type précédent. La différence est dans la proximité relative des points d'éruption et dans leur grand nombre. Quand l'un d'eux se déclare, il apporte ses matériaux au milieu des productions antérieures qui s'y sont déjà enchevêtrées les unes dans les autres. La carte de l'Etna est éloquente pour faire apprécier le rôle des « cônes parasites » dans l'anatomie de la montagne gigantesque.

Les coupes naturelles dues à diverses causes et avant tout à l'érosion pluviaire, montrent des alternances innombrables sur une même verticale de dépôts éoliens de lapilli et de cendres, et d'épanchements laviques. La masse de ce véritable édifice, bâti à coups d'éruptions successives, atteint maintenant des milliers de mètres d'épaisseur; elle a protégé de l'érosion intempérique les assises sous-jacentes de terrains non volcaniques au travers desquels se sont ouvert leur chemin les premières manifestations éruptives, et c'est ainsi que le colosse sicilien a acquis progressivement sa hauteur en même temps que son extraordinaire complication.

A l'égard de cette dimension, on est autorisé, comme l'a fait naguère Rames [1], à en voir comme un autre exemplaire dans les restes d'un autre Etna, quaternaire celui-là, et profondément démantelé, et qui n'est autre que le Plomb du Cantal. Cette fois, la plupart des cônes ont disparu, mais on peut par la pensée couronner chaque dyke d'un cratère et rétablir un profil analogue à celui du volcan d'aujourd'hui.

Comme type de la troisième catégorie de volcans, c'est le Vésuve que nous choisirons; il participe des caractères des deux précédents en les associant d'une manière très particulière. En somme, on pourrait dire que le Vésuve est un Etna dans lequel le type morphologique du Monte-Nuovo manifeste une tendance à se conserver par la reproduction de l'éruption au même point. Quand on a fait l'ascension de l'Ottojano et qu'on plonge le regard dans l'entonnoir éruptif, on y aperçoit le cône parasite provenant de la dernière manifestation volcanique. Auprès de lui subsistent des vestiges plus ou moins distincts des cônes précédents, altérés et presque détruits par les projections postérieures.

1. *Topographie raisonnée du Cantal*, 1 vol. in-18. Aurillac, 1879, p. 5 et suiv.

Au Stromboli, comme au Vésuve, le cratère moderne est *inclus* dans le cratère ancien. Celui-ci est d'ailleurs réduit à un demi-cercle, toujours comme au Vésuve, une partie de son contour, celle qui est située à l'ouest, ayant été crevée pour faire place au cratère actuel. Il s'est fait, au cours des temps, un déplacement lent vers l'ouest des bouches explosives.

Parties essentielles de l'appareil volcanique. — En résumé, et quel que soit le type considéré, un volcan comprend plusieurs parties essentielles :

1° Dans une région convenablement profonde de la croûte terrestre, un réservoir contenant une provision de matière foisonnante, c'est-à-dire jouissant de la propension à jaillir vers la surface du sol, par un accroissement de son volume initial ;

2° Une fissure (géoclase) mettant en relation ce laboratoire souterrain et des régions supérieures à pression notablement moindre et qui, en conséquence, devient le réceptacle des roches émises de la profondeur, et la voie par laquelle cheminent les matériaux de toute nature, gazeux, liquides et solides, qui composent tout le cortège des déjections volcaniques.

Après refroidissement du volcan, on y retrouve le moulage des régions souterraines par les laves, sous la forme d'*amas*, de *typhons*, de *culots*, etc., de *dykes*, de *laccolithes*, de *lits de cinérites*, parfois fossilifères, enfin de *gîtes stannifères* ou fumarolliens (pouvant d'ailleurs contenir, à la place de l'étain, ou associées avec lui, toutes les substances capables de dériver du processus imaginé et mis en œuvre par Gay-Lussac).

On y retrouvera aussi des régions solfatariformes et enfin des zones périphériques plus ou moins métallisées et modifiées par le métamorphisme de contact ou par le contact des émanations de tous genres.

Ces diverses parties seront, suivant les cas, agencées ensemble de façons fort diverses et certaines d'entre elles pourront manquer dans des localités particulières en raison de l'intensité de la destruction par érosion.

Renseignements fournis par l'érosion des volcans anciens. — Il convient d'ajouter que nos connaissances sur la structure des volcans ne se se bornent pas à leurs parties les plus externes. Dans une foule de cas, les intempéries ont réalisé, dans la masse de ceux qui sont suffisamment anciens, une véritable dissection et par la réunion de documents de ce genre dans des localités très diverses, on arrive à reconstituer complètement le volcan théorique. Nous reviendrons sur ce sujet à propos de la nature des matériaux associés; pour le moment, il y a lieu seulement de nous arrêter au point de vue morphologique.

En premier lieu, les murailles souterraines de roches éruptives nous laissent pénétrer le détail de leur allure, de leur dimension et de leurs associations.

Les masses éruptives se rencontrent, soit en *dykes* (ou filons), soit en *nappes*, les unes interstratifiées dans les sédiments, les autres, épanchées à la surface du sol; soit enfin en *laccolithes*, c'est-à-dire en amas arrêtés au-dessous de la surface du sol.

Les dykes (fig. 18) ont des dimensions extrêmement variables qui dépendent de celles des géoclases et des fissures de tous ordres dans lesquelles ils se sont solidifiés et dont ils représentent comme le moulage. Ce sont des sortes de murailles souterraines dont quelques points seulement (parfois un seul) se trouvent en rapport avec l'extérieur par une cheminée volcanique. Dans celle-ci, la roche éruptive prend la forme d'une colonne plus ou moins cylindrique et c'est ce que montre le résultat de la véritable dissection que

FIG. 18. — Dyke, ou filon de granulite dans les schistes, à Morlaix (Finistère).
Cliché Aug. Robin.

de très vieux volcans ont subi de la part des agents de l'intempérisme. Ces colonnes, auxquelles les géologues anglais ont appliqué la dénomination de *necks* (cous), sont admirablement représentées par la magnifique « roche rouge » des environs de Brives et que Faujas de Saint-Fond, qui l'a découverte, a si bien représentée dans son luxueux ouvrage sur l'Auvergne [1].

Les nappes tantôt se sont épanchées à la surface du sol (v. plus loin la fig. 21) et tantôt se sont fait jour dans les diastromes ou plans de contact mutuel des assises sédimentaires superposées. Il est des cas où elles sont prodigieusement nombreuses, par exemple, dans le terrain houiller de l'Angleterre, où les niveaux de *trapp* sont rigoureusement parallèles aux couches de schiste, de grès et de combustible. Ce fut même un argument longtemps mis en avant par les élèves de Werner pour appuyer la doctrine neptuniste d'une prétendue origine sédimentaire des basaltes.

Ces nappes ne sont pas toujours, à beaucoup près, aussi simples dans leurs contours et on a attiré l'attention sur une singulière disposition qu'elles affectent en divers pays et qui leur a valu la dénomination de laccolithes[2]. (V. les fig. 19 et 20).

Cette forme de gisement a été d'abord signalée par M. A.-C. Peale pour certaines régions de l'État de Colorado [3]; mais M. G.-K. Gilbert lui a donné une importance tout à fait considérable par sa description des Monts Henry [4] qui sont situés dans l'Utah méridional, entre le « Dirty Devil » et l' « Escalante », deux tributaires du fleuve Colorado. Cet habile

1. *Recherches sur les volcans éteints du Vivarais et du Velay*, un vol. in-folio. Paris et Grenoble, 1778, p. 364.

2. Cette dénomination avait été précédée de celles de *culots* et de *typhons* à une époque où les formes dont il s'agit n'avaient point été suffisamment étudiées.

3. *Bulletin of the United States Geological and Geographical Survey of the territories*, III, p. 551, 1877.

4. *Report of the Henry Mountains*, in-4°. Washington, 1877.

géologue décrit l'accident qui nous occupe d'une manière intéressante :

« Il est ordinaire, dit-il, pour une roche ignée de s'élever jusqu'à la surface de la terre et, arrivée là, de s'écouler au dehors et de construire des montagnes et des collines par une succession d'éruptions. La matière fondue provenant de quelque région de profondeur inconnue passe au travers de toutes les roches superposées et s'accumule elle-même par-dessus le lit supérieur. Les laves laccolithes des Monts Henry se comportent différemment. Au lieu de jaillir au travers des couches de la croûte terrestre, elles s'arrêtent à un horizon souterrain, s'insinuent entre deux couches et s'ouvrent une place suffisante en soulevant tout d'une pièce les lits superposés. Dans cette sorte de chambre, elles se solidifient, formant un corps massif de trapp. Pour ce corps, le nom de laccolithe ($\lambda\alpha\varkappa\varkappa o\varsigma$ citerne et $\lambda i\theta o\varsigma$ pierre) doit être employé. Le laccolithe est l'élément dominant de la structure dont les Monts Henry nous fournissent l'exemple classique. »

L'étude de ces accidents a été rendue particulièrement facile par ce fait que l'érosion s'étant attaquée à eux de façon très inégale, suivant les conditions de chacun, on a tous les éléments pour restaurer le laccolithe type. D'une façon générale, les laccolithes sont de forme ramassée ; la base est plane, sauf quand la strate sous-jacente est arquée ; et, quand on a pu la voir, on a trouvé que cette base est ovale avec deux axes dont le rapport n'excède pas $3:2$. Le profil est une courbe simple, convexe par en haut et rarement à surface ondulée. L'épaisseur ne dépasse pas le tiers de la largeur ; mais elle est fréquemment moindre et le rapport moyen entre ces deux dimensions est de $1:7$. En somme, la forme de l'amas est celle d'un demi-sphéroïde de révolution.

La roche ordinaire de ces laccolithes est un trachyte porphyritique, habituellement dépourvu de la structure prismatique ou ne la manifestant qu'à un faible degré. Dans divers cas, les laccolithes ont exercé une action métamorphique sur les sédiments

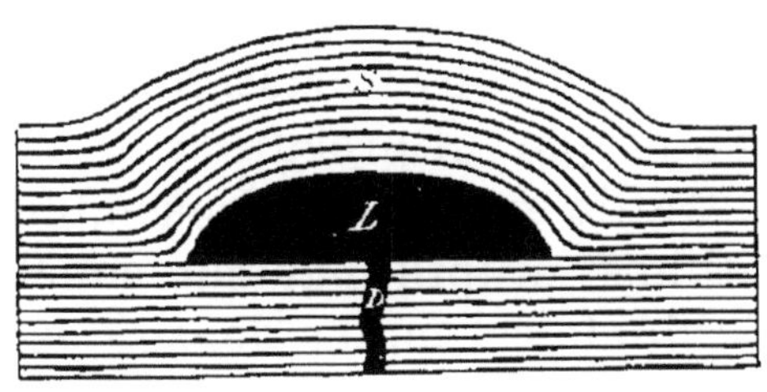

Fig. 19. — Un laccolithe.

au contact desquels ils se sont solidifiés. A cet égard, le sommet des amas s'est montré plus efficace que les côtés. Les grès sont moins affectés que les schistes

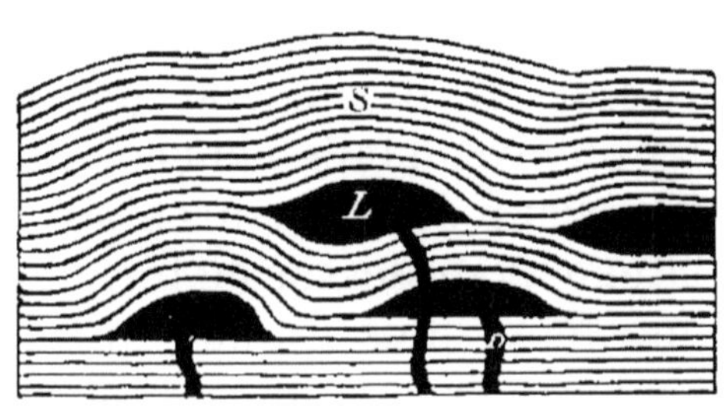

Fig. 20. — Divers types de laccolithes.

qui souvent sont endurcis au point de faire feu au briquet et où le microscope découvre de très petits cristaux de feldspath de formation secondaire.

Tout naturellement, on a cherché à déterminer la cause d'où dérivent les laccolithes, c'est-à-dire à savoir pourquoi les roches éruptives produisent tantôt des volcans, tantôt des laccolithes. On n'a pas ici à étudier de nouveau le problème volcanique, mais seulement à préciser les circonstances qui déterminent l'arrêt de la roche ascendante au-dessous de la surface du globe. A ce sujet, le capitaine Dutton[1] s'est livré à des considérations qu'on peut résumer ici en quelques mots, bien que leur caractère essentiellement théorique doive les rendre d'application peu facile à la réalité. En supposant que la roche fondue obéisse seulement aux lois de l'hydrostatique, et qu'elle s'arrête dans le point que lui procure la situation la plus basse, au centre de gravité de l'ensemble du terrain à la fois stratifié et éruptif, l'auteur conclut :

1° Que, si le fluide est moins dense que le solide, il passera à travers celui-ci jusqu'à la surface du sol et édifiera une montagne subaérienne ;

2° Que, si la portion supérieure de la roche solide est moins dense que le fluide, tandis que la portion inférieure est plus dense, le fluide n'arrivera pas à la surface, mais passera entre les solides lourds et légers et soulèvera ces derniers ;

3° Que, si la croûte est formée de lits horizontaux de densités diverses et alternatives, le fluide choisira pour s'y arrêter un niveau tellement conditionné qu'aucun groupe supérieur de lits successifs comprenant le lit immédiatement au-dessus de lui, ne puisse avoir une densité moyenne plus grande que la sienne, et qu'aucun groupe inférieur de lits successifs comprenant le lit immédiatement au-dessous, ne puisse avoir une densité moyenne plus petite que la sienne.

Inversement, on pourra dire qu'une série de strates de densités diverses et alternatives étant donnée, une lave très légère les traversera jusqu'au sommet et sera extravasée ; une plus lourde s'intercalera à quelque niveau bas et des laves dissemblables choisiront un nombre égal au leur de niveaux différents.

1. *Report on the geology of the Henry Mountains*, par G. K. GILBERT, 1 vol. in-4°. Washington, 1877. — Voir à la page 61 de ce *Report* le chapitre intitulé : *Report on the lithological caracters of the Henry Mountains intrusives*, par le capitaine C. E. DUTTON.

Il est facile d'imaginer une combinaison de conditions telles qu'un léger changement dans la lave détermine un grand changement dans un niveau d'intrusion.

Mais il ne faut pas oublier que, dans quelque phase que ce soit du volcanisme, la rigidité et la cohésion ne sauraient manquer. Il en résulte des résistances pour la libre circulation des laves, qui doivent modifier leur observance aux lois de l'hydrostatique. Si la résistance augmente pour les intrusions latérales, il en résulte des conditions favorables à la formation du volcan; si, au contraire, c'est la pénétration supérieure qui est gênée, la tendance aux intercalations latérales est augmentée, c'est-à-dire la formation des laccolithes. Dans chaque cas, l'intervention des lois d'hydrostatique est modifiée; mais il n'en résulte jamais qu'une simple modification.

En résumé, suivant l'auteur, tant que les laves sont fluides, elles sont soumises aux lois de l'équilibre des liquides et leur manière d'être est déterminée par le rapport de leur densité à la densité des solides dans lesquels elles pénètrent. Lorsque ces derniers solides sont rigides et cohérents, de nouvelles conditions sont introduites par la résistance qu'ils opposent à la pénétration. Si la résistance est la même dans toutes les directions, alors le rapport des densités détermine l'arrêt ou le jaillissement des laves; mais si les résistances verticale et latérale sont inégales, le rapport entre ces résistances détermine la condition finale.

Il faut rapprocher des laccolithes américaines les accidents stratigraphiques tout à fait comparables qui ont été très savamment étudiés par Mlle Vera de Derwies [1], aux environs de Piatigorsk (Térek), sur le versant nord de la chaîne du Caucase.

---

1. *Recherches géologiques et pétrographiques sur les laccolithes des environs de Piatigorsk (Caucase du Nord)*, 1 vol. in-4° avec 12 fig. et 3 planches. Genève, 1905.

Un exemple typique de ce mode de gisement des roches volcaniques se présente dans la masse du Machonk, qui domine la ville et où le noyau éruptif est recouvert entièrement par une enveloppe sédimentaire. Tout le sommet est constitué par des assises sénoniennes, recouvertes de lambeaux éocènes plongeant dans tous les sens, c'est-à-dire ayant la forme de calottes superposées les unes aux autres. Il s'est d'ailleurs produit sur le flanc sud-est de la montagne un effondrement en forme d'entonnoir, dit le Grand Proval et dont le fond présente un petit lac déterminé par le jaillissement d'une puissante source thermale et sulfureuse, témoignage de l'activité récente de la région. Le sol est traversé de géoclases dont l'une longe l'arête de la Montagne Chaude (Goratchaïa Gora), et qui livrent passage aux eaux minérales actuellement si fréquentées par les baigneurs, à Piatigorsk même[1].

Un autre exemple se présente à quelques kilomètres, au nord-ouest du précédent, dans la montagne de Lisaïa. Cette fois encore, il s'agit de porphyrite quartzifère recouvert de couches en calottes de calcaires sénoniens. D'énormes amas de travertins anciens recouvrent les pentes orientales de la montagne.

Plusieurs autres points sont étudiés de même par Mlle V. de Derwies, et le doute ne saurait subsister quant à l'identité parfaite de ces poussées de roches volcaniques n'ayant pas atteint la surface du sol, avec les laccolithes classiques de l'Amérique du Nord[2].

---

1. Voy. à cet égard la note sur *La Géologie et l'Hydrologie de la région de Beschtaou*, de M. L. DRU, B. S. G. F., 3ᵉ série, t. XII.

2. A propos de cet intéressant sujet, on peut voir aussi : COHEN. *Contactter Scheinungen an den Liparit-Lakkoliten des Gegend von Pjatigorsk in nordlichen Kaukasus* (Mittheilungen des Naturwisenschafftlichen Vereins für Neuverpommern und Rugen), année 1890.

CHAPITRE VII

LES ANNEXES DES VOLCANS

Sommaire. — Manifestations post-éruptives des volcans. — Les étuves : Étuve de Néron. — Les solfatares. — Les mofettes : la Grotte du Chien.

Il serait impossible d'avoir une conception juste et complète de l'appareil et du mécanisme volcaniques, si l'on n'avait en vue que les volcans proprement dits et répondant exactement aux descriptions précédentes. La Nature nous procure en outre toute une série de faits véritablement complémentaires et dont il y aura lieu de tenir le plus grand compte lors de l'établissement de la théorie générale. On les observe en des points qu'il est impossible de méconnaître comme de véritables volcans auxquels il manque cependant le trait essentiel de ceux-ci, qui est de faire éruption. Ils en sont seulement des émanations gazeuses, tantôt chaudes encore et tantôt froides et dont la composition varie suivant les cas.

Étuves volcaniques. — Parfois le produit exhalé consiste simplement en vapeur d'eau, et il s'agit alors des *étuves* naturelles. La plus célèbre se rencontre dans les Champs Phlégréens, auprès de Naples, et est connue sous l'appellation d'Étuves de Néron. Les Romains y prenaient des bains de vapeur. Cette vapeur s'échappe d'une source très chaude située dans les profondeurs de la montagne. Après avoir traversé des salles où les malades venaient respirer à la sortie de l'étuve, on s'engage dans un couloir de deux mètres de haut et d'un mètre de large. Au bout d'une quarantaine de mètres, d'un trajet fort pénible, à cause de la chaleur, 43 degrés en haut et 37 degrés en bas, le couloir change de direction, se rétrécit et sa température augmente encore. Il descend en pente très rapide. Le Dr Constantin James, qui a fait le voyage dans la grotte jusqu'au bout, en a bien décrit les difficultés :

« A chaque instant, je m'arrête épuisé... Le courant supérieur indique 48 degrés, l'inférieur 45 degrés. Nous sommes enveloppés d'une vapeur telle que la flamme de la torche, d'où s'exhale une fumée fétide, n'apparaît que comme un point brillant au milieu d'un anneau lumineux.

« Nous descendons toujours. L'atmosphère est de plus en plus étouffante. Cependant le terrain se redresse. Un léger bouillonnement indique que nous sommes près de la source. Mais la vapeur est si épaisse qu'il faut que le gardien promène sa torche au-dessus des objets pour les éclairer. .

« Je me traîne vers la source, tenant mon thermomètre à la main; mais j'avoue qu'à ce moment les forces me manquèrent. Le mercure indiquait 50 degrés sans différence entre les couches supérieures et les couches inférieures. Mon pouls battait tellement fort que je ne pouvais plus en compter les pulsations... Ce fut le gardien qui plongea mon thermomètre dans la source. La température de l'eau est de 85 degrés[1]. »

Bien entendu, les malades n'allaient jamais jusqu'au fond de la grotte pour prendre leur bain de vapeur.

Spallanzani[2] mentionne des points analogues à la

____

1. *Annuaire des Eaux de la France*, t. I.
2. *Voyage dans les Deux-Siciles*, I, p. 200.

Fig. 21. — La mine de soufre de Campo-Franco, près de Casteltermini (Sicile). — Cliché Aug. Robin.

source volcanique des Champs Phlégréens, dans l'île d'Ischia. On en connaît de même dans une foule d'autres pays volcaniques.

Solfatares. — Ailleurs, c'est le sol qui dégage une matière gazeuse, de l'hydrogène sulfuré, ordinairement mélangé de vapeur d'eau, et l'on constate alors que le gaz sulfhydrique éprouve au contact de l'air une combustion partielle, à la suite de laquelle le soufre débarrassé de l'hydrogène auquel il était uni et qui s'est transformé en eau, se dépose à l'état de liberté. Les localités de ce genre sont connues sous le nom de *solfatares*; la plus célèbre est encore dans ces Champs Phlégréens, si riches en accidents géologiques, tout au voisinage de Pouzzoles. C'est, à n'en pas douter, un vaste cratère encore très chaud, mais dont la cheminée est évidemment fermée, au moins actuellement, le cratère d'un volcan, parvenu à une phase de l'évolution volcanique très postérieure à celles qui caractérisent les éruptions proprement dites, et que les spécialistes qualifient de phase solfatarienne. On connaît des solfatares à la Guadeloupe, à Bourbon, et diverses régions plus ou moins anciennes en ont conservé des vestiges, comme le Val d'Enfer, au pied du Sancy, en Auvergne. Quelquefois, le soufre déposé reste en amas énorme. A Campo-Franco près de Casteltermini, en Sicile, le soufre d'origine solfatarienne alimente une exploitation productive (fig. 21).

White-Island, à deux milles du littoral de la Nouvelle-Zélande, en face de la baie de Plenty, est un gigantesque rocher formé principalement de soufre mêlé de gypse et de quelques autres matières minérales. Au centre se trouve une sorte de cratère de 22 hectares, rempli de vase en ébullition constante. Toute la surface de l'île est en outre percée de 300 à 400 ouvertures beaucoup plus petites, qui émettent jour et nuit des jets brûlants de vapeur et des fumées sulfureuses. Ces éruptions, très bruyantes, sont accompagnées de tremblements de terre aussi violents que prolongés[1].

Mofettes. — Enfin les *mofettes* constituent une phase encore plus avancée de l'évolution des volcans qui ont dépassé leur période d'activité. Elles sont caractérisées par la sortie de gaz carbonique provenant des profondeurs souterraines. La Grotte du Chien des environs de Pouzzoles est à citer comme le type de ce genre de localités, à cause de son antique célébrité. C'est une sorte de caverne dont l'atmosphère se charge de gaz poussés vers le jour au travers d'une fissure du sol. Dans ces dernières années, et par une application de l'ionisation des gaz, on a imaginé de rendre l'anhydrite carbonique visible aux yeux en y jetant une fusée enflammée qui y mélange sa fumée sans qu'elle puisse pénétrer dans l'atmosphère superposée. Il en résulte qu'on voit le gaz comme on verrait de l'eau et qu'on apprécie la hauteur exacte de son niveau.

Nous avons comme une réduction *del Grotto del Cane* à Royat, tout près de Clermont, et dans une foule d'autres points de l'Auvergne, à Saint-Nectaire par exemple, où le gaz exsude du sol d'une manière continue.

Java est célèbre par une gigantesque mofette sur laquelle on cite force anecdotes plus ou moins exactes.

1. *La Nature* du 5 février 1900, n° 1393, p. 166.

CHAPITRE VIII

LES ROCHES VOLCANIQUES

Sommaire. — Procédés spéciaux de l'étude des roches. — Roches modernes et roches anciennes. — Rôle des cendres ou cinérites dans la comparaison de ces deux groupes. — Le trachyte et le basalte. — Les magmas et la communauté d'origine des divers types de roches. — La composition chimique et la composition minéralogique comparées. — Roches acides, roches neutres, roches basiques. — Rôle comparé des différents feldspaths. — Les roches vitreuses : obsidienne, ponce. — Les cendres : leur mode de formation. — Cendres cristallines et cendres vitreuses. — Émanations gazeuses : fumerolles.

Caractères généraux des roches volcaniques. — Les volcans sont, avant tout, des laboratoires dans lesquels s'élaborent de très nombreuses substances minérales. Il en résulte que les roches volcaniques constituent comme un groupe défini parmi toutes les roches et dont l'étude est aussi attachante qu'elle est compliquée, depuis qu'il a fallu reconnaître que toutes les roches éruptives considérées précédemment comme distinctes sont en réalité des roches volcaniques de divers âges.

Cette étude des roches conduit à des conséquences très importantes au point de vue de la connaissance du phénomène volcanique, en même temps qu'en ce qui concerne les problèmes les plus larges de la lithologie.

Pour concevoir le vaste ensemble qu'elles composent, il faut d'abord noter que les divers volcans ne donnent pas, nécessairement, les mêmes roches;

il y a toujours, des uns aux autres, d'intimes liens de composition, de structure et de gisement; mais chaque groupe de volcans imprime ses caractères particuliers aux matières qu'il a rejetées, de sorte que, dans une certaine mesure, on peut reconnaître le point d'origine de tel ou tel échantillon (sauf pour certains types fréquemment reproduits).

Un deuxième point à remarquer, c'est que les volcans anciens ne nous procurent que d'une manière très exceptionnelle des spécimens comparables à ceux qui abondent dans les volcans actuellement actifs. Cette différence est si accentuée, qu'étant donné le point de vue primitif des anciens géologues, on n'a pas manqué d'en conclure une différence dans le mode de sortie des roches et dans leur condition de formation aux différentes époques. Encore très récemment, les auteurs soulignaient les contrastes entre les deux genres de formations[1], bien que déjà, et depuis nombre d'années, on en eût affirmé l'identité[2].

Le trait d'union entre ces deux groupes, considérés d'abord comme si distincts, a été établi par la présence, des deux parts, de lits formés de matériaux de projection : *cendres* pour l'époque actuelle, *cinérites* pour les temps antérieurs. Et, à cette occasion, on ne saurait trop admirer l'intuition véritablement géniale de Murchison qui, déjà en 1831, qualifiait de cendres volcaniques certains lits subordonnés au terrain du Snowdon, dans le pays de Galles[3]. Beaucoup plus récemment, divers géologues ont reconstitué des volcans paléozoïques de l'Écosse et d'autres pays.

Aussi, la conclusion à laquelle tout le monde s'est

1. Voir DE LAPPARENT. *Traité de Géologie*, 2e édition, p. 1292, 1885.

2. V. par exemple : STANISLAS MEUNIER. *Les Causes actuelles en Géologie*, pp. 88 et 89, 1 vol. in-8°. Paris, 1879.

3. *Siluria. The history of the oldest fossiliferous rocks and their foundations*, 1 vol. in-8°. Londres, 1854 (la 3e et dernière édition est de 1859).

rallié aujourd'hui est-elle que les deux séries, moderne et ancienne, se font suite et se complètent l'une l'autre. La série ancienne représente les parties profondes ou racines des volcans actuels, inaccessibles à cause de leur gisement souterrain; pendant que les roches actuelles représentent les portions superficielles des anciens appareils, maintenant inétudiables directement, parce que les agents toujours à l'œuvre de l'intempérisme les ont démantelés et éparpillés depuis longtemps. Grâce à ce rapprochement, nous pouvons réaliser la synthèse du volcan complet avec autant de certitude que s'il était loisible de faire de l'Etna ou du Vésuve une coupe verticale poussée jusqu'à la base, d'où les produits éjectés sont originaires.

Une fois à ce point de vue, on constate facilement que la masse éruptive poussée des profondeurs dans la cheminée qui s'ouvre à la surface se modifie très progressivement avec la hauteur. Le *magma*, comme on dit, s'est différencié en conséquence des conditions régnant en chaque point.

Dans son travail sur la *Gran Canaria*[1], M. Salvador Calderon insiste sur l'antériorité des sorties de trachyte relativement aux éruptions de basalte. A cette occasion, il signale la confirmation qui en résulte pour l'hypothèse émise par Poulett Scrope, quant à l'influence de la densité sur la séparation des minéraux renfermés dans le magma souterrain[2]. Il remarque que les minéraux les plus abondants dans les basaltes possèdent un poids spécifique supérieur à celui des minéraux trachytiques et il conclut qu'en profondeur, le triage consécutif détermine la sortie des minéraux feldspathiques avant l'éruption des minéraux ferro-magnésiens.

1. *Annales de la Sociedad espanola de Historia natural*, t. IV. Madrid, 1876, p. 24 du tiré à part.
2. *Geological transactions of the royal Society of London*, 2e série, t. II.

Orville Derby appliqua ce principe, d'abord énoncé par Iddings, à l'étude des localités brésiliennes, et il reconnut des relations génétiques entre elles. En 1887 il constata que le centre de Pocos de Caldos au Brésil est volcanique dans le sens le plus exact du mot et représente un volcan carbonifère, dans lequel la foyaïte et la phonolite se présentent comme des phases diverses de l'évolution d'un même magma.

Des faits analogues furent bientôt mis en évidence à Ipanema, dans l'État de Saint-Paul, au Brésil et dans plusieurs autres localités. Partout les preuves surabondent de la communauté d'origine. Pour la foyaïte et la phonolite, ces preuves consistent surtout dans une intime association sans surfaces limitées pour chaque type. On voit, sur les marges, un passage progressif de la foyaïte à la phonolite. On observe aussi des inclusions de phonolite dans la foyaïte et tout auprès des inclusions de foyaïte dans la phonolite. C'est d'une manière presque aussi nette qu'on découvre la preuve de la *consanguinité* entre la syénite augitique et la néphélinite. A Jacupiranga, un passage direct par suppression de la néphéline, de la foyaïte à une phase de la syénite augitique, peut être précisé.

Composition minéralogique. — Il faut avoir cet ensemble de faits présent à l'esprit pour classer les divers types que l'analyse permet de distinguer dans la colonne volcanique. Ces types diffèrent beaucoup les uns des autres par leur aspect et les différences sont en relation avec les variations de la *composition minéralogique*, c'est-à-dire selon la présence, la proportion, ou l'absence de tel ou tel minéral.

On sait, en effet, que les diverses roches éruptives diffèrent fort peu les unes des autres par leur composition chimique. Les mêmes éléments se retrouvent dans toutes : silice, alumine, potasse, soude, chaux, magnésie, oxyde de fer, etc. Ce qui varie, c'est la proportion, dans chacune d'elles, de minéraux parfaitement définis au double point de vue de la formule chimique et de la forme cristalline : quartz, feldspaths, leucite, pyroxène, amphibole, fer oxydulé, etc. Aussi, c'est d'après la coexistence de certaines de ces espèces minérales, en même temps que d'après l'absence de certaines autres, qu'on caractérise les types lithologiques différents : granit, porphyre, granulite, diabase, labradorite, basalte, diorite, syénite, péridotite, serpentine, ophite, leucitite (amphigénite), trachyte, rhyolite, andésite, porphyrite, mélaphyre, gabbro, néphélinite, etc.

Roches acides, roches neutres et roches basiques. — Suivant la quantité relative des minéraux constituants, chaque roche présente des caractères généraux qui permettent d'établir de grands groupes dans la série lithologique. Les plus utiles à considérer ici, où nous n'avons nullement la prétention de faire un traité des roches, sont qualifiées couramment de roches acides, roches neutres et roches basiques. Les premières renferment une proportion telle de silice et de bases que ces dernières, après leur saturation, laissent un excès de quartz libre, en grains, plus ou moins fragmentaires; le feldspath orthose, l'anorthose, l'albite, la sanidine, le microcline, les caractérisent; le granit, la granulite, le porphyre sont des types de ce genre de formation.

Les secondes, c'est-à-dire les roches neutres, renferment une proportion telle de silice et de bases que la saturation est à peu près exacte. Le type principal est fourni par le groupe des Andésites dont le feldspath essentiel est l'oligoklase.

Enfin, dans le groupe des roches basiques, la quantité de silice est insuffisante pour réaliser la saturation complète de toutes les bases et on y rencontre des protosilicates comme le péridot ou olivine. Les

feldspaths caractéristiques sont le labrador et l'anorthite.

En rapprochant ces données des précédentes, on
arrive à concevoir que, dans l'ensemble d'une poussée
éruptive traversant la croûte terrestre sous une certaine épaisseur et abandonnée au refroidissement et
à la consolidation spontanée, il se réalise une sorte de
liquation ou de départ, qui concentre, à d'inégales
hauteurs, les diverses espèces minérales auxquelles la
cristallisation du magma général peut donner naissance. De la sorte, la base de la colonne tend à se
former de certains types riches en minéraux les
moins fusibles, comme le quartz et l'orthose dans le
granit et la diorite quartzifère, comme le pyroxène
dans les diabases. Dans le milieu tendent à s'accumuler les cristaux d'oligoklase, comme en présentent
les porphyrites de l'Estérel (dacite), qui sont d'âge
secondaire tout à fait inférieur. Enfin, vers le haut, se
présentent surtout les roches basiques du type basalte
(roches à labrador et à anorthite), auxquelles, d'ailleurs, s'associent des trachytes (domite à sanidine, etc.). Bien entendu, toutes les transitions
peuvent trouver place dans ces séries qui sont modifiées ici ou là, d'après des circonstances accessoires
très variées. Dans les Andes, par exemple, les roches
à oligoklase sont venues faire de grands cônes sur le
sol à l'époque tertiaire et nous avons, en Europe.
beaucoup de représentants synchroniques de ces
mêmes roches neutres. A la Martinique, des andésites ont fait éruption en 1902 et elles correspondent,
en particulier, à cette aiguille si remarquable par
son mode de surrection et par ses modifications successives.

Roches vitreuses. — Il est indispensable d'ajouter
à la série précédente des roches volcaniques plus ou
moins cristallines, un ensemble beaucoup moins nom-

breux de matières vitreuses. C'est l'occasion de remarquer que l'état vitreux se signale par son caractère d'exception ; l'état cristallin apparaissant comme étant évidemment beaucoup plus stable.

Le type lithologique vitreux le plus abondant est représenté par l'obsidienne. C'est une roche très foncée, noire, brune ou rouge, quand elle est en masse, mais apparaissant avec une nuance grise et parfois jaunâtre, plus rarement rougeâtre quand elle est en éclats peu épais. Sa composition chimique est peu différente de celle du feldspath. Elle offre cependant ce trait remarquable de contenir, à l'état occlus, un grand nombre de fois son volume de corps élastiques qui s'en dégagent à la chaleur rouge. Il en résulte qu'on ne peut chauffer cette roche sans la faire mousser énormément. Nous reviendrons sur ces curieux phénomènes à l'occasion des théories volcaniques.

L'obsidienne est fragile et sa fracture produit des éclats aussi tranchants que ceux du verre à bouteilles. Les Mexicains se servent encore de ces lames comme de rasoirs et en ceci ils ne font que suivre des traditions qui remontent aux temps préhistoriques.

Les îles Lipari sont remarquables par l'abondance des obsidiennes qui s'y rencontrent en plusieurs variétés dont les unes sont uniformes, tandis que d'autres sont veinées et rubanées et même quelquefois porphyroïdes par suite de la dissémination dans leur substance générale de noyaux ou de grains opaques qualifiés de *lithophyses* et qui nous offriront plus loin de l'intérêt.

La ponce, ou pierre ponce, se rapproche beaucoup de l'obsidienne par sa composition chimique ; mais elle en diffère par son apparence et par ses propriétés physiques. Tout le monde sait qu'elle est essentiellement bulleuse et parfois si légère qu'elle flotte sur l'eau. Elle constitue en certains endroits des amas volumineux, comme aux îles Ponza et dans d'autres localités où elle figure au nombre des lapilli. On l'exploite comme substance propre à polir et à doucir un certain nombre d'objets dont la dureté n'est pas trop considérable. Ce n'est en somme qu'une variété spécialement pure dans la longue série des scories volcaniques si abondantes dans la plupart des cratères. L'île éphémère de Julia, subitement apparue en 1831 sur la côte S.-O. de la Sicile, était presque entièrement formée de scories à peu près exclusivement vitreuses, de couleur noire.

Cendres volcaniques. — Un savant belge, M. l'abbé Renard, a fait une étude des *cendres* rejetées par l'éruption du Krakatau, le 27 août 1883. Les échantillons qu'il a examinés avaient été recueillis à Batavia, à une distance d'environ 250 kilomètres du Krakatau, et sur le navire de guerre allemand *Elisabeth*, stationnant à 300 milles géographiques du même volcan.

L'auteur commence par cette remarque que les matières éruptives incohérentes ne présentent pas une composition absolument identique à celle des lapilli, bombes volcaniques, scories projetées à une petite distance du foyer, non plus qu'à celle des masses ignées qui s'épanchent du cratère.

« En admettant qu'il existe, au sortir du cratère, entre les laves et les matières pulvérulentes d'une même éruption, une identité chimique et minéralogique parfaite, et que les cendres ne soient que le produit de la trituration des laves, on comprend que celles-là, portées au loin par les vents, doivent subir dans leur trajet au travers de l'atmosphère un véritable triage suivant le volume et le poids spécifique des éléments amorphes ou cristallins constitutifs. Il en résulte que suivant les points où elles sont recueillies, des cendres volcaniques peuvent, tout en appartenant à la même éruption, présenter des différences qui ne portent pas seulement sur la dimension des grains, mais encore sur la nature des minéraux qui les constituent[1]. »

Les cendres tombées à Batavia et sur l'*Elisabeth* avaient de grandes analogies d'aspect et de composition. Formées d'une matière pulvérulente gris-verdâtre à grains mesurant en moyenne 0,1 millimètre de diamètre, elles consistent en fragments vitreux criblés de bulles.

Nous ne suivrons pas M. l'abbé Renard dans son examen microscopique des cendres; nous donnerons seulement ses conclusions.

« On sait, dit-il, qu'autrefois Cordier, et avec lui un grand nombre de géologues, avaient admis que les matières volcaniques sont produites par la trituration des laves déjà figées dans le cratère. On ne peut nier qu'il existe au point de vue de la composition chimique une identité entre celle-ci et les cendres; mais le microscope montre que ces deux variétés de produits éruptifs présentent des différences de structure et de composition minéralogique qui ne permettent pas d'admettre l'hypothèse que je viens de rappeler.

« Quand on compare au microscope des lames minces de laves et des préparations de cendres, on constate que, dans ces dernières, les matières vitreuses jouent un rôle incomparablement plus important que dans les premières. On retouve dans les cendres ces particules vitreuses sous la forme d'éclats, d'enduits recouvrant les minéraux, ou comme enclaves dans les espèces qui leur sont associées. En outre, on remarque, en très grand nombre, dans les cendres, des formes embryonnaires de cristaux arrêtés dans leur développement normal par un refroidissement

1. *Les Cendres volcaniques de l'éruption du Krakatau, tombées à Batavia le 27 août 1883.* Extrait du *Bulletin de l'Acad. roy. de Belgique*, 3e série, t. VI, n° 11, 1883.

brusque ; souvent on y découvre des globules et des filaments vitreux dont la structure et la forme indiquent de même qu'ils se sont figés très rapidement. C'est ce que nous montre aussi la fine dentelure ou l'enduit craquelé de matière vitreuse qui recouvre les contours des cendres ; toutes ces formes délicates qu'affecte l'élément vitreux des cendres ne se concilient pas avec la trituration de la roche déjà solidifiée. Ce qui ne caractérise pas moins les cendres, c'est le nombre prodigieux de bulles gazeuses que renferment les éclats de verre des poussières volcaniques. Il n'est pas nécessaire d'insister sur ces particularités pour faire voir que l'interprétation la plus naturelle de la formation des cendres revient à admettre qu'elles sont produites par la pulvérisation d'une masse fluide, cette pulvérisation étant provoquée par l'expansion des gaz qui déterminent l'éruption. Cette poussière vitreuse se refroidit rapidement dans son trajet au travers de l'atmosphère et ces conditions de formation expliquent les formes particulières qu'elle affecte. Le nombre prodigieux de bulles gazeuses renfermées dans les particules vitreuses nous donne une idée de l'action des gaz dans les phénomènes éruptifs ; ces pores accumulés dans un seul fragment, indiquent à leur tour que le refroidissement a dû se faire avec une grande rapidité, sinon ils se seraient fondus en une seule vacuole. D'un autre côté, l'examen microscopique montre que la pression des gaz emprisonnés était considérable ; on peut en juger par les phénomènes optiques de tension que l'on remarque sur le pourtour des bulles et par leur déchirement que l'on constate en certains cas. »

M. Renard ajoute :

« Quoique l'on ne puisse nier le rôle important de la vapeur d'eau dans les phénomènes volcaniques, l'examen des cendres ne montre rien qui indique directement cette action; on n'y retrouve pas d'enclaves liquides et ces inclusions sont extrêmement rares dans les roches volcaniques récentes. »

On reconnaît aisément qu'une certaine quantité de cendres sont entièrement vitreuses. Elles ressemblent exactement au microscope et pour les propriétés physiques à la substance pulvérulente dans laquelle se réduisent les *larmes bataviques* qui font explosion.

Enfin nous mentionnerons comme variété remarquable de cendre vitreuse les filaments de lave, si abondants au Mauna Loa (où on les connaît sous le nom de *Cheveux de Pélé*), mais qu'on a recueillis quelquefois au Vésuve et dans plusieurs autres volcans. Ils résultent de l'action du vent sur les laves en fusion. Au microscope, on reconnaît que ces filaments contiennent par places de petits cristaux bien formés et spécialement du pyroxène.

Émanations gazeuses. — On réunit toutes les substances gazéiformes qui se dégagent des volcans en pleine activité, sous le nom de *fumerolles*, et d'après la température qui règne dans le point où elles apparaissent, on les a distinguées en quatre groupes principaux :

1° Les fumerolles sèches, dont la température est supérieure à 500 degrés et qui ne procurent point d'eau quand on les condense, même en faisant intervenir un froid de 15 degrés au-dessous de zéro. Les chlorures anhydres les constituent presque complètement et tout spécialement ceux de sodium (sel marin), de potassium, de fer, de manganèse, de cuivre et de plomb. Des sulfates, de fer, de potassium, de magnésium leur sont souvent mélangés.

2° Les fumerolles acides, dont la température varie de 300 à 500 degrés. Elles se dégagent un peu plus loin du cratère que les précédentes et sont caractérisées par un énorme excès de vapeur d'eau et par une proportion variable d'acide chlorhydrique et d'acide sulfureux auxquels est mélangée souvent une quantité sensible de perchlorure de fer en vapeur. Dans les localités d'émergence de ces fumerolles, on constate très fréquemment sur les scories le dépôt de lamelles de fer oligiste admirablement cristallisé. Cette circonstance a procuré à Gay-Lussac la raison de faire des recherches qui doivent compter parmi les contributions les plus précieuses que la chimie ait jamais accordées à la géologie. De ce travail capital est résultée la notion que les gîtes métallifères qualifiés ensemble de *stannifères* et qui forment le fer oligiste (comme à l'île d'Elbe), la cassitérite ou minerai d'étain, comme dans les Cornouailles, le fer magnétique, comme en Scandinavie, le platine natif comme dans l'Oural, etc., sont des produits fumarolliens provenant de volcans d'âge très divers et parfois extrêmement anciens.

3° Les fumerolles alcalines, dont la température est comprise entre 100 et 300 degrés et qui ne contiennent guère que de l'acide sulfhydrique associé à un excès de vapeur d'eau, mais où l'on décèle encore la présence de l'ammoniaque libre, du sel ammoniac, du carbonate d'ammoniaque. Ces fumerolles donnent naissance à des dépôts cristallins de soufre natif; elles caractérisent la phase évolutive des volcans, qui est qualifiée de solfatarienne.

4° Enfin, les fumerolles froides, dont la température ne dépasse pas 100 degrés et qui sont constituées de vapeur d'eau accompagnée suivant les cas d'acide sulfhydrique, de gaz carbonique, d'hydrocarbures.

CHAPITRE IX

GÉOGRAPHIE VOLCANIQUE

Sommaire. — Nombre des volcans actifs. — Leur répartition en des bandes coïncidant avec celles des tremblements de terre.

La statistique apprend que les volcans actuellement actifs, — plus exactement ceux dont on a constaté l'activité, — sont au nombre de plus de 300. Leur répartition à la surface de la Terre est très éloignée d'être uniforme, et il est intéressant de constater qu'elle ressemble de la façon la plus frappante à la distribution géographique des régions à macroséismes.

On peut, en effet, les décrire à peu près tous, exception faite pour l'Islande et les volcans antarctiques, en suivant les deux grandes bandes à tremblements de terre. L'une de ces bandes longe tout le littoral méridional de l'Eurasie avec prolongement, à l'ouest dans l'Atlantique, pour les Canaries, les îles du Cap-Vert, les Antilles, et, vers le sud, dans l'Afrique continentale, puis dans les îles de l'Océanie.

L'autre, longe le littoral occidental des Amériques, depuis les Aléoutiennes jusqu'à la Terre de Feu.

De même que les bandes à macroséismes sont accompagnées de bandes grossièrement parallèles où se continuent, à mesure qu'on s'éloigne de la ligne initiale, des tremblements de terre de moins en moins intenses, — de même, les bandes à volcans actuels se redoublent de bandes où les volcans ont laissé des vestiges de moins en moins distincts, à mesure qu'on se trouve de plus en plus loin du début.

§ 1. — Bande de Volcans actifs de l'Eurasie avec ses prolongements.

Sommaire. — Chaîne volcanique des Petites Antilles. Éruption de la Montagne Pelée (1902). — La Soufrière de la Guadeloupe. Le Mont-Misère. Sainte-Lucie. Saint-Vincent en 1902. — Les volcans des îles du Cap Vert. — Les Canaries : le pic de Teyde et son dernier réveil ; l'île de Lancerote. — Les Açores : l'île de Terceira et son cratère double ; Pico, San Jorje, Fayal. — Les Champs Phlégréens. Solfatare de Pouzzoles. Éruption du Monte-Nuovo. Ischia et le Mont Épomeo. — Description du Vésuve par Strabon. Date de ses principales éruptions. — Le Stromboli, Lipari et Hiera (Vulcano) décrits par Strabon. Nombreuses éruptions de Vulcano. — L'Etna, sa forme, son cratère, ses paroxysmes. — L'île Julia. — Un volcan aujourd'hui éteint (Méthone) décrit par Strabon. — Les Cyclades et le volcan de Santorin. Naissance d'une île. — Les volcans de l'Asie Occidentale : l'Ararat. — Les volcans en éruption de l'Abyssinie et de l'État libre du Congo. — L'île Bourbon. Description de son volcan et du Grand Pays brûlé. — Région volcanique de l'Arabie se prolongeant jusqu'en Syrie. — Les volcans de l'Inde et de l'Asie Centrale. — Le Kamtchatka, l'une des régions les plus volcaniques du globe. Son plus haut volcan, le Kliutschewskaja (5.000 mètres d'altitude), a des éruptions fréquentes. Le Grand Tolbatscha, le Grand Semœtschick, le Jupanowna, l'Asatscha, etc. — Dix volcans actifs dans les Kouriles. — Le Japon aussi bouleversé par les volcans que par les tremblements de terre. Éruption du Bandaï qui fait sauter le pic Central. Éruption désastreuse de l'Asama-Yama (1783). Le Fusi-Yama, le Kirishima, le Wunsen. Petites îles japonaises souvent en éruption et en voie de formation. — Volcans sous-marins sur les côtes de Formose. — Les *Volcanes*. — Terribles éruptions à Manille : le Cagua, le Mayon. — Dix volcans dans la presqu'île de Camarines. — Continuation du phénomène volcanique des Philippines à Célèbes : l'île Sanguir. — Les onze volcans actifs de Célèbes. — Un volcan du xviie siècle dans l'île de Gilolo. — Le Gama-Lama, dans

l'île de Ternate. — Volcans entourés de récifs de corail. — Les
volcans d'Amboine. Le Gunnung-Api, le Pic de Timor. — L'île
de Florès et ses trois volcans actifs. — Terrible éruption de
Timboro en 1815. A Java, 46 grands volcans dont 20 en acti-
vité. Description des principaux : le Mérapi, le Merbabou, le
Slamat, le Salak, le Tankouban-Prahou, le Gountour, le
Bromo, le Lamongang, le Semirou, point culminant de l'île,
l'Ijen-Raun. Le détroit de la Sonde et l'explosion du Kraka-
tau (1883). — Les volcans de Sumatra. — Les îles Salomon, de
Santa-Cruz, des Nouvelles-Hébrides et leurs volcans. Le
Rocher de Mathieu. — L'île septentrionale de la Nouvelle-
Zélande. En 1886, réveil formidable du Mont Tarawera. —
Le pic Tafoua et l'Amargoura dans l'archipel de Tonga. — Le
Mauna-Mu dans le groupe de Samoa. — Les Galapagos. —
Les volcans d'Hawaï. Le Mauna-Loa, le plus prodigieux vol-
can de la terre et son cratère inférieur, le Kilauea, le plus
grand bassin volcanique. Les cheveux de Pélé.

Chaîne volcanique des Petites Antilles. — Les
Petites Antilles, qui croisent sensiblement à angle
droit la chaîne des Grandes Antilles, sont presque
entièrement d'origine volcanique et plusieurs contiennent des volcans en activité, dont l'un des plus
terriblement célèbres, la Montagne Pelée, haute
naguère de 1.351 mètres, s'élève à l'extrémité nord
de la Martinique.

C'est en 1792 que la Montagne Pelée, par un réveil
d'anciennes fumerolles, se révéla comme un volcan
encore actif. Elle eut une grande éruption en 1851-
1852. M. Lacroix a fait de la catastrophe du 8 mai 1902
un récit qui va nous servir de guide [1].

Le volcan émettait, depuis 1889, de petites fumerolles sulfhydriquées, qui s'accentuèrent en 1900 et
1901. En février 1902, les habitants du Prêcheur commencèrent à être incommodés de ces émanations. Le
22 avril, le câble de Fort-de-France à la Guadeloupe
se rompit, et, le lendemain, le sol était légèrement
secoué au Prêcheur. Le 24 avril, une colonne noire

---

1. *La Montagne Pelée et ses éruptions*, 1 vol. in-4°. Paris. 1904.

de vapeurs et de cendres s'élève de l'Étang Sec, avec une hauteur de 500 à 600 mètres. Le 25, le bourg du Prêcheur est couvert par un nuage de cendres fines qui tombent lentement sur les maisons. Le 26, le phénomène semble s'apaiser et les habitants de Saint-Pierre « vont, en partie de plaisir, voir le lac d'eau noire qui s'est formé dans l'Étang Sec et d'où s'échappent des vapeurs, par un petit cône de cendre en voie d'édification.

« Le 28, de forts grondements se font entendre, la colonne de vapeurs augmente ; le débit de la Rivière Blanche, qui prend sa source au pied de l'Étang Sec, triple. Le 29 et le 30 sont calmes, la colonne de vapeurs est à peine distincte ; de petites secousses de tremblement de terre sont cependant ressenties à Saint-Pierre. »

La cendre recommence à tomber, la montagne gronde. « Le 2 mai, à 4 heures du soir, la colonne qui s'élève du cratère est d'un noir foncé, elle est sillonnée d'éclairs ; la quantité de cendres s'accroît et à 11 heures du soir, pour la première fois, elle tombe à Saint-Pierre et dans ses environs. Le 3 au matin, l'obscurité est presque complète au Prêcheur ; les sources sont taries et de Saint-Pierre on doit ravitailler le bourg... Le jour suivant (4 mai), la chute de cendres continue, mais moins dense... Jusqu'alors, l'éruption présentait les mêmes caractères que celle de 1851, dont le souvenir était rappelé dans les journaux de Saint-Pierre, mais il allait bientôt se produire quelque chose de plus. Dans la nuit du 4 au 5 mai, la Rivière Blanche déborde. La montagne était calme à 9 heures ; à 10 heures, des détonations se font entendre, la Rivière Blanche devient un torrent furieux ; les habitants de Saint-Pierre accourent à son embouchure pour voir ses ravages, quand, vers midi 45', se produit au cratère une violente éruption boueuse ; le barrage de l'Étang Sec est rompu, une masse énorme et fumante de boue épaisse et de gros blocs de rochers fait une trouée dans la végétation qui recouvre les pentes de la montagne, dévale dans la haute vallée de la Rivière Blanche et vient s'étaler sur son ancien delta torrentiel, en détruisant l'usine Guérin et en faisant les 25 premières victimes de l'éruption. A 7 h. 47' du matin, le câble de Fort-de-France à Puerto-Plata s'était rompu par le travers de la Rivière Blanche, à 16 milles du cratère. Pendant toute la nuit du 5 au 6, la Rivière Blanche continue à rouler un torrent de boue... La cendre tombait toujours. Le 6, à 8 heures du soir, pour la première fois, des phénomènes lumineux sont constatés au cratère. Dans la soirée, à 6 h. 45', les communications par câble entre Saint-Pierre et Sainte-Lucie avaient été interrompues. Le 7 mai, la chute des cendres devient de plus en plus épaisse. Les maisons et les arbres, au Prêcheur, commencent à s'effondrer ou à se briser sous le poids des cendres ; la nuit venue, plusieurs observateurs signalent dans le cratère des lueurs, des projections de blocs incandescents, des écroulements de ses parois. Dans la nuit du 7 au 8, une pluie torrentielle, accompagnée d'éclairs et de tonnerre, tombe sur la montagne ; à 3 heures du matin, une grande crue boueuse dévaste les bourgs de Grande Rivière, Macouba, Basse-Pointe ; à 5 heures, une semblable crue emporte une partie du bourg du Prêcheur. Dans la matinée du 8 mai, le ciel était clair ; du cratère s'élevait un haut panache vertical de vapeurs d'une admirable régularité, quand subitement, à 8 h. 2', s'est produit le phénomène terrifiant qui, en quelques minutes et peut-être moins, a anéanti Saint-Pierre et ses 28.000 habitants. Quelques témoins ont entendu de violentes détonations, puis ils ont vu arriver sur la ville, avec une rapidité foudroyante, une nuée noire sillonnée d'éclairs, roulant sur le sol. Après avoir dépassé Saint-Pierre, elle s'arrêta brusquement au nord du bourg du Carbet.

Quand un violent vent de retour l'eut refoulée, les quelques rares survivants à bord des bateaux en rade, qui n'avaient pas été coulés, et ceux qui étaient cramponnés à des épaves flottant sur la mer, ne virent plus de la ville qu'un monceau de ruines que dévorait l'incendie. En outre, la végétation, les habitations de toute la partie de la montagne comprise entre le cratère, le Morne Folie et la Petite Anse du Carbet, avaient disparu, recouvertes d'un épais linceul de cendre grise. La surface de la partie de la Montagne Pelée dévastée par cette éruption n'a pas moins de 58 kilomètres carrés. Aussitôt que la nuée eut atteint la ville, des lapilli, de la boue chaude, puis de la cendre fine et sèche s'étaient mis à tomber. Peu après l'éruption de ce que j'appellerai désormais la *nuée ardente*, un immense nuage de cendres couvrait l'île tout entière, la saupoudrant d'une mince couche de débris volcaniques. Un raz de marée était en même temps constaté sur toute la côte ouest. »

Les nuées ardentes devaient se reproduire. Il y en eut encore de formidables, dont l'une, du 20 mai, passant sur Saint-Pierre, y aurait anéanti toute vie, si tout déjà n'avait été tué, achevant la destruction du peu d'édifices demeurés debout. Un nuage de cendres qui la suivit s'étendit jusque sur Fort-de-France, frappant les habitants d'une terreur qui n'était que trop justifiée. Un autre paroxysme eut lieu le 26 mai, la nuée suivant la Rivière Blanche, la cendre couvrant encore une partie de l'île. Puis il y eut une période de calme relatif, suivie d'une recrudescence terrible, qui commença par un tremblement de terre ressenti dans toute l'île, le 24 août, et se continua par des phénomènes électriques effrayants, des détonations incessantes. Enfin, le 30 août, au soir, une nuée ardente qui, cette fois se dirige sur les versants est, sud-est et sud de la montagne, détruit complètement le bourg du Morne-Rouge, en partie celui de l'Ajoupa-

Bouillon, fait encore un millier de victimes et augmente la surface de dévastation de 56 kilomètres carrés.

La Guadeloupe, dont la Grande Terre n'est pas d'origine volcanique, comprend une autre île, plus grande, qui contient des cratères éteints, et ce cône fameux appelé Soufrière de la Guadeloupe, dont le sommet est à 1.500 mètres d'altitude. Les éruptions y furent rares jusqu'à la fin du XVIIIᵉ siècle. Il y en eut une très violente en 1797, avec émission considérable de cendres, de ponces, de vapeurs sulfureuses. En 1836, il s'en déclara une autre sur le flanc oriental de la montagne. Quelques mois après, il y eut au nord-ouest un déluge de boue provenant de l'écoulement soudain d'un cratère-lac, ébréché par un tremblement de terre [1]. Le volcan est déchiré du nord au sud par la *grande fente*, d'où s'échappent les vapeurs sulfureuses donnant lieu, ainsi que celles du sommet, aux dépôts de soufre. Le dégagement des vapeurs sulfureuses est à peu près constant.

Montserrat a aussi un volcan à l'état de soufrière.

Le Mont-Misère, qui est dans l'île de Saint-Christophe, eut une éruption en 1692. Ses flancs sont sillonnés de fumerolles.

Sainte-Lucie, au sud de la Martinique, a le Qualibou, dont la hauteur est de 600 mètres environ. Le cratère se compose de plusieurs petits bassins que remplissent des sources intermittentes d'eau bouillante. Il y aurait eu une éruption en 1766.

Le Morne-Garou, dans l'île de Saint-Vincent, est un puissant volcan, d'une altitude de 1.580 mètres, qui, longtemps demeuré à l'état de solfatare, a eu une violente éruption en 1718, et une plus formidable en

1. Poulett Scrope. *Les Volcans*, trad. Pieraggi. 1 vol. in-8°. Paris, 1864, p. 443.

1812. Il y eut alors une énorme émission de cendres, de ponces, mêlées de débris organiques, provenant sans doute d'un cratère-lac. Les secousses des explosions furent ressenties jusque dans les îles voisines et la Barbade en reçut des cendres. Un torrent de lave sortit du sommet de la montagne et ne mit que quatre heures pour atteindre la mer. En 1902, une catastrophe dont le souvenir est dans toutes les mémoires, fit 2.000 victimes.

Volcans d'Afrique occidentale. — Les îles du Cap-Vert forment un groupe de 200 kilomètres de longueur, essentiellement volcanique. San-Antao, San-Vincente, San-Nicolao, Sal, Santiago n'ont que des cratères éteints. Mais il y a Fogo, dont le *Pic*, ou *Pic de Fuego*, est un magnifique volcan actif de 2.830 mètres d'altitude. Le cône s'élève d'un cratère semi-circulaire, analogue à la Somma vésuvienne. La plus ancienne éruption dont on ait conservé la mémoire est celle de 1564. On en a compté une quinzaine depuis.

Plus au sud, dans le golfe du Bénin, l'île de Fernando-Po a un volcan, le Clarence Peack, dont le grand cratère laisse échapper parfois des cendres et des vapeurs rouges. Sur la terre ferme, en Guinée, la chaîne de Cameron a, comme point culminant, un volcan, qui eut une éruption assez récente : c'est le Mongo-ma-Lobah.

Les îles Canaries occupent une place importante dans la géographie volcanique. Elles sont toutes nées d'éruptions, et plusieurs ont des cônes encore en pleine activité. La plus célèbre, à ce point de vue, est Ténériffe. Le point culminant, le Pic de Teyde, — qui a eu encore en 1910 une éruption, — s'élève du milieu d'un cirque considérable, le Grand Cratère, à une hauteur de 3.800 mètres. Le cratère de ce Pic a 553 mètres de diamètre. De nombreux cônes, dont chacun a donné lieu à une coulée de lave, parsèment les flancs. Il y a aussi d'autres cônes en différents points de l'île; par exemple, le Monte-Uredo, qui a émis de grandes quantités de lave. La première éruption historique du Pic de Teyde est de 1430. En 1798, le Grand Cratère donna une éruption extrêmement violente.

La Montaña de Fuego, autre volcan actif, s'élève à 450 mètres seulement, dans l'île de Lancerote. La longue éruption de 1730 à 1736 a déterminé une fissure dans presque toute la longueur de l'île, sur laquelle s'ouvraient successivement de nombreux orifices laissant échapper des déluges de lave. La Montagne de Feu est précisément le plus élevé de ces cônes modernes.

C'est dans l'île de Palma que Léopold de Buch a étudié les prétendus cratères de soulèvement. On peut la considérer comme un volcan, au sommet tronqué par le cratère central ou Caldera, dont le fond est à 400 mètres d'altitude, tandis que les montagnes qui l'entourent ont de 2.000 à 2.700 mètres de hauteur. Il y a à l'extrémité sud de l'île un grand nombre de cônes récents. C'est de ce côté que se fit, en 1677, la dernière éruption.

Les Açores sont entièrement volcaniques. La plus grande, San-Miguel, est traversée de l'est à l'ouest par une chaîne de cônes, d'une hauteur de 300 à 600 mètres. Ils sont formés de cendres et plusieurs ont encore de larges cratères occupés par un lac. Il en est qui se touchent par la base. De tous côtés se rencontrent des sources thermales. Depuis les temps historiques, il y a eu quelques éruptions, notamment en 1444, 1563, 1652, toutes dans la partie occidentale. Près de Villafranca se trouve une soufrière. En 1811, jaillit de la mer, à peu de distance de la terre, une petite île de cendres et de scories qui ne vécut que quelques semaines. Le même fait se reproduisit en 1867.

L'île de Terceira présente un dôme haut de 1.200 mètres, avec le grand cratère double, appelé Caldeira San Barbara. Il y a de nombreux cônes de scories. dont l'un, le Bagacina Pic, donna, avec émission abondante de lave, la seule éruption qui soit connue (1761).

L'île de Pico semble un volcan unique, d'une altitude de 2.400 mètres. Il offre un grand cratère à l'intérieur duquel est le cône éruptif. De la neige qui en couvre le sommet s'échappe toujours de la fumée. Il y eut des éruptions en 1572, 1718, 1720.

San Jorje eut de violentes éruptions en 1580, 1757, 1808, 1812, avec d'abondantes coulées de lave.

L'île de Fayal, en forme de dôme, contient une grande caldera centrale. Elle est entièrement recouverte de lave parmi laquelle la coulée de 1672 est bien visible.

Volcans des Champs Phlégréens et le Vésuve. — Au voisinage de Naples s'étend une région de 20 kilomètres sur 15, que les anciens désignaient sous le nom de Champs Phlégréens, qu'elle a gardé. On y voit les restes d'une trentaine de cônes avec cratères bien nets. La Solfatare de Pouzzoles est le plus important de ces anciens volcans, qu'il est imprudent de considérer comme éteints. La Solfatare, en effet, eut une éruption en 1198. Le Lago d'Agnano, à 2 kilomètres de la Solfatare, est un cratère de plus de 3 kilomètres de circonférence dégageant des gaz abondants. A son voisinage est la célèbre grotte du Chien. Le volcan d'Astroni a un cratère absolument circulaire de 4 kilomètres de tour, au milieu duquel s'élève un cône de trachyte. Sur les bords du célèbre lac Averne se dresse le Monte-Nuovo, cône de scories, de 143 mètres de haut, avec un cratère profond de 110 mètres, et à sa base une petite coulée de lave. Il fut édifié en deux jours par la terrible éruption de

septembre 1538 qui ravagea tout le pays environnant.
« Les pierres et les cendres, dit un témoin oculaire,
cité par Poulett Scrope[1], étaient expulsées avec un
bruit semblable à des décharges de grosse artillerie,
en quantités qui semblaient devoir couvrir le globe, et
en quatre jours leur chute avait formé une montagne
dans la vallée entre le Monte-Barbaro et le lac Averne,
d'au moins 3 milles de circonférence et presque aussi
élevée que Barbaro lui-même : et c'est une chose
incroyable, pour ceux qui ne l'ont pas vue, que la formation d'une montagne dans un temps aussi court. »

Les îles de Procida, de Vivarra, d'Ischia, sont le
prolongement des Champs Phlégréens. Le Mont
Epomeo, le volcan d'Ischia, occupe le centre de l'île
avec une altitude de 794 mètres. Les éruptions connues se sont faites à sa base, y produisant une douzaine de cônes. Comme les tremblements de terre,
elles sont innombrables dans cette île enchanteresse
d'où plusieurs fois durent fuir ses colonies.

Le Vésuve, à chaque instant cité ici, avec la description de plusieurs de ses éruptions, est la merveille
du golfe de Naples. Les anciens le connaissaient pour
ce qu'il était. La description qu'en donne Strabon est
un modèle :

« Les villes que nous venons de nommer sont
toutes situées au pied du Vésuve, montagne élevée
dont toute la superficie, à l'exception du sommet, est
couverte de riches cultures. Quant au sommet, qui
offre en général une surface plane et unie, il est partout également stérile, le sol y a l'aspect de la
cendre et laisse voir par endroits la roche même, percée, criblée de mille trous, toute noircie, et qui plus
est, comme rongée par le feu, ce qui porte à croire
naturellement que la montagne est un ancien volcan

1. *Les Volcans*, trad. PIERAGGI. 1 vol. in-octavo, Paris, 1864
p. 324.

dont les feux, après avoir fait éruption par ces ouvertures comme par autant de cratères, se seront éteints faute d'aliment. On peut croire aussi, par analogie, que la fertilité incomparable des terres environnantes est due à cette même cause, puisque l'excellence des vignobles de Catane est généralement attribuée à ce phénomène qu'une partie des terres qui entourent cette ville a été couverte de cendres provenant de la décomposition de la lave vomie par l'Etna. La lave, en effet, contient une sorte d'engrais qui, pénétrant le sol. commence par le brûler, mais y active ensuite la végétation [1]. »

Cette description s'applique à la Somma, car le cône actuellement actif ne fut évidemment formé que par les éruptions de 79 et les suivantes.

On sait que c'est en 79 que furent détruites et ensevelies Herculanum, Pompéi et Stabies. Il y eut ensuite, jusqu'en 203, une période de calme. La troisième éruption eut lieu en 472 et couvrit, dit Procope, l'Europe tout entière de cendres. Puis ce furent encore des paroxysmes en 512, 685, 993, 1036, cette dernière éruption remarquable par l'abondance de la lave qui atteignit la mer. A partir de 1139, jusqu'en 1306, repos complet. Éruption en 1500, puis sommeil durant cent trente ans. L'Atrio del Cavallo, vallée semi-circulaire entre le Vésuve et la Somma, avait alors des forêts, de petits lacs ; le cratère du Vésuve contenait aussi une eau profonde. L'éruption de 1631 fit de ces lacs des torrents d'eau bouillante qui causèrent autant de mal que des cascades de lave. Les grandes éruptions sont ensuite celles de 1680, 1682, 1685, 1689, 1694, 1696-1698, 1701, 1707, 1712, 1732, 1737, 1751, 1754, 1760, 1763, 1771, 1778, 1779, 1784-1786, 1790, 1802, 1804, 1806, 1809-1810, 1812, 1822, 1832, 1839, 1848, 1858, 1851, 1866, 1872, 1885, 1891, 1895, 1900 et celle de 1906 décrite plus haut.

1 *Géographie*, trad. Tardieu, Liv. V, p. 41.

Volcans des îles Éoliennes — Les îles Éoliennes, aujourd'hui appelées îles Lipari, du nom de la plus importante d'entre elles, sont situées entre Naples et la Sicile. C'est parmi elles qu'on trouve le magnifique Stromboli, dont nous avons déjà parlé.

Dans l'antiquité, Stromboli s'appelait Strongyle, du nom de sa forme arrondie, comme le remarque Strabon. « Elle est aussi, dit-il, de nature volcanique, mais ses éruptions, très inférieures à celles des deux autres îles en intensité, l'emportent beaucoup par l'éclat et la splendeur des feux. Aussi les mythographes en avaient-ils fait la demeure même d'Éole[1]. »

Les deux autres îles à éruption, dont parle Strabon sont Lipara et Vulcano. Lipara a, dit-il, un volcan en activité. Elle renferme trois grands cônes, aujourd'hui en repos, mais dont l'un, le Monte-Angelo, eut, au dire de Dolomieu, des éruptions jusqu'au VIe siècle.

Quant à Vulcano, l'île sacrée dédiée à Vulcain, et que du temps de Strabon on appelait Hiera, « on y voit le feu jaillir par trois orifices, autrement dit par trois cratères. Le plus grand ne vomit pas seulement des flammes, mais aussi des masses ou blocs ignés qui ont déjà comblé une bonne partie du détroit... Polybe trouva l'un de ces trois cratères affaissé déjà en partie sur lui-même, mais les deux autres encore intacts. Le plus grand avait cinq stades à sa marge extérieure, puis allait se rétrécissant peu à peu jusqu'à ne plus avoir qu'un diamètre de 50 pieds à un stade au-dessus du niveau de la mer. »

Vulcano est encore en activité aujourd'hui (fig. 22). Elle eut de fréquentes éruptions, notamment en 1444, 1693, 1739, 1771, 1786, 1873-1874, 1888. Le cratère principal, qui a un kilomètre de diamètre et une profondeur de 200 mètres, est une véritable solfatare.

1. *Géographie*, Liv. VI, pp. 460 et suiv.

Vulcanello, reliée à Vulcano par une bande de terre
est le produit d'une éruption, qui eut lieu 200 ans av. J.-C

Volcan de Sicile : l'Etna. — Le sommet de l'Etna
s'élève à une hauteur de 3.470 mètres. Ce volcan est
donc l'un des plus grands de la terre, d'autant qu'il
part du niveau de la mer. C'est un cône tronqué par
une surface presque plane, légèrement bombée, le
Piano del Lago, qui sert de support à un autre cône
ébréché par le cratère principal, variant souvent de
grandeur et de forme, selon les éruptions. Il a souvent
donné d'abondantes coulées de lave ; mais celle-ci
sort le plus souvent par des ouvertures sur les flancs
du volcan, où l'on compte plus de deux cents petits
cônes de scories. Plusieurs de ces bouches se sont
ouvertes dans le Val del Bove, grande fissure sur le
versant oriental et qui fut transformé en caldera au
cours de quelque éruption.

Il est souvent question des paroxysmes de l'Etna
dans les historiens et les poètes de l'antiquité. Mais
il semble avoir été en repos relatif durant les dix premiers siècles de l'ère chrétienne. Depuis, il y a eu un
grand nombre d'éruptions, dont beaucoup très violentes : en 1537, 1643, 1669, 1763, 1766, 1792, 1805,
1809, 1819, 1831, 1852, 1863, 1878-1879, 1883, 1886, 1892,
1908. La lave qui, lorsqu'elle s'élève jusqu'au cratère
terminal, forme une colonne de plus de 3.300 mètres
de hauteur, s'est souvent répandue avec une abondance prodigieuse. Cette masse exerçant une pression
constante sur les parois internes, y détermine des
fissures par où elle s'échappe pour former les cônes
secondaires. En 1634, commença une coulée qui dura
un an. En 1669, l'éruption s'annonça, ainsi que le cas
est fréquent dans l'Etna, par des tremblements de
terre qui causèrent une énorme fente commençant à
Nicolosi, atteignant la base du cône supérieur et
remplie jusqu'au bord par de la lave. Le Monte

Fig. 22. — Forgia Vecchia, ou vieux cratère de Vulcano, dans les îles Éoliennes.
au nord de la Sicile. — Cliché Aug. Robin.

Rosso, cône secondaire à cratère, sortit de cette coulée qui détruisit sur son passage quatorze villes ou villages, atteignit Catane, en venant faire contre ses murs une énorme accumulation. En 1755, il s'épancha dans le Val del Bove un courant de lave de 20 kilomètres. La lave de 1763 forma le cône de Montagnuola. En 1792, deux courants s'établirent, dont l'un s'écoula dans le Val del Bove. L'éruption du 21 août 1852, très étudiée par Lyell, donna d'abord des projections de scories par le cratère principal ; le jour suivant, dix-sept ouvertures, vomissant de la fumée et des laves, se firent sur une fissure allant depuis le sommet jusqu'à la base du grand bassin qui forme l'entrée du Val del Bove. Puis deux nouvelles bouches s'ouvrirent dans le Val, l'une émettant des scories, l'autre de la lave, et devenant des cônes volumineux. Celui d'où sortait la lave atteignit 500 pieds de hauteur. Le courant qui s'en échappa et qui fit du Val del Bove un fleuve de feu s'étendit sur 10 kilomètres de longueur et sur 3 de largeur. La profondeur moyenne était de 4 à 5 mètres ; mais il y eut des accumulations de 50 mètres.

Entre l'île volcanique, mais qui semble éteinte, de Pantellaria et le point le plus rapproché de la Sicile, surgit d'une éruption sous-marine, en 1831, l'île Julia dite aussi île de Graham, qui disparut, au bout de quelques mois, sous l'action des flots. Une nouvelle éruption, en 1863, donna naissance, sur le même point, à une petite île de cendres, avec cratère actif, qui fut de même emportée. En octobre 1891, le volcan sousmarin se fit entendre et l'on vit des blocs de scories sur la mer. Il est donc possible que de nouvelles éruptions finissent par donner lieu à une formation permanente.

Volcans de la Grèce. — Dans la Grèce continentale, on n'a à citer que le volcan de la presqu'île de Méthana, dont Strabon [1] mentionne l'éruption.

« Une montagne de sept stades de hauteur surgit brusquement à la suite d'une éruption ignée : inaccessible tout le jour à cause de son extrême chaleur et de l'odeur de soufre qu'elle exhalait, elle répandait, au contraire, la nuit, une odeur agréable, et, avec de vives clartés qui rayonnaient au loin, une chaleur tellement intense que la mer, jusqu'à une distance de cinq stades, bouillait à gros bouillons, et qu'à vingt stades ses eaux étaient encore troublées et agitées, sans compter que tout cet espace intermédiaire demeura comme comblé de rochers aussi hauts que des tours. »

On assigne à cette éruption la date de 385 ans avant J.-C. Le volcan n'a pas donné depuis signe d'activité. Il a actuellement une altitude de 418 mètres, et un cratère profond de 70 à 80 mètres; il a donné lieu à un important épanchement de lave.

C'est dans les Cyclades que l'activité volcanique s'est manifestée, en Grèce, d'une manière qui nous intéresse tout particulièrement, puisqu'elle a donné lieu à des résultats qui nous sont contemporains. Santorin, la plus méridionale des Cyclades, faisait partie, avec les îles de Therasia et d'Aspronisi, d'un énorme volcan effondré antérieurement. Therasia ne fut séparée de Théra, — Santorin, — qu'en l'an 236 avant J.-C., à la suite de violents tremblements de terre. Et le canal entre les deux îles a maintenant deux kilomètres de largeur.

L'île de Santorin a une forme semi-lunaire. Son golfe n'est autre chose que l'ancien cratère, limité ailleurs par Therasia et Aspronisi. Les éruptions s'y manifestent par l'apparition des kaïménis ou îles brûlées. C'est ainsi que naquit, l'an 194 avant J.-C., Hiéra, aujourd'hui Paléo ou Mégalo-Kaïméni, au milieu de

1. *Géographie*, trad. TARDIEU, Liv. 1er, p. 100.

grands tremblements de terre. Les géographes anciens ont donné des détails sur l'événement, de même que sur Thia, la Divine, qui, l'an 19 de notre ère, surgit à deux stades (environ 250 mètres) de Hiéra, qui se réunit à elle. En 1573, à trois kilomètres au nord-est de Hiéra, surgit, au milieu des convulsions du sol, Mikro-Kaïméni, qui n'a guère que 3 kilomètres de tour, avec une hauteur de 67 mètres au-dessus de la mer. Néo-Kaïméni se forma de 1707 à 1712, entre Paléo et Mikro-Kaïméni. En 1866 un îlot surgit des flots, grandit progressivement et constitue maintenant l'île de Georgios, où ne se voit d'ailleurs aucun cratère.

L'Asie Mineure. — L'Asie Mineure est une région très volcanique, mais où l'activité paraît éteinte. Le Taurus, le Caucase offrent de grands volcans également éteints. Le Tendourek ou Sinderlik-Dagh, entre les bassins de l'Euphrate et de l'Araxe, a une hauteur de 3.832 mètres et un cratère de 700 mètres de diamètre qui fume constamment.

On ne peut pas dire de l'Ararat (5.211 mètres) qu'il soit éteint, puisqu'une éruption de boue brûlante détruisit, en 1840, le village d'Arkouri et e monastère de Saint-Jacques, et fit 2.000 victimes humaines. Son activité était restée évidente jusqu'au xv° siècle. L'Alaghenz (Œil d'Allah), qui s'élève à 4.100 mètres sur le grand Plateau arménien, est actuellement à l'état d'activité solfatarique.

L'Abyssinie. — Parmi les volcans très nombreux d'Abyssinie, il faut citer le Dschebbel-Dubbel, entre Massouah et Bab-el-Mandeb, qui a des éruptions grandioses, bien décrites dans un récit donné au *Tour du Monde*[1] par un voyageur anglais qui compta, sur la montagne 19 cratères, dont 18 fumant le jour et

1. N° 96.

éclairant la nuit, « comme des phares gigantesques. Le dix-neuvième cratère, très vaste, long de
100 brasses et large de 50, brille nuit et jour, et
lance des pierres qui s'élèvent assez haut dans le ciel
pour s'effacer à la vue. Elles retombent alors dans le
gouffre d'où elles sont parties. Le feu et les pierres,
quand le volcan les projette, font un fracas semblable
à celui du canon. »

L'éruption de 1862, à laquelle se rapportent ces
lignes, fut meurtrière. Il y eut des villages brûlés et
plus d'une centaine de morts.

Volcans de l'Afrique équatoriale. — Au sud du lac
Albert-Édouard, dans l'État libre du Congo, s'étend
un massif volcanique, de 5 ou 6 pics, déjà vu,
en 1890-1892, par Émin Pacha et son compagnon, le
naturaliste Stuhlman, et dans lequel le comte von
Goetzen a découvert, en juin 1894, un volcan en pleine
éruption, le Kironga, qu'Émin et Stuhlmann avaient
appelé Virungo-Vyagongo. Les récits des indigènes
étaient formels à ce sujet : explosions, flammes, détonations. Le comte von Goetzen en fit l'ascension et
vit le cratère : un gouffre de 1 kilomètre et demi
de diamètre et de 30 mètres de profondeur, dont le
fond présente deux puits, aussi réguliers que s'ils
avaient été maçonnés. « Du puits septentrional, qui
peut avoir un diamètre de 100 à 150 mètres, sort avec
un grondement semblable à celui du tonnerre, une
fumée rougeâtre. Je crois que nous nous trouvons en
présence d'un lac de lave[1]. » Le Kirongo est à
l'ouest de la chaîne volcanique. Il a une hauteur de
3.420 mètres.

Volcans de l'Afrique orientale. — Parmi les volcans
actifs ou éteints de l'Afrique orientale, on cite :

1. Lettre du comte von Goetzen, citée par M. HENRI DEHÉRAIN
dans *La Nature* du 12 janvier 1895.

Igruivi, Doenje Ngaï, Kénia, Kilimandjaro. Ce dernier, la plus haute montagne de l'Afrique, est un volcan, très étudié par le Dr Hans Meyer qui, en 1887, en atteignit l'extrême cime, à 6.010 mètres d'altitude. C'est un dôme surmonté de deux pointes, dont l'une, le Kibo, est un cône ayant au sommet un cratère de 1.600 mètres de diamètre, au centre duquel se dresse un petit cône d'éruption actuellement éteint. L'autre cime, le Mawenzi, est la portion occidentale d'un cône, dont le centre et l'est ont été emportés par quelque explosion.

Dans les îles Comores, deux volcans actifs, dont l'un, le Ngazia, eut des éruptions violentes en 1830, 1855, 1858.

Quatre volcans actifs, au nord-ouest de Madagascar.

L'île Bourbon se compose de deux parties, toutes deux volcaniques. La partie ouest n'est, en quelque sorte, qu'un grand volcan ancien, dont le sommet principal, le Gros-Morne, a une altitude de 3.330 mètres. La partie sud-orientale, appelée le Grand Pays Brûlé, contient l'un des volcans les plus actifs du monde, dont M. Ch. Vélain [1] a donné une très importante description. Ce volcan s'élève sur une suite de grands plateaux limités par de hautes murailles à pic, s'ouvrant largement vers l'est en forme de fer à cheval. C'est au centre du dernier de ces remparts, appelé les Enclos, que s'érige le volcan composé de deux pitons coniques, terminés par des cratères, dont l'un, à 2.650 mètres, est aujourd'hui inactif, tandis que l'autre, le Piton de la Fournaise, à 2.528 mètres, répand sur le Grand-Brûlé une quantité prodigieuse de lave. Pendant les repos, cette lave jaillit fréquemment par des orifices au sommet du

1. *Description géologique de la presqu'île d'Aden, de l'île de la Réunion, des îles Saint-Paul et Amsterdam*, in-4°, p. 55. Paris, 1878.

cône, donnant ainsi naissance à une infinité de petits
cônes, de 25 à 50 mètres de hauteur. Bory de Saint-
Vincent, qui l'a spécialement étudié[1], de 1785 à 1801,
dit que, pendant ce laps de temps, des coulées de lave
sortirent de ses flancs, au moins deux fois par an.
Nous avons parlé ailleurs des qualités particulières
de cette lave. En 1860, il y eut une violente éruption.
avec un courant de lave qui coupa toutes les communications entre les régions nord-est et sud-est de l'île.
Les explosions des cratères, rarement violentes, consistent surtout en projections de fils fins, comme du
verre filé, de lave vitreuse (cheveux de Pélée). En dehors
du grand volcan, il y a plusieurs cônes à cratère.

Très volcanique, l'île Maurice a un volcan considérable, le Piton du Milieu, actuellement éteint.

Volcans d'Arabie et de Syrie. — Revenant au continent du Vieux Monde, nous rencontrons, au sud-
ouest de l'Arabie, la ville d'Aden occupant le fond
d'un cratère ébréché, dont la tradition rapporte des
éruptions. Bir-Bahuct ou Albir-Hul, sur la côte sud-
est, est un volcan actif; sur la côte ouest, au milieu
de vastes territoires volcaniques qui se prolongent
jusqu'en Palestine, où, dans la vallée du Jourdain et
de la Mer Morte, on trouve beaucoup de traces de
l'activité souterraine. Il y a des cratères dans la chaîne
du Sinaï. D'anciennes chroniques mentionnent, d'après
Burckhardt, des éruptions volcaniques près de Mé-
dine, en 1254 et 1276. « L'île volcanique de Djebel-
Tair, dans laquelle Vincent a reconnu l'île éteinte du
Periplus Maris Erythrei, est encore active, d'après le
rapport de Botta, d'accord avec les renseignements
recueillis par Ehrenberg et Russeger[2]. »

---

1. *Voyage aux îles d'Afrique*, t. I, p. 264; t. II, p. 372:
t. III, p. 147.

2. A. DE HUMBOLDT. *Cosmos*, trad. GALUSKY, t. IV, p. 392. Paris,
1859.

Volcans de l'Inde. — Dans l'Inde, la province de Koutch, au sud du delta de l'Indus, renferme un volcan qui serait encore actif, le Dendour, dont on cite une éruption en 1819. Près de Pondichéry, en 1755, une éruption sous-marine forma une petite île de scories, bientôt emportée par les flots.

L'existence de volcans dans l'Asie Centrale a été bien constatée ; mais l'étude n'en a pas été faite. La grande chaîne est et ouest du Tiantschan ou Monts Célestes, qui traverse l'Asie de l'est à l'ouest, entre l'Altaï et le Kouen-len, renferme le volcan Peschan, au nord de la ville de Koutsch. Il a eu des éruptions de lave depuis l'an 89 de notre ère jusqu'au commencement du VIIe siècle. A l'extrémité orientale du Tiantschan, le volcan d'Hotscheou, ou volcan de Turfan, émet continuellement de la fumée et des flammes, d'après un annaliste chinois, et aussi, d'après des pèlerins de la Mecque, répondant en 1835 à un interrogatoire officiel. A 30 milles de ce volcan, la grande solfatare d'Oroumtsi aurait, au dire d'un historien chinois, qui vivait dans la seconde moitié du XVIIIe siècle, rejeté des « cendres volantes ».

Volcans du Kamtchatka et des îles Kouriles. — Le Kamtchatka est une des régions les plus volcaniques du monde. On a compté, dans la chaîne la plus orientale, trente-huit volcans, dont douze sont encore actifs.

Ce sont, depuis le 56e degré de latitude nord, jusqu'à l'extrémité sud de la presqu'île, le Schewelutsh (56° 4' de latitude nord), d'une altitude de 3.274 mètres. Il eut une éruption en 1854.

Le Kliutschewskaja est le volcan le plus haut du Kamtchatka et même du monde entier, puisqu'il a une hauteur absolue de plus de 5.000 mètres. Cette hauteur varie, du reste, après les grandes éruptions, qui sont extrêmement fréquentes. On cite celles de 1727 à 1731, de 1767, 1797, 1825 ; celle de 1829, étudiée par

Erman qui fit alors l'ascension du volcan[1]; 1841, 1854. Le cratère, sous les neiges, a plus de 500 mètres de diamètre.

Le Grand Tolbatscha, de 2.600 mètres d'altitude, a un immense cratère répandant toujours de la fumée et souvent des flammes. Éruption violente en 1749.

Le Kisimen, l'Uson, le Kichpinitsch.

Le Grand Semaetschick, près du fleuve du même nom, après un effondrement complet, a recommencé à émettre de la cendre.

Le Petit Semaetschick eut une éruption de cendre en 1854.

Le Jupanowna est un cône tronqué vomissant continuellement de la fumée.

L'Awatscha, haut de 2.670 mètres, est un cône situé dans l'enceinte d'un ancien cratère. Éruptions violentes en 1737, en 1827, en 1855.

Une grande éruption, en 1828, causa la chute du sommet de l'Asatscha.

L'Opalinskoja, juste au-dessus du cap Lopatka, extrémité méridionale de la péninsule, fut très actif jusqu'à la fin du xviiie siècle.

Au sud du cap Lopatka, les Kouriles se rattachent à la chaîne volcanique du Kamtchatka et s'étendent jusqu'à l'île japonaise de Yéso, sur une ligne de 1.333 kilomètres de longueur. Elles renferment une vingtaine de volcans, dont 10 encore actifs.

Le plus important, l'Alaïd, célèbre par ses éruptions de 1770 et de 1793, mesure 3.300 mètres de hauteur. Citons aussi l'Itoroup et le Kounachir.

Volcans du Japon. — Nous avons déjà parlé du Japon, aussi bien pour ses désastres séismiques que pour ses volcans. Il n'est point, en effet, de pays plus bouleversé. Ses trois grandes îles, Yéso, Nippon

---

1. Humboldt. *Cosmos*, trad. Galusky, t. IV, p. 402. Paris, 1859.

et Kiou-Siou, ainsi que beaucoup de petites îles, contiennent des volcans. Cependant, les anciens historiens japonais ne mentionnent que six volcans actifs, deux dans l'île Nippon et quatre dans l'île Kiou-Siou. On en connaît aujourd'hui davantage, et il reste encore beaucoup de découvertes à faire dans l'étendue de la chaîne.

Le Pic de l'Angle est un cône de 1.600 mètres s'élevant dans la mer au nord-est de Yéso. Dans cette grande île, sur dix-sept volcans, on n'en compte guère que deux en activité, l'Ousouga-Take ou Mortier, ainsi appelé à cause de son profond cratère, et le Kajo-Hori.

Dans l'île de Nippon, les cartes actuelles indiquent un assez grand nombre de volcans actifs. Le Bandaï, situé au nord du lac Inawashiro, à 241 kilomètres au nord de Tokio. Cette montagne composée de trois pics, d'une altitude moyenne de 1.500 mètres. eut, le 15 juillet 1888, une éruption formidable dans laquelle la force explosive de la vapeur d'eau fit sauter toute la partie médiane de la montagne, y compris le pic central. La projection fut latérale, en sorte que les débris furent lancés d'un seul côté, comblant des vallées et recouvrant une étendue de 60 kilomètres carrés, avec une épaisseur variant de 3 à 30 mètres et atteignant en certains endroits 300 mètres. Il se fit une obscurité complète causée par les cendres brûlantes. Des torrents de boue balayèrent tout sur leur passage jusqu'à 15 kilomètres du cratère, ensevelissant trois hameaux avec leurs habitants.

L'Asama-Jama, dans la province de Shinano, eut une éruption désastreuse en 1783.

Au sud de Tokio, le Fusi-Yama, le plus haut et le plus célèbre des volcans japonais, est un objet de vénération et de fréquents pèlerinages. Sa hauteur, variable. comme celle de la plupart des volcans, est d'environ 4.000 mètres. C'était encore récemment un cône d'une parfaite régularité, tronqué seulement à son sommet. Mais le grand tremblement de terre de 1891 a modifié quelque peu la forme de la cime. Ce volcan, d'après les chroniques, aurait été formé en l'an 286 de notre ère par une violente éruption. Les autres éruptions connues sont celles de 799, 863, 937, 1032, 1707. Depuis cette époque, la montagne est en repos. Cependant, Milne, qui la gravit en 1880, y vit de la fumée. Le cratère actuel mesure 600 mètres de longueur sur 180 de largeur, avec 350 mètres de profondeur.

Le Sirama-Jama, dans la partie occidentale de l'île, a eu des éruptions en 1529 et 1854.

L'île de Kiou-Siou est essentiellement d'origine volcanique. Les volcans, dont un grand nombre sont en pleine activité, s'étendent du nord au sud sur une longueur de 300 kilomètres.

Le point culminant de cette chaîne centrale, à laquelle se rattachent d'autres montagnes volcaniques, se trouve dans le massif du Kirishima, à 1.839 mètres d'altitude : c'est le Nishi Kirishima. Un peu moins élevé, le Higashi Kirishima est cependant plus imposant à cause de sa position avancée et presque isolée. La légende fait descendre sur son sommet le dieu Isanagi Isanami, petit-fils du soleil et grand-père de Jimmu Tenno, le premier mikado, qui fonda la nation japonaise. On y voit encore son épée, dit-on, scellée dans le roc.

On compte au Kirishima cinq cratères alignés du nord-ouest au sud-est, sur une longueur de moins de 20 kilomètres. Trois de ces cratères sont remplis par des lacs. Nous avons raconté plus haut une éruption de ce volcan. Dans la même île, on rencontre le Wunsen, d'une altitude de 1.200 mètres, qui eut en 1793 une éruption où périrent, dit-on, 50.000 personnes. Son sommet fut emporté par les explosions. Dans l'Aso-Jama, à l'est-sud-est de Nagasaki, on récolte du soufre et de l'alun.

Signalons aussi le Mitake, dans la baie de Kagosima.

Il faut citer encore diverses îles, avec des cratères
fumants : par exemple, Ohoshima (éruption en 1877),
dans la baie de Wodwara, qui fait partie de la province d'Idsou, dans l'île de Nippon. C'est, selon Humboldt[1], le point de départ d'une rangée d'îlots volcaniques, groupés dans la direction du sud jusqu'à Fatri-
Sjo, par 33°6' de latitude nord, dont l'axe se prolonge
jusqu'aux îles Bonin, situées elles-mêmes par 26°30'
de latitude nord et 139°45' de longitude est. Il y eut
dans ces parages, du 14 novembre 1904 au 2 janvier 1905, formation d'une île nouvelle, au milieu
d'explosions violentes et continues, dégagement de
fumée et de vapeur blanche s'élevant de la mer. L'île
prit 5 kilomètres de tour et 160 mètres d'élévation.
Un lac d'eau bouillante se fit dans la partie nord.

Vers la même époque, dans l'île de Torishima[2], eut
lieu une violente éruption qui fit périr presque toute
sa petite population de pêcheurs.

Iwoshima ou l'île de Soufre, au sud de Kiou-Siou,
dans le détroit de Diémen, a été mentionnée dès
l'année 1596 par un navigateur hollandais qui l'appelait
une montagne de soufre et de feu. Elle émet souvent
de la fumée. La hauteur du cône serait de 715 mètres.

Sur la côte de Corée, dans une île, le volcan de
Tsimmara se serait érigé en 1007.

La chaîne volcanique des Kouriles et du Japon se
prolonge à travers les îles Liou-Tchéou, où il y a des
volcans encore actifs, jusqu'à la grande île Formose,
sur les côtes de laquelle sont plusieurs volcans sous-
marins, et qui elle-même en contient encore trois
actifs : Liou-huang-schan, Hoschan, Phy-nan-my-
schan.

---

1. *Cosmos*, trad. GALUSKY, IV. p. 417. Paris, 1859.
2. *La Nature* du 24 juin 1905, p. 62.

Entre Formose et les Philippines se trouvent de petites îles coniques que, dans le pays, on appelle *volcanes* et dont plusieurs ont été vues en éruption. Dans les îles Bajuban, le Camiguin, toujours lumineux, sert de phare. Le Didica commençait à s'élever en 1856, et en quatre ans, il avait pris une hauteur de 230 mètres.

Volcans des Philippines et de Célèbes. — Luçon ou Manille, la plus septentrionale des Philippines, et de beaucoup la plus grande, renferme plusieurs volcans actifs : le Cagua d'où sort constamment de la fumée, à la suite duquel se trouvent des volcans éteints qui rattachent la chaîne au Taal, situé dans un grand lac peuplé de crocodiles. Ce volcan a lui-même un lac dans son cratère dont les parois ont une hauteur abrupte de plus de 300 mètres. Poulett Scrope rapporte que Lopez vit des millions de jets de gaz hydrogène enflammé sortir de ses crevasses [1]. Les eaux du cratère sont saturées d'acide sulfurique. Ce volcan, peu élevé — il n'a pas 300 mètres — a eu des éruptions terribles, surtout en 1754. On entendit le bruit des explosions jusqu'à 1.200 kilomètres. Le paroxysme dura dix jours, pendant lesquels l'air fut obscurci de cendres. « Dans le voisinage immédiat de la montagne, des rochers de dimensions énormes roulèrent au milieu des rivières de soufre et de bitume qui inondèrent le district de Bongbong ». Il va sans dire que les alligators et les poissons du lac et des rivières n'y survécurent pas. Le Mayon ou Albay, le plus grand volcan de Luçon, est d'une forme conique très régulière. Il émet constamment de la vapeur et très souvent des flammes. En 1767, il eut un paroxysme de dix jours et pendant deux mois des émissions de lave, avec des déluges d'eau et de boue.

---

1. *Les Volcans*, trad PIERAGGI. Paris, 1864. p. 473.

Ses autres éruptions désastreuses furent en 1800, 1814, 1854, 1871, 1897, 1900.

L'étroite presqu'île de Camarines, au sud-est de Luçon, contient dix volcans, dont le plus méridional, le Bulusan, est très élevé, et en activité comme les précédents.

La petite île de Mindoro, qui fait suite à Luçon, contient un volcan en activité.

Poulett Scrope remarque que la grande île de Mindano, en quelque sorte fourchue et projetant deux promontoires, semble présenter une bifurcation de la grande chaîne ou fissure volcanique, que nous voyons se prolonger depuis le Kamtchatka, à travers les îles, « la branche sud-ouest, enfilant la chaîne de Soolo jusqu'à Bornéo, et la branche sud traversant celle de Sangir et de Sivao, à travers le détroit de Banka, jusqu'à l'extrémité nord-est de Célèbes. Le Bukayan, dans cette île de Mindano, disparut en 1640 dans une éruption qui dispersa ses débris à une énorme distance, les cendres se répandant jusque sur les Moluques et sur Bornéo... Il n'en resta qu'un cratère-lac.

La longue file des Soolo ou Soulou, qui contient au moins une centaine d'îles rattachant Mindano à Bornéo, se compose de formations en partie coralligènes, en partie volcaniques, appelées par les Espagnols *volcanes*.

« Si, dit Humboldt, prenant pour guide le grand travail du docteur Junguhn, on fait un dénombrement exact de tous les éléments volcaniques compris à partir de l'extrémité méridionale des Philippines ou du cinquième degré de latitude boréale, entre le méridien des îles Nicobares et celui qui traverse la côte occidentale de la Nouvelle-Guinée, c'est-à-dire dans l'espace occupé par les grandes et petites îles de la Sonde et par les Moluques, on trouve que dans cette guirlande d'îles qui entourent l'île presque continentale de Bornéo il existe 109 montagnes ignivomes et 10 volcans de boue ; et ce n'est pas là une évaluation approximative, c'est le résultat d'un calcul rigoureux[1] ».

Entre les Philippines et Célèbes, l'île Sanguir renferme le volcan de Gunung-Awu, dont il faut citer les éruptions de 1711 et de 1856 ; l'île Sivao possède le Gunnung-Api, en activité permanente depuis 1712.

La grande île Célèbes, » qui étend ses longs bras de tous côtés », a onze volcans en activité, réunis au nordest dans l'étroite presqu'île de Menado : Kemas, qui date de 1694, Klabat, d'une altitude de 2.000 mètres et que l'éruption de 1680 détruisit en partie, Lokan, Saputang, Empang, etc. Près de ces volcans jaillissent des sources sulfureuses bouillantes auxquelles se brûla mortellement le voyageur piémontais, Carlo Vidua, ami de Humboldt.

Volcans des Moluques. — Dans les Moluques, l'île de Gilolo renferme le volcan Gamanacore, formé en 1693.

A l'ouest de Gilolo, l'île de Ternate renferme le Gama-lama, volcan des plus actifs, haut de 1.380 mètres. Il eut de grandes éruptions en 1608, 1635, 1653, 1673, 1839, 1868. Cette dernière dura plusieurs mois.

Il faut citer encore trois volcans, entourés de récifs de corail : Tidor, Motir et Machian. Les éruptions de celui-ci sont particulièrement violentes. En 1861, sa forme s'en trouva modifiée.

Volcans des îles de la Sonde. — Amboine eut en 1694 et en 1820 de terribles éruptions. Son volcan est aujourd'hui à l'état de solfatare. On connaît dans l'archipel de Banda un volcan toujours fumant.

Le Gunnung-Legelal, dans l'île de Siroa ou Sorea,

1. *Cosmos*, trad. Galusky. Paris, 1859, IV, p. 422.

la ravagea en 1697, par une éruption qui détruisit en partie la montagne, la recouvrant d'un lac de lave.

La petite île de Banda a un volcan appelé Gunnung-Api, nom que nous avons déjà rencontré pour une autre localité et qui a une hauteur de 540 mètres. Il fut en éruption constante de 1586 à 1824.

Le pic de Timor, visible autrefois à une distance de 450 kilomètres, eut en 1638 son sommet emporté et remplacé par un grand lac. Il est depuis lors en repos.

Les îles de Lombten et de Komba possèdent chacune un volcan actif. La dernière en 1850, répandait jusque dans la mer ses laves incandescentes.

Six volcans dont au moins trois actifs sont dans l'île de Florès : l'Ombu-Riombo, d'une hauteur d'environ 2.820 mètres ; le Jedja, qui eut des éruptions en 1867-1868, et le Lobetobi également en éruption en 1868.

Le Timboro, dans l'île de Subawa, est célèbre par l'épouvantable éruption de 1815, qui coûta la vie à 12.000 habitants. Le bruit des explosions fut pris à Sumatra, c'est-à-dire à 1.500 kilomètres en ligne droite, pour des décharges d'artillerie. Trois colonnes distinctes de flammes s'élancèrent du cratère à des hauteurs prodigieuses. A Bima (nous l'avons vu), c'est-à-dire à 65 kilomètres du volcan, les toitures furent enfoncées sous le poids des cendres de l'éruption. Des quartiers de roches étaient aussi lancés à des distances énormes. En effet, la montagne perdit 1.500 mètres de sa hauteur, qui est encore de 2.800 mètres. Le vide laissé par cet arrachement a laissé un cratère colossal.

Viennent ensuite l'île de Lombok dont le volcan le Rindjani a 3.800 mètres de hauteur et l'île Bali dont on cite une éruption en 1803.

Java compte plus de volcans actifs que toute l'Amérique du Sud qui a une longueur sept fois égale. Sur une superficie qui est à peine le quart de celle de la France, on compte quarante-six volcans importants dont une vingtaine en pleine activité. Quant aux autres, il ne faut pas trop se fier à leur sommeil : le Krakatau était couvert de végétation de la base au sommet quand il fit explosion[1].

Une chaîne volcanique s'étend parallèlement à la côte dans le centre de l'île. Six volcans se détachent nettement : le Djeng, le Sindoro, le Soumbing, l'Ounarang, le Mérapi, le Merbabou ; puis, ce sont dans la direction de Batavia : le Slamat, le Tjerimai. Le Sindoro est soudé jusqu'à une hauteur de 1.412 mètres avec le Soumbing qui, ayant 3.336 mètres, le dépasse de 216 mètres. Le Mérapi et le Merbabou, joints par un col profondément crevassé, forment également un double volcan. Le Merbabou, d'une altitude de 3.116 mètres, est un cône tronqué couvert de côtes. Sa dernière éruption date de 1560. Le Mérapi est célèbre pour la régularité de ses formes. Son cratère est à l'altitude de 2.866 mètres. Il contient un cumulo-volcan dépassant ses bords et qui dégageait d'énormes colonnes de fumée, lorsque Cotteau en fit l'ascension. Un cône éruptif situé sur le flanc ouest de la montagne eut des éruptions en 1863 et 1872.

Le Slamat a plus de 3.000 mètres de hauteur. Un cratère circulaire couronne la cime peu étendue de son cône régulier. On cite ses éruptions de 1772, 1825, 1835, 1840. Le Tjerimai, près de Chéribon, est aussi très élevé. Il eut des éruptions en 1772 et 1805. Son cratère est actuellement une solfatare.

Le Salak fait partie de la chaîne de montagnes qui borde la plaine de Batavia. Ce volcan, qui n'a pas eu d'éruptions depuis le XVIIIe siècle, est dominé de beaucoup par son voisin le Ghédé, cône colossal dont l'immense cratère contient deux autres cônes, l'un éteint,

---

1. EDMOND COTTEAU. *Voyage aux Volcans de Java.* Extrait de *l'Annuaire du Club Alpin*, 12e vol., 1885.

l'autre actif, qui est le Ghédé proprement dit et qui s'élève à une hauteur de 3.800 mètres, tandis que le cratère éteint, le Pangerango, atteint la hauteur de 3.108 mètres. Le Ghédé a eu des éruptions en 1853 et 1864.

Le Tankouban-Prahou, ou *bateau renversé*, parce qu'en effet le sommet ressemble assez bien à la quille retournée d'un navire, s'élève à une altitude de 2.072 mètres. Son sommet est formé de deux cratères jumeaux, séparés par une arête étroite taillée à pic et dominant des abîmes larges de plus de 1 kilomètre, et d'une hauteur de 150 mètres.

Le Gountour fut un des volcans les plus actifs de Java. On connaît cinq grandes coulées de lave qui se sont répandues du sommet jusqu'au bas de la montagne. La dernière éruption date de 1800 et détruisit tout aux environs. Quand Cotteau visita la région, la nature, aidée par le travail de l'homme, avait effacé toute trace de dévastation.

Le Bromo est l'un des plus remarquables volcans du monde. D'une altitude de 2.500 mètres, il eut des éruptions en 1804, 1822-1823, 1829, 1830, 1842, 1843, 1858, 1862, 1869. « Sa base couvre une surface immense ; il s'élève d'abord en pentes douces et régulières, puis se redresse en terrasses successives. Vu à distance, son sommet est moins conique que celui des autres volcans ; sa hauteur varie, selon les divers points observés, de 2.100 à 2.500 mètres. Enfin son cratère présente cette particularité qu'il se trouve à 300 mètres au-dessous du point culminant. »

Le Semirou, à 3.672 mètres d'altitude, est le point culminant de Java.

Le Lawou a 3.236 mètres. C'est un cône régulier entouré de sources chaudes. On cite son éruption de 1752.

L'Ijen-Raun est un groupe de deux volcans. Le premier a un cratère-lac d'un blanc de lait entouré de parois de soufre. Le Raun, d'une hauteur de 3.339 mètres, a peut-être le cratère le plus profond que l'on connaisse, et dont Humboldt dit qu'on l'évalue à plus de 2.250 pieds (?). Éruptions en 1586, 1638, 1730, 1788, 1808, 1812, 1815.

A citer encore le Kloët, dont nous avons raconté l'éruption de boue et qui eut une autre crise en 1875.

Nous arrivons à l'un des points les plus célèbres de la géographie volcanique, au détroit de la Sonde, à ce Krakatau, qui fait partie d'une série d'îles volcaniques, alignées et disposées suivant une ligne qui aboutit vers le nord au volcan de Radja-Bassa dans l'île de Sumatra, et au sud au mont Pajoeng, isolé dans la partie sud-ouest de Sumatra. Le volcan, dont le nom indigène est Rakata, était environné de coulées de lave que la mer avait réduites en trois îlots. Il n'avait pas donné signe d'activité depuis 1680. En juillet 1883, il commença à s'agiter. Le 26 août de la même année, le soir, une épaisse pluie de cendres se mit à tomber. Et le lendemain, vers 10 heures, l'éruption atteignait son paroxysme, rejetant d'énormes quantités de matériaux incohérents qui s'accumulèrent sur les côtes et même à l'intérieur de Java et de Sumatra. Il y eut de violents tremblements de terre et surtout un mouvement énorme de la mer qui dépassa de 30 mètres son niveau normal. Cette irruption des flots, cause des plus grands désastres, avait été précédée d'un recul de l'eau qui s'abaissa d'environ 3 mètres. La topographie du détroit de la Sonde se trouva considérablement modifiée; du Krakatau, il ne resta que des débris, et, par contre, on constata l'apparition de nouvelles formations volcaniqus.

Il y eut 40.000 victimes humaines.

Les cendres projetées à des hauteurs extrêmes restèrent longtemps en suspension dans l'atmosphère et se répandirent, on peut le dire, par toute la terre, et,

comme nous l'avons vu. en modifiant pendant longtemps les couleurs du ciel.

On compte à Sumatra 19 volcans, dont 6 au
moins en activité : le Gunnung-Indrapoura, haut de
2.600 mètres ; le Gunnung-Pasaman, nommé aussi
Ophir, de 3.054 mètres d'altitude, qui est peut-être
éteint ; le Gunnung-Salasi, riche en soufre, qui a eu
des éruptions en 1833 et 1845, le Gunnung-Merapi,
homonyme de celui de Java, le plus actif des volcans
de Sumatra, qui eut une grande éruption en 1845. Il
a une hauteur de près de 3.000 mètres ; le Gunnung-
Ipou, cône tronqué toujours fumant ; le Gunnung-
Dempo, en activité continue, et d'une hauteur de près
de 4.000 mètres.

Les îles Nicobar et Andaman semblent continuer
la chaîne volcanique de Sumatra. Barren Island,
dans le groupe des Andaman, est un cône de plus de
1.300 mètres, situé au milieu d'un cratère circulaire
et colossal qui l'entoure de tous côtés, sauf vers
une brèche par où pénètre la mer. Il est toujours en
activité, avec des explosions répétées de dix en dix
minutes.

Les îles de Narcondan, Barren Island et Chedouba
semblent l'extrémité ouest de cette chaîne de feu,
interrompue sur la côte d'Asie.

Mais de l'île Gilolo, une branche de la chaîne s'en
va rejoindre la Nouvelle-Guinée où, sur la côte occidentale, se trouve un volcan très élevé. On en a
signalé deux autres, dont l'un au nord et un insu-
laire. Dans les eaux de la Nouvelle-Bretagne, des
volcans en éruption ont été également aperçus.

Le groupe des îles Salomon contient les volcans
Lammat et Semoya, celui-ci souvent en éruption.

Dans les îles de Santa-Cruz, le volcan de Tinakoro
eut une grande éruption en 1869, et le Medana, haut
de 60 mètres environ, était en éruption en 1595,
lorsqu'on découvrit l'île.

Le groupe des Nouvelles-Hébrides contient les volcans actifs de Lopevi, Ambrym et Tanna.

M. le Dr Joly, qui a fait de ces îles une très intéressante étude qu'il a bien voulu me communiquer, note en outre un volcan sous-marin situé entre Épi et Tongoa et qui fut aperçu pour la première fois en mai 1897. Un grand nombre de cônes éteints ou du moins inactifs, se manifestent seulement par des fumerolles. L'île Tanna, d'un accès difficile, à cause des bancs de coraux qui l'entourent, a son sommet à 900 mètres d'altitude. Le cratère, sur les flancs de cette montagne était, lors du voyage du Dr Joly, c'est-à-dire en 1901 et 1902, en éruption violente : « Situé au centre du groupe, Ambrym dont le nom signifie « feu » en langue indigène, se montre, dit-il [1], le siège le plus important des phénomènes volcaniques. Cette île comprend trois volcans éteints et un en activité. Les premiers sont plutôt en repos, car l'un d'eux au moins, a eu des éruptions assez récentes puisqu'en 1888, il émettait encore une large coulée de lave. Lorsqu'on a franchi les 6 à 700 mètres d'altitude à laquelle s'élève le vaste plateau qui occupe le centre de l'île, on arrive dans un grand cirque dénudé, au sol aride, formé de sables et de cendres, délimité par des falaises à pic, véritables murs immenses où s'arrête la végétation. Dans ce vaste cirque, se rencontrent, de l'est à l'ouest, presque sur une même ligne droite, trois bouches du volcan central. La première, tout à fait à l'est, se forma à une époque inconnue. Puis l'ouverture se fît plus centrale, au pied d'un cône haut de 1.336 mètres, le mont Morum ; elle est aujourd'hui bien éteinte. La troisième bouche, au contraire, est actuellement en activité ». Elle est appuyée au mont Bembow, et a

1. Dans un document inédit pour la communication duquel je lui ai une grande obligation.

une circonférence d'au moins 2 kilomètres. Le fond du cratère contient un petit lagoun, non loin de l'orifice de la cheminée d'où s'échappent des vapeurs, des cendres, des blocs incandescents, de l'eau liquide; toutes ces projections retombant dans le lagoun en ébullition. La dernière éruption, qui remonte à septembre 1894, donna lieu à une énorme coulée de lave. Il y a à Ambrym de nombreuses sources thermales chargées de gaz et de sels. Au nord de l'île Lopari, qui eut une éruption en 1863, sont les îles de Banks, parmi lesquelles le Great Banks renferme un volcan actif, et les îles Torrès, où se continue le phénomène volcanique.

Au S.-E. de la Nouvelle-Calédonie une petite île, le Rocher-de-Mathieu fut vue en éruption par Dumont-d'Urville en 1828. Il n'y a de volcans actifs que dans l'île septentrionale de la Nouvelle-Zélande, où ils sont très importants. Le Ruapahu est un cône aplati, d'une altitude de 3.118 mètres. Le Naugarohoe, d'une hauteur de près de 2.000 mètres, s'élève au milieu d'un vaste cirque. Il eut de grandes éruptions en 1857 et 1870. Le Whakari, est à peu de distance de la côte septentrionale. L'île est traversée du S.-E. au S.-O. par une fissure, coupant la chaîne longitudinale qui détermine la forme de l'île entière, et c'est vraisemblablement aux points d'intersection que s'élève le cône de Tongariro [1]. Toute cette région est parsemée de lacs bouillants, de solfatares, de colonnes de vapeur, de geysers. On rencontre aussi un grand nombre de volcans éteints. Le Mont Tarawera, que l'on croyait éteint, fit éruption le 10 juin 1886. C'était un énorme cône tronqué s'élevant non loin du lac du même nom. L'explosion fut formidable. Il y eut de nombreuses victimes et les célèbres terrasses roses et blanches de Rotomahan, formées par des dépôts d'eaux chaudes à 84 degrés centigrades, furent détruites.

1. HUMBOLDT. *Cosmos*, trad. GALUSKY, IV, p. 444. Paris, 1859.

Revenant aux petites îles de la mer du Sud, nous nous retrouvons sur une ceinture qui traverse le Pacifique de l'est à l'ouest dans toutes sa largeur où l'action volcanique fut partout manifeste, mais où elle n'est actuellement active que sur quelques points. Après les îles Viti qui ne renferment que d'anciens cratères, nous trouvons dans le groupe des Amis ou de Tonga, le pic de Tafoua, haut de 639 mètres, dont le cône central de scories est entouré d'un grand cratère. Il déversa en 1792 de grandes coulées de lave. Dans le même archipel, l'Amargoura eut en 1847 une éruption considérable de lave.

Dans le groupe de Samoa ou des Navigateurs, l'île de Savoi renferme le volcan actif de Mauna-Mu.

Il ne semble plus y avoir d'activité volcanique dans les îles de la Société, les îles Marquises, l'île de Pâques.

Les Galapagos, sous l'équateur, contiennent deux mille cônes, mais il n'y en a que deux en activité : Chatam et Albermarle. L'île de Pahon (18°45′ latitude sud et 43°25′ longitude) a un volcan actif.

Bien plus au nord, dans le Grand Océan, nous arrivons aux îles Sandwich, dont l'île Havaï compte quatre volcans, dont deux, le Mauna-Kea et le Mauna-Loa atteignent l'un 4.363 mètres et l'autre 4.303 mètres d'altitude. Le Mauna-Loa est peut-être le plus prodigieux volcan de la planète. C'est une immense montagne, en forme de dôme aplati, formée par la lave. Le Kilauea, situé sur l'un de ses côtés, à 25 kilomètres du sommet, et 3.000 mètres plus bas, est le plus grand bassin volcanique que l'on connaisse, car. de forme ovalaire, il a 4.500 mètres de longueur sur 2.250 de largeur. Il est entouré dans sa plus grande partie par un mur presque vertical de lave solide qui de loin ressemble à une roche stratifiée. Nous avons déjà cité des récits de voyageurs, à propos de ce volcan. Hilo, le chef-lieu de Hawaï, n'est pas éloigné du terrible cratère. En 1856, il faillit être enseveli sous la lave. La route qui monte de la ville au volcan traverse, par une pente presque insensible, de magnifiques forêts nées sur le sol riche des laves décomposées. Puis cette belle végétation fait place à des fougères rabougries, après lesquelles la vie cesse complètement. Du sol crevassé sortent des vapeurs brûlantes, d'ailleurs utilisées par le tenancier d'une auberge bâtie à peu de distance du cratère, qui offre à ses clients, dans une cabane, une sorte de bain russe naturel.

Les indigènes ont fait du Mauna-Loa le séjour de la redoutable déesse Pélé que, tout chrétiens qu'ils sont maintenant. ils redoutent encore. Les longs filaments d'obsidienne sont, selon eux, comme nous l'avons dit, les cheveux blancs de cette déesse vénérable.

Les deux autres volcans d'Hawaï sont le Mauna-Wororai, dans l'intérieur, et le Ponahohoa.

§ 2. — Bande à Volcans actifs des Amériques.

Sommaire. — Une trentaine de volcans dans les Aléoutiennes. Naissance d'îles : Bogoslow et New-Island. Le Progommoi, le plus haut volcan du groupe. — Cinq volcans dans la presqu'île d'Alaska. — La chaîne des Cascades : le mont Hélie, le mont Fairweather, le mont Edgecombe, le mont Rainier, le mont Sainte-Hélène. — Les deux volcans de la Basse-Californie. — Les volcans mexicains : le Tuxtla, l'Orizaba, le Popocatepetl, le Toluca, le Jorullo et les Hornitos, le Colima, le Ceboruco. Deux cônes récents : les volcans de Tuita et de Pochulta. — L'action volcanique très intense et très concentrée dans l'Amérique Centrale : l'Amilpas, le Sapotiltan, le Tajamulco, le Quezaltenango, l'Atitlan et sa violente éruption de cendres (1828), le Fuego et l'Acatanango. Guatemala plusieurs fois détruite. L'Agua et ses torrents de neige fondue. Le volcan de Pacaya et ses énormes coulées de lave. L'Isalco ou Phare de San-Salvador, toujours en éruption, édifié en 1770. Le Quezaltepèque, le Conchagua, le Coseguina (terrible éruption en 1835). Le Viejo, le Telica, El Nuovo, le Nindiri et le Massaya soudés par leur base ; le Momotombo, le Miravalles. le Turrialva, le Chiriqui. — La Cordillère des Andes. Le volcan de Ruiz, le Tolima, le Puracé, les volcans de Pastos, de Chiles, de Cumbal. — Le plateau de Quito, bordé d'énormes et célèbres volcans ; le Pichincha et ses flancs ravinés. Le Carguayrazo (éruption boueuse en 1698), l'Antisana gravi par Humboldt et Bonpland. Grande activité du Cotopaxi ; ses détonations effroyables, une ville sur ses flancs. Le Tunguragua. L'Altar (l'autel). Le Sangay, toujours brûlant et grondant. — Les volcans du Pérou méridional et de la Bolivie. Le volcan d'Arequipa. Le volcan de Sahama, le plus haut sommet des Andes. L'Isluga, San-Pedro d'Atacama, l'Illascar, le Llulaillaco. — Les Andes chiliennes : beaucoup de volcans inactifs. Comme cônes actifs, le Peteroa, les volcans de Chillan. d'Antuco, de Llogel, de Calbuco, qui ont de violentes éruptions. Volcan sous-marin entre Valparaiso et l'île de Juan-Fernandez.

Iles Aléoutiennes, — Des îles Sandwich aux iles Aléoutiennes, on ne rencontre pas d'archipels. Les Aléoutiennes commencent la ligne de feu du Nouveau Monde et la rattachent à celle de l'Asie Orientale par les Kouriles. Les 240 milles géographiques sur lesquels s'étend leur longue file contient plus d'une trentaine de volcans. L'île Attou est la plus voisine de l'Asie, l'extrémité occidentale de l'arc que forme l'archipel. L'île Gorely a un volcan actif, d'une hauteur de 1.145 mètres. Elle est voisine de Tanaga, qui a un volcan considérable, avec plusieurs cimes dont la plus haute est toujours fumante. L'île d'Atcha contient trois volcans actifs. Siguam, Amutcha, Junaska ont eu des éruptions récentes. L'aspect de la dernière de ces îles aurait été complètement modifié par une éruption qui eut lieu en 1824. Les îles des Renards, qui comprennent les plus grandes de l'archipel : Oumnak, Ounalasckha, Ounimak sont en grande activité : Oumnak renferme deux volcans brûlants dont l'un, le Wsewidock est haut de 2.620 mètres. Une éruption sous-marine a produit, en 1796, l'île Agaschagokk ou Joanna Bogoslawa, qui resta allumée pendant huit ans et s'accrut jusqu'en 1818. Elle a une hauteur de 700 mètres et un circuit de 30 kilomètres.

Et près de cette île Bogoslawa, en naquit une autre à laquelle le vapeur américain *Greewinck* donna son nom. Elle avait, lors de ce baptême, la forme d'un dôme, avec une hauteur de 250 mètres et un périmètre de 1.200 mètres. En 1891, le dôme avait disparu ; en 1895, elle continuait à émettre de la fumée. A peu près vers cette époque, un îlot situé entre Bogoslowa et Greewinck, disparaissait et sur son emplacement naissait, en 1904-1905, New-Island, au milieu de tous les phénomènes d'une éruption volcanique. On en fit l'exploration. La hauteur totale du pic était de 116 mètres. Mais en 1907, elle avait disparu.

L'île Ounalaschha possède le volcan Matouschkin, haut de 1.700 mètres environ et qui eut une éruption en 1828. C'est dans l'île d'Ounimak que se trouve le plus haut volcan des Aléoutiennes, le Progommoi (2.820 mètres). Le Schisschaldinskoi, qui a une altitude de 2.526 mètres, eut un effondrement en 1795. Le Pic de la Désolation eut une éruption en 1863.

Près d'Alaska, l'île de Shuan-Shu fit éruption en 1856.

Amérique du Nord. — La presqu'île d'Alaska continue la chaîne volcanique des Aléoutiennes. On y trouve cinq volcans : le Pawlowsky, le Morschowsky, le Wenjaminowm, l'Ujakuschutsch et l'Iljamma, qui aurait 3.480 mètres. Nous arrivons aux montagnes du continent, c'est-à-dire à la chaîne des Cascades, dont le Mont Elie est le volcan le plus septentrional. Cette chaîne des Cascades contient des pics qui dépassent 5.000 mètres : le Mont Elie a 5.441 mètres. Il a été vu en éruption. Le mont Fairweather, situé par 58°45', est couvert de ponce et mesure 4.489 mètres d'altitude. Il est encore actif. Le mont Edgecombe, dans l'île Lazare, est haut de 912 mètres. Il eut une violente crise en 1796, pendant laquelle il rejeta quantité de ponce. Il est par 57°3'. Le mont Baker (48°,48') est un cône très régulier, très actif, d'une altitude. de 3.670 mètres. Le mont Rainier (46°18'). haut de 3.670 mètres, eut de formidables éruptions en 1841 et 1843. D'une forme très régulière, le mont Sainte-Hélène atteint 5.000 mètres. Il dégage constamment de la fumée et eut, en 1840, une poussée de cendres et de ponce.

L'action volcanique se continue dans les Montagnes Rocheuses; mais on n'y trouve plus de cratère en activité. Il faut descendre jusqu'aux latitudes mexicaines pour trouver des volcans actuels. Deux des volcans de las Virgines ou Basse-Californie émettent des vapeurs et de la fumée.

Les volcans mexicains sont, pour la plupart, concentrés dans une zone qui s'étend du nord-ouest au sud-est, du 22ᵉ degré au 18ᵉ degré de latitude et parallèle, par conséquent, à la côte du Pacifique; formant un arc dont la concavité est tournée vers le Grand Océan. Au sud de cette zone, il y a une interruption jusqu'au sud de Chiapas, où se trouvent des volcans appartenant déjà à la zone de l'Amérique Centrale. Le plus grand nombre des volcans se trouvent dans la partie centrale de la chaîne, loin de la mer. Le Tuxtla, dans l'État de Vera-Cruz, est cependant un volcan côtier. En somme, on peut dire que les volcans du Mexique sont situés sur la grande chaîne de la Sierra Madre Occidentale, principalement sur le versant oriental. Les autres se trouvent dans la haute plaine appelée Mesa Central[1].

Le Tuxtla est un volcan isolé, situé près du golfe

____

1. *Les Volcans du Mexique dans leurs relations avec le relief et la tectonique générale du pays*, par AGUILARA. Congrès géologique international de Mexico, 1907.

du Mexique, à la latitude de 18°28′. Il donna, en 1793, une grande éruption de feu et de cendres. Sa hauteur est de 3.706 mètres.

L'Orizaba, d'une altitude de 5.370 mètres, n'est pas mis par Humboldt au rang des volcans enflammés. Cependant, il aurait eu, vers 1569, une éruption qui aurait duré vingt ans et en 1002, il a, dit-on, rejeté des cendres et de la fumée. Le cratère, d'une forme ovale, dont la circonférence est évaluée à 6.000 mètres, est comme divisé en trois compartiments par des coulées de lave. Il est ébréché au sud et à l'est, profond et recouvert par places d'une épaisse croûte de soufre. De petits cônes, presque tous tronqués, entourent la base. Il en est sorti de la lave, des cendres, de la boue. L'Orizaba est couvert de neiges éternelles, de même que le Popocatepelt, le Toluca, le Colima, les seules montagnes du Mexique assez hautes pour être dans ce cas.

Le Popocatepetl, magnifique cône d'une hauteur de 5.567 mètres, situé au sud-est du lac de Mexico, est en activité constante, avec éruptions de vapeurs et de cendres.

Le Toluca est actuellement en sommeil. Humboldt en a gravi et mesuré barométriquement le plus haut sommet, « l'étroit et difficile Pico del Frayle, haut de 14.232 pieds ».

Du Jorullo, 1.280 mètres, il a été parlé ailleurs avec détails. Mais Humboldt ayant fait sa rédaction avec une idée reconnue fausse, il est intéressant de prendre la description de Poulett Scrope, qui l'a combattu :

« Cinq ouvertures se déclarèrent sur une plaine basse, ou plutôt dans une vallée, le long d'une fissure dirigée du nord au sud. De chacune de ces ouvertures, il se forma un cône de cendres ordinaire, par les éjections continuelles de scories, pendant que de tous ces cônes, mais surtout du plus grand, le Jorullo proprement dit, s'échappèrent de copieux courants de lave basaltique imparfaitement liquide, lesquels ne pouvant s'écouler à de grandes distances, se sont accumulés les uns sur les autres en haute plate-forme convexe, le Malpais ou plaine bombée de Humboldt. La dernière éruption de lave eut lieu par le cratère ébréché du Jorullo proprement dit, et, en conséquence de sa fluidité extrêmement imparfaite, elle forme un massif promontoire ou contrefort que l'on voit encore aujourd'hui se projeter du flanc du cône, la base appuyée sur la lave du Malpais. De considérables évacuations de cendres noires signalèrent la dernière éruption, et les protubérances irrégulières qui s'élevèrent au-dessus des fumerolles du courant de lave, recouvertes d'une couche d'un pied ou deux d'épaisseur de ces matières finement triturées, qui, en se consolidant, affectèrent une structure globulaire concrétionnaire; ces protubérances formèrent les hornitos dont Humboldt avait tant de peine à expliquer l'origine »[1].

Le volcan de Colima, tout près de la côte du Pacifique, élève ses deux sommets à l'altitude de près de 4.000 mètres. Il eut de grandes éruptions en 1770, 1795, 1869-1870, qui donnèrent naissance à plusieurs coulées de lave.

Le petit volcan de Ceboruco, par 21°25′ de latitude nord, que l'on croyait éteint, a fait éruption en 1870 et 1875.

Enfin, il faut signaler deux cônes récents, l'un sur la montagne de San-Ana, près de Tuita et qui eut une éruption en 1856, et l'autre, le Pochulta, dans l'Etat d'Oajaca, eut une éruption en 1870.

Amérique centrale. — La chaîne de l'Amérique Centrale, qui comprend les volcans de Guatemala, de San Salvador, de Honduras, de Nicaragua, de Costa

1. *Les Volcans*, trad. Pieraggi. Paris, 1864, p. 461.

Rica s'étend entre 16°2′ (volcan de Seconusco) et 10°9′ et est dirigée, en général du nord-ouest au sud-est. C'est une des régions du globe où l'activité volcanique est le plus intense et le plus concentrée. Nous citerons, dans le Guatemala : l'Amilpas, le Sapotiltan, le Tajamulco, le Quezaltenango, puis l'Atitlan, qui, haut de 3.572 mètres, eut, en 1828, une violente éruption de scories et de cendres qui couvrirent une surface considérable et obscurcirent le pays à une distance de 48 kilomètres de rayon.

Le volcan de Fuego, soudé par la base à l'Acatenango (4.150 mètres) la plus haute montagne du pays, a eu neuf éruptions désastreuses de 1581 à 1799. En 1852, il en sortit un courant de lave qui s'étendit jusqu'au Pacifique. Les tremblements de terre auxquels il donnait lieu firent déplacer, au XVIIIe siècle, la ville de Guatemala, qui en était trop rapprochée. Cette capitale avait eu à souffrir aussi des éruptions de l'Agua, cône de 4.470 mètres, dont la neige fondait en torrents destructeurs au contact des matériaux rejetés par le volcan dont le nom est tiré de cette particularité. La ville périt ainsi en 1541 sous une inondation.

Le volcan de Pacaya, près de la ville d'Amatitlan, est formé par deux cônes, dont l'un seulement est actif. Tous deux s'élèvent au milieu d'un ancien cratère. Le Pacaya eut, en 1776, une terrible éruption, donnant une coulée de lave qui, par places, a plus de 30 mètres d'épaisseur. Les produits volcaniques enterrèrent des villages sur un rayon de 14 kilomètres à la ronde. Entre le Pacaya et l'Atitlan s'étend un lac de 48 kilomètres de long sur 16 de large, entouré de rochers à pic et sans dégagement visible.

Dans la république de San Salvador, l'Isalco est appelé le phare de San Salvador, parce que, de même que le Stromboli, il est constamment en éruption. Il est né seulement en 1770, dans une plaine non loin du volcan de San Ana. Il y eut d'abord une éruption de lave; puis les pierres et les cendres, constamment rejetées, durant des années, après que la lave eut cessé de se répandre, finirent par former un cône qui a, aujourd'hui, 658 mètres de haut.

Le Quezaltapèque était en éruption encore assez récemment. Il se trouve dans une chaîne transversale, coupant la chaîne principale. Le San Miguel donne fréquemment des coulées de lave dont l'une s'étendit jusqu'à la ville du même nom. Il y a, au voisinage de San Salvador, plusieurs volcans éteints.

Dans le Honduras, le volcan Conchagua forme la pointe septentrionale du golfe de Fonseca dont le promontoire méridional est formé par le Coseguina, dans l'État de Nicaragua. Celui-ci, qui n'a que 170 mètres de hauteur est célèbre par la terrible éruption de 1835. Elle fut précédée de tremblements de terre, avec bruits souterrains, entendus de la Jamaïque et de Bogota, comme des décharges d'artillerie. Les cendres, dont l'air fut obscurci durant plusieurs jours, le couvrirent d'une couche de plusieurs pieds d'épaisseur. Elles inondèrent aussi la mer à une distance de 1.100 kilomètres.

Le Viejo est une haute montagne avec trois cratères concentriques.

Le Telica, au-dessus de la ville de Léon, a pour sommet un cratère rempli d'eau chaude.

El Nuovo eut, en 1850, une éruption pendant laquelle la lave jaillit de la plaine qui l'entoure.

Également actifs, dans le même Etat, le volcan de las Pilas, le Nindiri et le Massaya, ces deux derniers attachés l'un à l'autre. En 1775, le Nindiri donna une énorme coulée de lave qui s'étendit jusque dans le lac de Léon. En 1670, les laves du Massaya qui s'étendirent sur une longueur de 33 kilomètres, présentant, après solidification « l'aspect d'un océan d'encre subitement congelé pendant un orage ». Après cette éruption, le volcan sommeilla jusqu'en 1853 et depuis lors il est resté en activité.

Le Momontobo, toujours fumant et grondant, a également les flancs couverts de lave noire.

Le lac de Nicaragua est parsemé d'îles volcaniques, petits cônes de 5 à 50 mètres, dont plusieurs en activité. Sur les collines environnantes, il y a des centaines de cratères dont certains contiennent des lacs d'eau amère et salée.

Dans l'État de Costa-Rica, les volcans sont :

Le Vieja, qui a à sa base de nombreuses solfatares et qui rejette souvent des cendres; le Miravalles, qui a deux cimes et qui émet de la fumée; l'Irazu, haut de 3.700 mètres, près de la ville de Carthagène : de son sommet, on aperçoit les deux Océans. Il a eu des éruptions en 1723, 1726, 1821, 1847. Il est relié par une crête au Turrialva, qui eut des éruptions en 1865 et 1866.

Le Chiriqui, près du golfe du même nom, est formé de cinq cônes. Il eut des éruptions jusqu'au milieu du XVIᵉ siècle.

Amérique du Sud. — Ainsi que le remarque Poulett Scrope, les pics culminants des Cordillères sont des volcans actifs ou dormants [1]. On sait que cette immense chaîne, composée d'une série de chaînes parallèles, s'étend du nord au sud dans toute la longueur de l'Amérique méridionale, jusqu'à la Terre de Feu.

Le volcan de Ruiz se réveilla en 1829 et eut depuis plusieurs paroxysmes.

Le Tolima, à l'ouest de Santa-Fé-de-Bogota, est le plus élevé des Andes, au nord de l'équateur : il a 5.400 mètres. Il eut de terribles éruptions en 1575 et 1826.

---

1. *Les Volcans*, trad. PIERAGGI. Paris, 1864, p. 446.

Toujours en Colombie, près de Popayan, le Puracé est un cône tronqué, d'où sort le Rio Vinagre, dont les eaux sont fortement imprégnées d'acide sulfurique. Il a 4.800 mètres. Éruptions en 1848, 1869.

Les volcans de Pasto, près de la ville du même nom, de Chiles et de Cumbal, également dans la province de Los Pastos, sont en activité. Le premier atteint la limite des neiges éternelles.

Au sud de l'Équateur, nous arrivons sur le Plateau de Quito, large d'une soixantaine de kilomètres, ondulé, crevassé, situé entre les deux chaines parallèles des Andes, reliées par des *nœuds* qui contiennent ici des volcans célèbres entre tous et véritablement gigantesques. Sur la chaîne la plus occidentale se trouvent : le Pichincha, l'Iliniza, le Carguayrazo, le Chimborazo ; sur la chaîne orientale, l'Imbaburu, le Cayambe, l'Antisana, le Cotopaxi, le Tunguragua, l'El Altar, le Sangay. « Le voyageur pénètre entre cette double rangée de pics comme dans une avenue bordée de sphinx gigantesques [1] ». Ce plateau, de plus de 3.000 mètres d'altitude, vers Quito, compte des villes et des villages jusque sur les pentes des plus dangereux volcans. La cendre de quelque éruption y jette souvent de l'ombre.

La forme du Pichincha s'écarte tout à fait du type habituel du volcan. C'est une énorme muraille sombre et dentelée, formée de quatre cimes entre lesquelles se trouvent deux cratères en entonnoir dont l'un contient le petit cône central par lequel se font les éruptions actuelles. Le Pichincha, réveillé en 1539, eut depuis de violents paroxysmes. Ses pentes fort raides sont creusées de profondes *quebradas*, ravins parallèles creusés par les eaux, comme à Java. La ville de Quito est bâtie sur sa base, les

---

1. MARCEL MONIER. *Des Andes au Para*. Paris, 1890, pp. 47, 55 et 51.

rues, en ligne droite, subissant sans dévier tous les accidents du terrain le plus tourmenté.

Le Carguayrazo, actuellement haut de 4.900 mètres, était plus élevé avant 1698, époque à laquelle il s'effondra dans une éruption boueuse, où l'on vit quantité de petits poissons (*Pimelodes cyclopeum*) rejetés par le cratère. Le puissant voisin de ce volcan, le Chimborazo (6.400 mètres), un dôme régulier sous son manteau de neiges éternelles, n'a jamais été vu en éruption.

L'Imbaburu eut, en 1691, une émission de boue.

L'Antisana s'élève à 5.756 mètres. Il fut gravi, en 1802, par Humboldt et Bonpland, qui arrivèrent sur une arête de rochers couverte de ponce et de scories ressemblant au basalte. La neige était assez solide pour les soutenir sur plusieurs points voisins de l'arête du rocher, fait assez rare sous les tropiques. Sur le versant méridional, qui ne fut point gravi par les savants explorateurs, à la Piedra de Azufre, on trouve des masses de soufre pur, de 10 à 12 pieds de longueur sur 2 d'épaisseur. L'Antisana eut de grandes éruptions en 1590, 1728 ; Humboldt signale d'épaisses colonnes de fumée qui s'élevèrent du sommet au printemps de 1801. Il ajoute que, près du faîte, du côté nord-nord-est, on remarque une masse de rocher noir, sur laquelle ne peut se maintenir la neige, même fraîchement tombée.

Le Cotopaxi, d'une altitude de 5.994 mètres est un cône tronqué couvert de neige et d'une admirable régularité. Il est toujours couronné d'un panache de fumée. Son activité est des plus grandes. On compte, depuis la conquête, onze éruptions paroxysmales. En 1742, le bruit souterrain était tellement intense qu'on l'entendait à 200 milles de la montagne. Humboldt[1] raconte que, lors de son séjour sur la côte du Paci-

---

1. *Cosmos*, t. IV, p. 368.

fique, le 4 janvier 1803, les détonations du volcan ébranlèrent les fenêtres dans le port de Guayaquil. A ce moment-là, le cône de cendre avait perdu toute sa neige, en une seule nuit. C'était un signe infaillible de grande éruption : en effet, on vit bientôt sortir du volcan une énorme colonne de feu. Le paroxysme de 1768 fut particulièrement terrible. On remarque à la limite inférieure de la neige éternelle une masse rocheuse dont une tradition indigène fait le sommet écroulé du volcan. La petite ville de Latacunga s'élève sur le flanc même du dangereux colosse, et elle a été à plusieurs reprises détruite et rebâtie. Cette témérité de s'installer en de pareils sites est, du reste, antérieure à l'occupation européenne.

Le Tunguragua, un peu à l'ouest de la chaîne orientale, a une altitude de près de 5.000 mètres, dominant la ville de Riobamba, tristement célèbre par le tremblement de terre qui la détruisit en 1797. Elle fut rebâtie à trois lieues plus à l'ouest, et c'est aujourd'hui une bourgade de 3.000 à 4.000 âmes, au-dessus desquelles ont passé sans les atteindre les nuages de cendres issus du Tunguragua, lors de l'éruption de 1886. Cette tranquillité est d'ailleurs tout ce qu'il y a de plus précaire, car Rio Bamba n'est pas loin non plus de l'Altar.

L'Altar, appelé aussi le Capac-Urcu, ce qui signifie en langue quecha le Mont-Superbe. Il a une altitude de 5.404 mètres, et n'a pas donné signe de vie depuis la conquête. Peu de temps auparavant son sommet s'était effondré, laissant une crête semi-circulaire, figurant, « pour peu que l'on ait de l'imagination, le chœur d'une église et l'autel (*altar*), garni de cierges ».

Le Sangay se trouve dans le bassin de l'Amazone, un peu au delà de la chaîne orientale de la Cordillère, en sorte que, du haut plateau, on voit seulement son reflet d'incendie sur le ciel. On l'entend gronder, et il est même entendu de Guayaquil, quand le vent porte dans cette direction. Sa hauteur est de 5.325 mètres. Il est en éruption continue, du moins depuis 1728, rejetant, à des intervalles de 10 à 15 minutes, des scories incandescentes.

Après les cônes de Quito, la Cordillère, sur une distance de 240 milles, ne présente aucun volcan. On arrive ensuite au groupe du Pérou méridional et de la Bolivie, qui comprend 19 volcans, dont plusieurs actifs, entre le 16ᵉ et le 22ᵉ degré de latitude boréale.

Le Misti, ou volcan d'Arequipa, s'élève à 5.500 mètres. Il fournit des éruptions de fumée, de scories et de cendres; mais on ne lui connaît pas de coulée de lave.

L'Uvinas, au sud d'Apo, était endormi depuis le xvIᵉ siècle, lorsqu'il se réveilla, en 1867, avec des tremblements de terre et une éruption de cendres.

Le Sahama est le plus haut sommet des Andes. Il dépasse d'environ 300 mètres le Chimborazo et il faut aller dans le plateau central de l'Asie pour trouver des pics plus élevés; il mesure 6.990 mètres d'altitude. Son cône tronqué, parfaitement régulier, s'élève de 1.500 mètres sur un plateau de grès. Le cratère est très grand.

L'Isluga, dans la province de Tarapaca, a eu une éruption en 1863.

Le volcan de San Pedro d'Atacama, à l'extrémité nord-est du Désert, est encore en activité, de même que l'Illascar, qui fit éruption en 1848 et en 1854, et le Llulaillaco, le volcan le plus méridional du groupe.

Pour retrouver des volcans, il faut descendre jusqu'à Coquimbo (Chili), sous le 30ᵉ degré parallèle. Les Andes chiliennes en comprennent une trentaine jusqu'au 46ᵉ degré; mais la plupart sont inactifs. Sur l'Aconcagua, au nord-est de Valparaiso, presque aussi élevé que le Sahama, et que Humboldt regarde comme encore brûlant, Pissis a élevé le doute qu'il n'est peut-être même pas d'origine volcanique.

Le Maypou, au sud de Valparaiso, a plus de 4.000 mètres. Son cratère rejette des cendres et des scories. Le Peteroa, à l'est de Talca, a de fréquentes éruptions. On cite un paroxysme en 1762.

Le volcan de Chillan a plus de 4.000 mètres d'élévation. Entouré à sa base de solfatares fumantes, il eut, en 1861, une éruption avec production d'un nouveau cône, dans un glacier, dont une partie considérable fut précipitée dans la vallée de Santa Gertrude, entraînant avec elle une masse de scories.

Le volcan d'Antuco, au sud de Concepcion, émet des courants de lave, qui sortent au pied du cône et plus rarement du sommet du cratère. Il rejette aussi des scories. C'est un cône de près de 3.000 mètres. Il eut des éruptions en 1828, en 1835, en 1852, en 1863.

Le Llogel ne se révéla qu'en 1872 par une violente éruption qui porta ses cendres jusqu'à Tacna, c'est-à-dire à une distance de 100 lieues.

Le volcan d'Osorno est un cône de 2.621 mètres. Il eut une éruption en 1863.

Le Calbuco a eu une grande éruption en 1893. Il s'élève à une hauteur de 1.738 mètres. Son cratère, dont la margelle est à 1.692 mètres d'altitude, a la forme d'un pentagone irrégulier, avec 2.000 mètres de diamètre. Au cours de l'éruption, plusieurs cratères s'ouvrirent aux environs du volcan.

Ajoutons que les formations volcaniques se continuent jusqu'en Patagonie et dans la Terre de Feu. Les laves et les scories y abondent et des voyageurs croient y avoir aperçu des éruptions.

Entre Valparaiso et l'île de Juan Fernandez, un volcan sous-marin élève des îles bientôt détruites par la mer.

§ 3. — **Appendice.**

SOMMAIRE. — Dans les terres australes, l'Érèbe et la Terreur. — Les volcans arctiques. Jean-Mayen et l'Islande. Description de l'Hécla. Le Skaptar Jokul, l'Orofea, l'Eyafialla, le Kotlugaja et ses grandes éruptions de 1755 et de 1860.

Les volcans des terres australes. — Les terres australes sont riches en volcans. Les plus célèbres sont l'Érèbe et la Terreur, découverts par Ross en 1841. Le premier, haut de 3.900 mètres, était en éruption, lorsqu'il fut aperçu pour la première fois ; l'autre ne s'est pas laissé voir en activité. Il a 3.400 mètres d'altitude.

Plus au nord, entre le 60ᵉ et le 61ᵉ degré de latitude, se rencontrent plusieurs petites îles en activité volcanique.

Les volcans arctiques. — Dans l'autre hémisphère, dans les régions arctiques, se trouvent des terres essentiellement volcaniques : l'île de Jean-Mayen et l'Islande.

Située sous le 71ᵉ degré de latitude nord et explorée par Scoresby, Jean-Mayen, dont le point culminant, le Beerenberg, est probablement un volcan éteint, a en outre un volcan actif, l'Esk. La petite île active de Birds-Island se trouve à 7 kilomètres de Jean-Mayen.

L'Islande est tout entière un produit de ses volcans, un composé de trachyte et de basalte, sur lequel s'élèvent 27 volcans actuels, dont une quinzaine ont eu des éruptions bien constatées depuis les temps historiques.

Le plus célèbre de ces volcans est l'Hécla, situé dans l'intérieur, à 74 kilomètres de la côte. D'une altitude de 1.654 mètres, il a été beaucoup plus haut, car, dans l'éruption de 1845, il perdit une grande portion de son sommet, — 160 mètres environ. Il eut un grand nombre de paroxysmes : 1004, 1137, 1222, 1300, 1341, 1362, 1389, 1538, 1619, 1638, 1693, 1766, 1845. Les cendres de cette dernière éruption se répandirent jusqu'aux îles Feroë et aux Orcades, et il se déversa une coulée de lave de 15 kilomètres, sur une épaisseur de 16 à 25 mètres. A la cime de l'Hécla, plusieurs cratères à fumerolles déposent beaucoup de soufre.

Le Skaptar Jokul eut une violente éruption pendant laquelle il rejeta une formidable quantité de lave, en deux torrents, dont l'un avait 80 kilomètres de long sur 24 dans la plus grande largeur, et l'autre 65 kilomètres de long sur 12 de large. L'épaisseur atteignait, par places, 150 mètres. Les vieilles chroniques signalent encore d'autres éruptions de ce volcan, mais moins violentes.

L'Orcefa, la plus haute montagne de l'île, a eu plusieurs paroxysmes et un long sommeil, depuis le XIVᵉ jusqu'au XVIᵉ siècle.

Le Krafla a sur ses flancs plusieurs cratères qui ont donné des coulées de lave.

L'Eyafialla, dont l'altitude dépasse 1.810 mètres, a eu des éruptions en 1720 et 1822.

Le Kotlugaja doit son nom, qui signifie la « grande fissure de Kotl », à la profonde vallée, ou barranco, qui est son cratère et qui traverse le nord-ouest de la montagne. Cet immense abîme est visible de fort loin ; il est impossible d'en approcher, à cause des neiges, des glaciers, des vapeurs. L'activité de ce volcan est considérable. On lui connaît quinze grandes éruptions depuis l'an 900. L'une des plus violentes fut celle qui coïncida avec le tremblement de terre de Lisbonne. Elle commença le 19 octobre 1755 et se continua jusqu'au mois d'août de l'année suivante. Grande éruption du même volcan en 1860.

Vu la haute latitude, tous les volcans de l'Islande

sont revêtus de glaciers, en sorte que les éruptions sont toujours accompagnées d'écoulements torrentueux de glace et d'eau bouillante.

On cite encore des éruptions dans des parties inhabitées de l'île ou d'un accès particulièrement difficile.

§ 4. — Bande à volcans éteints.

SOMMAIRE. — Dans les Pyrénées, le massif d'Ollot. — Les sources chaudes de la chaîne. — Les volcans de l'Ardèche. — L'Auvergne particulièrement étudiée. Guettard. — Le massif du Mont-Dore. Le pic de Sancy. Le Cézallier. L'Etna pliocène du Cantal (Le Plomb). La chaîne des Puys ou Monts-Dômes. Ses volcans domitiques et ses volcans à cratère. La Cheire. — Les volcans de l'Eifel. Cratères bien conservés. — Volcans éteints du Caucase. Sources chaudes. L'Elbrouz et le Kasbeck. — Les volcans éteints de l'Asie occidentale. — Volcans éteints par toute l'Afrique : le cap de Bonne-Espérance, le Sénégal, le Maroc, l'Algérie, la Tunisie, le Sahara et les observations de la mission Fourreau-Lamy. — Traces d'innombrables éruptions dans les Montagnes Rocheuses. Volcans énormes en Californie. — Au Mexique, volcans éteints associés aux volcans actifs. — Le plateau central mexicain. — Innombrables volcans éteints dans la mer du Sud. Les cratères de l'île de Pâques. — Deux mille volcans éteints aux Galapagos. Traces volcaniques de plus en plus atténuées vers le nord de l'Europe.

En maintes localités, on a trouvé des preuves certaines de l'existence et de la destruction de volcans de plus en plus anciens, et cette destruction nous a amenés à la connaissance de parties nécessairement cachées, parce qu'elles sont souterraines dans les volcans actifs, lesquels nous renseignent sur les parties hautes et même superficielles, actuellement détruites, des volcans d'autrefois : — le tout au grand profit du principe de continuité entre les époques successives et de conformité entre leurs produits.

On a reconnu, en appliquant cette méthode, que l'Eurasie est traversée par une bande comprenant les Pyrénées, les Alpes, les Carpathes, le Caucase et l'Himalaya, où quelques volcans, encore capables d'éruptions, quoique devenus paresseux, sont associés à des restes de volcans tout à fait éteints, laissant cependant exhaler d'innombrables sources chaudes, et même des émanations plus ou moins solfatariennes, — plus souvent encore, des dégagements moffettiques.

Dans un très grand nombre de points, la bande géographique considérée se subdivise en régions d'âges évidemment différents et dont la considération est décisive pour montrer la continuité absolue des phénomènes. On y voit d'abord la région la plus saillante ou la plus montagneuse et, dans des régions latérales plus ou moins distantes, des massifs dont l'âge est certainement plus récent et dont les caractères se rattachent davantage à ceux des productions actuelles. Si les volcans actifs manquent à peu près dans l'une comme dans l'autre de ces deux régions, cependant on trouve, dans la partie annexe, des vestiges qui sont d'une conservation admirable.

Pyrénées. — Pour les Pyrénées, on doit citer le magnifique massif d'Ollot, en Catalogne, où de beaux cratères, dans un état de conservation parfaite, sont complétés par des coulées de basalte parfois superposées en grand nombre (fig. 23) et par des lits de cendres souvent très étendus et très épais. Il faut aussi noter, tout le long de la chaîne, des pointements éruptifs d'âges très divers et dont les produits constituent les types lithologiques si remarquables des Lherzolithes et des Ophites. Et quel témoignage de la persistance d'un reste notable d'activité souterraine ne nous procure pas la guirlande des sources chaudes égrenées d'un bout à l'autre de la chaîne,

Fig. 23. — Colonnades basaltiques de quatre coulées superposées à Castellfollit de la Roca, en Catalogne (Espagne). — Cliché Aug. Robin.

longue de 420 kilomètres depuis le cap du Figuier, près de Bilbao, en Espagne, jusqu'à la pointe Cerbère, en Roussillon. Barèges, Luchon, Cauterets, Amélie sont des noms illustres au point de vue hydrologique, à côté desquels il serait facile d'en mentionner bien d'autres.

Ces remarques nous autorisent à nous comporter de même le long de la chaîne des Alpes et à voir des annexes qu'il faut lui rattacher nécessairement, dans des formations évidemment volcaniques.

Vivarais. — Dès l'Ardèche, on rencontre de vrais volcans admirablement caractérisés : la Gravenne de Montpezat, au cratère régulier en forme de coupe, le volcan de Thueyts, la Coupe de Jauzac, aux contours elliptiques et dont les flancs sont parés d'une si magnifique végétation de châtaigniers, la Coupe d'Ayzac avec un cratère-échancré d'une conservation admirable.

On sait que le massif du Vivarais se rattache intimement à celui du Velay (fig. 24) et par lui au Cantal, puis au Mont-Dore et au Puy de Dôme. Un coup d'œil sur la carte montre que les intervalles ont été surtout l'œuvre de l'érosion et que sans elle, on constaterait une véritable continuité sur toute cette région volcanique. Arrêtons-nous-y un moment.

Auvergne. — L'Auvergne est une des plus admirables régions du globe, tant au point de vue de la beauté singulière des paysages qu'à celui des enseignements que la science géologique en retire. Elle présente, en effet, un ensemble de volcans éteints, remarquablement conservés et des exemples merveilleux, comme le remarque Poulett Scrope, qui les a tant étudiés, « des variétés de position, de structure et de caractères minéralogiques qu'affectent les roches volcaniques dans les diverses parties du globe, aussi bien que des effets du temps et des influences atmosphériques sur ces formations [1]. »

Aussi l'Auvergne a-t-elle été extrêmement étudiée, notamment par Desmarest, Lyell, Poulett Scrope, de Buch, Montlosier, Ramond, Archibald Geikie, Rames, Fouqué, etc. Ce n'est cependant que depuis 1751 que l'on sait que les montagnes du Plateau Central furent des volcans.

« En 1751, deux membres de l'Académie des sciences de Paris, Guettard et Malesherbes, à leur retour d'Italie où ils avaient visité le Vésuve et observé ses produits, passèrent à Montélimar, petite ville située sur la rive gauche du Rhône, et, après avoir dîné en compagnie de savants qui y résidaient, parmi lesquels était M. Faujas de Saint-Fond, ils sortirent pour explorer les environs. Le pavé des rues attira tout d'abord leur attention. Il est formé de courtes articulations de colonnes basaltiques plantées perpendiculairement dans le sol, et ressemble par suite à celui des routes antiques dans le voisinage de Rome, qui sont pavées avec des pièces polygonales de lave. En s'informant, ils apprirent que ces pierres provenaient du rocher sur lequel est bâti Roche-Maure, sur la rive opposée du Rhône; et on les instruisit en outre que des roches pareilles abondaient dans les montagnes du Vivarais. Ces renseignements engagèrent les académiciens à visiter cette province, et, étape par étape, ils atteignirent la capitale de l'Auvergne, découvrant chaque jour une raison nouvelle pour croire à la nature volcanique des montagnes qu'ils traversaient. Arrivés à Clermont, tout doute disparut. Les courants de lave des environs de cette ville, noirs et hérissés comme ceux du Vésuve, descendant sans interruption de plusieurs

---

1. POULETT SCROPE. *Les Volcans*, trad. PIERAGGI, p. 363. Paris. 1864.

FIG. 24. — Colonnade basaltique de Saint-Vidal dans la vallée de la Borne
(Haute-Loire). — Cliché Aug. Robin.

cônes de scories qui, pour la plupart, présentent un caractère régulier, les convainquirent de la vérité de leurs conjectures, et ils proclamèrent hautement leur intéressante découverte [1]. »

Guettard présenta à l'Académie des sciences son *Mémoire sur quelques montagnes de France qui ont été des volcans* (1752), lequel fut accueilli avec incrédulité par la plupart de ses collègues qui aimèrent mieux penser que les scories volcaniques n'étaient autre chose que des résidus de fourneaux de forges établis par les Romains, « ces auteurs de toute chose merveilleuse ». Ce fut seulement en 1771 qu'un mémoire de Desmarets sur *l'origine des basaltes*, accompagné d'une carte des courants volcaniques, en fit admettre la réalité.

Des différents points de l'Auvergne, l'un des plus remarquables est le massif du Mont-Dore dont la surface est de 900 kilomètres carrés. Son grand axe a environ 42 kilomètres, le petit, 30 kilomètres.

On y voit trois centres éruptifs principaux : le Sancy (1.886 mètres), la Banne d'Ordanche (1.515 mètres), l'Aiguiller (1.547 mètres). Au sud, le Mont-Dore est joint au Cantal par un autre massif volcanique, le Cézallier qui, très diminué par l'érosion, atteint cependant encore une altitude de 1.500 mètres.

Le volcan pliocène du Cantal, très étudié par Rames, Fouqué, MM. Boule et Marty, dut être à peu près aussi haut que l'Etna auquel on l'a souvent comparé. Il occupe une superficie beaucoup plus considérable, car il a 250 kilomètres de tour et l'Etna seulement 145 kilomètres. Le point le plus élevé, le Plomb du Cantal, atteint aujourd'hui 1.900 mètres. La forme tronconique de la montagne, la divergence de ses pentes, à partir du voisinage de quelques som-

1. Poulett Scrope. *Les Volcans*, trad. Pieraggi, p. 363. Paris, 1864.

mités centrales, le Griou, les Griounot, l'Usclade, ont conduit à conclure qu'il s'agit bien d'un volcan unique dont le cratère principal avait son emplacement au-dessus du double bassin où se rassemblent les sources supérieures des rivières de la Jordanne et de la Cère.

D'après Rames[1] qui a relevé avec beaucoup de soin la topographie du Cantal, les cimes centrales sont rangées en deux cercles concentriques. Les plus élevées appartiennent au cercle intérieur; elles sont formées de trachyte (andésite amphibolique). En partant du pic de la Croix (1.766 mètres) on trouve : le Puy de Brunet (1.806 mètres), le Cantalon (1.805 mètres), le Plomb du Cantal dont le sommet est basaltique, le Puy de Peyroux (1.620 mètres) le Puy de Bataillouze (1.685 mètres), le Puy Mary (1.785 mètres), le Puy Chavaroche (1.744 mètres), le Puy Filhol (1.580 mètres) et le pic de l'Élancèze (1.503 mètres) qui ferme le circuit vis-à-vis du pic de la Croix.

La chaîne des Puys ou Monts Dômes (fig. 25), qui comprend plus de 80 collines volcaniques et une centaine de cratères, s'élève sur le plateau granitique, suivant une ligne presque exactement dirigée du nord au sud. Le plateau descend par une pente très douce vers la vallée de la Sioule, dont le cours est à peu près parallèle à la rangée volcanique. La largeur du plateau est d'environ 18 kilomètres et son élévation moyenne est de 1.100 mètres.

Il y a deux sortes de montagnes dans cette chaîne des Puys : les pitons domitiques, et les volcans à cratères. Les pitons domitiques sont au nombre de six. Le plus célèbre, le plus important, le plus haut, est le Puy de Dôme, à 1.465 mètres d'altitude (fig. 26). C'est un dyke d'environ 550 mètres, entouré de brèches, de débris, dont la genèse semble avoir

1. *Topographie raisonnée du Cantal.* Aurillac, 1879.

Fig. 25. — Chaîne des Puys d'Auvergne, vue de Randanne (Puy-de-Dôme). — Cliché Henri Boursault.

été élucidée par comparaison avec des faits observés par M. Lacroix au Mont Pelé.

« L'éruption de la Montagne Pelée, dit-il, nous a appris comment un cumulo-volcan peut se transformer en un dôme surgissant de son enveloppe de débris, par deux mécanismes distincts que j'ai cherché à préciser. Il est vraisemblable qu'elle nous apporte la clé de la genèse de la plupart des dômes volcaniques, sinon de tous, et en particulier de ceux de domites de la chaîne des Puys, des pitons de phonolite et de quelques-uns de ceux de trachyte et d'andésite du Massif Central de la France [1]. »

Le Chaudron ou Grand Sarcouy, le Clierzou (fig. 27) sont des mamelons domitiques. Le Puy Chopine est « un massif de diverses roches primaires granitoïdes, offrant les marques d'un grand bouleversement, renfermées comme la chair dans un sandwich, entre une couche de domite d'un côté et une couche de basalte de l'autre [2] ».

Les volcans à cratères sont beaucoup plus nombreux. Ils sont composés de scories incohérentes, de blocs de lave, de lapilli et de pouzzolane, avec des fragments accidentels de domite et de granit. Ils ont une élévation de 150 à 300 mètres au-dessus de leur base. Leur forme est bien connue : ce sont des cônes tronqués. Le plus souvent, le cratère est intact : tel est le Pariou (fig. 28); mais quelquefois la lave l'a rompu par un côté, de sorte qu'il apparaît comme une immense coupe égueulée. Tels sont le Puy de la Vache et le Puy de Lassolas. On voit quelquefois une montagne de forme irrégulière qui a deux, trois, quatre cratères distincts (Puy de Monchié). C'est que les éruptions ont eu lieu en des points si voisins les uns des autres que leurs éjections se sont mêlées.

1. *La Montagne Pelée et ses éruptions.* Paris, 1904.
2. Poulett Scrope. *Géologie des Volcans éteints du centre de la France,* trad. Vimont. Clermont-Ferrand et Paris, 1866.

Dans bien des cas, les émissions souterraines n'ont pas entièrement cessé : tantôt elles consistent en gaz carbonique (moffettes) comme à Royat; tantôt en eaux chaudes comme à Saint-Nectaire, tantôt en produits bitumineux comme au Puy de la Poix (fig. 29) etc.

Les coulées de laves sorties de ces cônes s'étendent sur un large espace stérile ou couvert d'une maigre végétation : c'est la *cheire*, mot qui, s'appliquant à une surface hérissée, semble bien, en tenant compte de la prononciation auvergnate, être de la même famille que le mot *sierra* (scie).

Ces coulées sont dirigées, suivant la pente naturelle du sol, soit vers la Limagne, soit vers la Sioule; elles sont en plus grand nombre vers la Limagne, mais celles qui descendent vers la Sioule couvrent un plus large espace et sont plus apparentes. Une des plus importantes est la cheire du Puy de Côme, qui couvre une superficie totale de 15 kilomètres carrés, sur une épaisseur moyenne d'au moins 10 mètres.

Eifel. — En suivant plus ou moins exactement le grand alignement des Alpes, nous rencontrons au bord du Rhin le pittoresque massif des volcans éteints de l'Eifel, évidemment contemporains de ceux de l'Auvergne. On y voit des cratères fort bien conservés émettant des laves balsatiques et leucitiques parfaitement caractérisées. Les détails de structure et d'association coïncident aussi avec ceux de notre France centrale.

On trouve dans le Siebengebirge un petit volcan, le Roderberg, qui doit être bien peu ancien et qui est venu s'ouvrir dans un énorme massif de trachyte recouvert çà et là par des basaltes.

En se rapprochant de la chaîne des Alpes, on rencontre, non loin de Schaffhouse, le massif du Höghau qui est essentiellement volcanique.

FIG. 26. — Le Puy de Dôme, vu de la base du Puy de Pariou (Puy-de-Dôme). — Cliché Henri Boursault.

Autriche. — Vers l'est, la Bohême se signale par d'anciennes manifestations volcaniques qui se développent davantage dans le Bannat de Hongrie et en Transylvanie. Il y a là des poussées rocheuses extrêmement variées et parmi lesquelles il est facile de trouver des analogies aux roches d'Auvergne, principalement parmi des trachytes à oligoklase (ou andésite). Pourtant, l'époque des éruptions des Carpathes semble avoir précédé celles de l'Auvergne, ce qui ne les empêche pas de coïncider avec celles qui ont déterminé de si nombreux dykes dans le massif de la chaîne des Alpes.

Caucase et Asie centrale. — Quant au Caucase, on doit signaler avant tout son versant septentrional comme ayant été le théâtre d'éruptions volcaniques nombreuses. Non loin de Piatigorsk, si remarquable par la haute température de ses eaux, se dresse le Mont Bechtaou, de 1.498 mètres d'altitude, qui est un véritable pointement de rhyolite ; l'Elbrouz, d'une altitude de 6.000 mètres, au grand cratère rempli d'eau ; presque aussi haut, le Kasbeck est également pourvu d'un cratère. Non loin de la route militaire, qui va de Vladikavkas à Tiflis, se dressent les trois Montagnes Rouges, qui sont formées de lapilli.

En Perse, dans l'Inde, se montre la même persistance de l'action souterraine.

Nous avons vu qu'en Asie Mineure, en Syrie, en Arabie, de tous côtés, des traces de l'activité volcanique et des cratères éteints se sont bien conservées.

Afrique. — Nous en dirons autant de l'Afrique qui, de tous côtés, montre des volcans. Le Cap de Bonne-Espérance est même une des localités de toute la terre où les basaltes sont le plus abondants. Le Sénégal a fourni dans ce sens des échantillons tout à fait remarquables.

Le Maroc, l'Algérie, la Tunisie sont riches en gisements volcaniques, et l'exploration du Continent Noir en fait connaître sans cesse de nouveaux. Ainsi, la mission saharienne Foureau-Lamy a rencontré une vaste région volcanique s'étendant entre Aguellal et l'Ouad-Tini, dans l'Aïr méridional, c'est-à-dire sur un parcours de 150 kilomètres.

La signification de cette distribution s'accentue par sa répétition en Amérique. Pendant l'époque tertiaire, le versant occidental des Montagnes Rocheuses a été le siège d'innombrables éruptions et l'examen des roches émises établit entre cette région et l'Europe (en Hongrie en particulier) les analogies les plus intimes. De même, en Californie, d'énormes volcans donnent au pays un aspect tout spécial et les Monts Lassen, Shasta, Hood et Rainier sont spécialement bien caractérisés.

Au Mexique, les cratères éteints sont associés aux volcans actifs en proportion notable.

Le Coffre de Pérote ou Nuacamtepetl, s'élève presque isolément près du versant oriental du grand plateau de Mexico. Ce vaste massif est couvert de laves et de ponces; mais il n'a pas donné signe d'activité depuis les temps historiques.

M. Ezequiel Ordonez, président de la Société mexicaine « Antonio Alzate », a fait une étude de cette partie du Plateau Central Mexicain, connue sous le nom de Bajio et qui s'étend depuis les environs de la ville de Queretaro jusqu'au pied de la sierra de Penjamo à l'ouest et des collines avoisinant la ville de Léon au nord. La plus grande partie du Bajio est constituée par des formations volcaniques modernes. Le Valle de Santiago, région extrêmement fertile, offre de nombreux cratères, pour ainsi dire pressés les uns contre les autres, les uns au sommet de grands cônes, « la plupart s'élevant à peine au niveau général de la plaine. » Ces cratères sont appelés « Ollas »

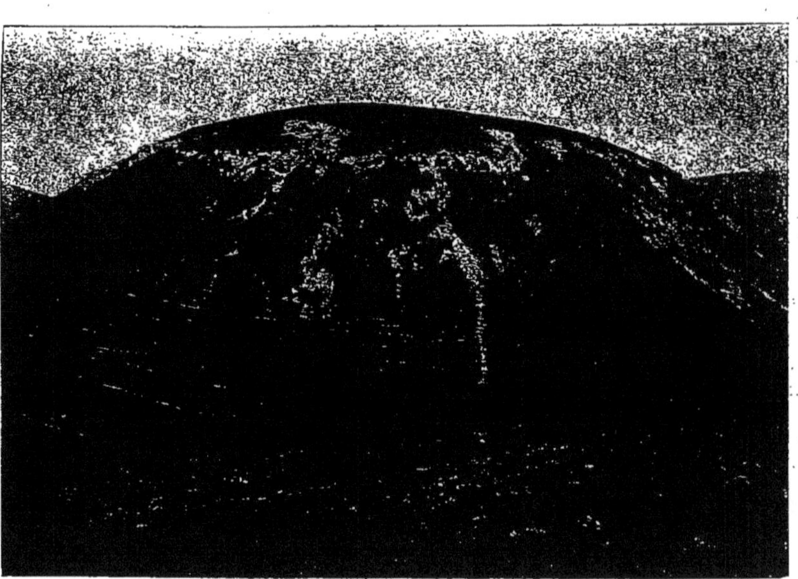

Fig. 27. — Le dôme trachytique du Clierzon (Puy-de-Dôme). — Cliché Aug. Robin.

dans le pays, à cause de leur forme de pots. D'après M. Ordonez, les Américanistes disent que le Valle de Santiago était préhistoriquement (*sic*) connu sous le nom de « siete luminarias » (sept feux), à cause des sept cratères existant aux environs de la ville. D'après M. Pedro Gonzalez, dans une communication au XIe Congrès d'Américanistes, réuni à Mexico en 1895, un dessin imparfait gravé sur la roche d'une grotte représenterait une éruption volcanique à laquelle auraient assisté les aborigènes *Tarascos* ou Mexicains. Le plus grand cratère-lac du Valle de Santiago est appelé Yuririapundaro, ce qui signifie, dans la langue des Tarascos « lac de sang », parce que les conquérants espagnols y jetèrent les cadavres des Indiens tués par eux.

Selon M. Ordonez [1], la plupart des cratères de cette région sont des cratères d'explosion. Quoique fort rapprochés (il y en a 13 sur 14 kilomètres) ils sont généralement de grandes dimensions. La plus petite cavité se trouve au sommet de la plus haute montagne, la Batea, qui a 2.215 mètres d'altitude. Plusieurs cratères sont groupés autour d'elle, entre autres deux grands cratères soudés, dont l'un enferme la vaste nappe d'eau du Yuririapundaro.

Il est impossible de faire autre chose qu'une allusion aux innombrables îles qui furent autrefois des volcans brûlants et qui témoignent encore de leur origine par leurs roches et souvent par leurs cratères. Ainsi, l'île de Pâques, dans la langue des naturels, se nomme Mata-Kiterazé, nom dont la signification littérale est : *les yeux qui regardent le ciel*, allusion évidente à la multitude de ses cratères encore intacts, quoique éteints [2].

Citons seulement les îles Galapagos, que nous avons

1. *Les Volcans du Valle de Santiago.* Mexico, 1900.
2. Cu. VÉLAIN. *Les Volcans; ce qu'ils sont, ce qu'ils nous apprennent.* 1 vol. in-8°. Paris, 1884.

déjà nommées parce qu'elles contiennent encore deux volcans actifs. On y compte plus de deux mille cônes et cratères éteints. Il est vrai que cet archipel, sous l'équateur, est situé en quelque sorte au point d'intersection des deux bandes volcaniques de la Terre, étant à la fois sur le littoral américain et sur le prolongement de la Méditerranée.

Ajoutons enfin que les bandes géographiques parallèles à celles où se sont cantonnés les volcans actifs les sépare véritablement de bandes plus anciennes où des traits caractéristiques de la structure du sol révèle l'existence de volcans que l'érosion a réduits à de simples vestiges, plus ou moins indistincts. Ceux-ci ne sont devenus compréhensibles qu'à la suite de comparaisons très nombreuses et ils ont permis par réciprocité de se faire une idée de l'appareil volcanique considéré dans son ensemble. C'est ainsi que déjà, dans le nord de la France, mais surtout en Scandinavie et en Écosse, on voit des roches éruptives associées à des nappes de cinérites, mais sans présenter dans leur voisinage aucun indice de sources chaudes ou d'émissions d'acide carbonique. Ce sont cependant encore des volcans éteints; mais ils datent de si loin qu'il ne leur reste plus rien de leur activité primitive, ni même de leur forme.

Répétons que cette géographie volcanique manifeste avec la géographie séismique trop de ressemblance, puisque les pays à faibles tremblements de terre sont en définitive les pays à volcans éteints ou abrogés, — pour qu'on ne puisse pas en tirer la notion d'un lien d'origine entre les deux phénomènes. Ce serait d'ailleurs se presser beaucoup que de les rattacher l'un à l'autre comme une cause à son effet et il est sage de remettre la conclusion au moment où nous aurons pu établir un rapprochement synthétique entre les diverses parties de notre sujet.

FIG. 28. — Le Puy de Pariou, vu du Nid de la Poule (Puy-de-Dôme). — Cliché Henri Boursault.

CHAPITRE X

LES THÉORIES VOLCANIQUES

Sommaire. — Les Légendes. Vulcain et les Cyclopes. La curiosité d'Empédocle. L'enfer du Massaya et les sacrifices
humains. Malédictions de moines. — Les dates critiques et le
rôle des influences astronomiques. — Hypothèses rattachant
le vulcanisme à des causes terrestres. — Le volcan de Lémery.
— Werner et les incendies de houillères. — L'hypothèse de
Buffon. — Les romans de Patrin. — La supposition de
Bernardin de Saint-Pierre. — Conséquences géologiques de
l'isolement du potassium par Humphry Davy. — La théorie
chimique de Gay-Lussac. — Imitation des fumerolles. — Le
major Dutton et le radium. — Recherches de Cordier sur le
refroidissement du globe. — Théories de Fouqué, de Lapparent et de Stübel. — Rôle des géoclases dans la production
des volcans. — Théorie volcanique concordante avec la théorie séismique.

Légendes et superstitions. — Comme nous l'avons
vu déjà à propos des séismes, l'imagination populaire
s'est tout d'abord donné libre carrière pour expliquer
les crises volcaniques et, si la chose avait de l'intérêt,
on pourrait récolter pour les divers pays et pour les
diverses époques des monceaux de suppositions plus
singulières les unes que les autres.

Le nom même des volcans nous rappelle qu'ils ont
été dédiés au dieu du feu : la Mythologie plaçait dans
les entrailles de l'Etna les forges où travaillaient
les Cyclopes, sous la direction de l'époux de Vénus.
La légende du pythagoricien Empédocle, toute fantaisiste qu'elle puisse être, paraît du reste montrer

que ces notions n'étaient pas acceptées aveuglément
par tout le monde et que le besoin d'une vérification
se faisait sentir.

Toutes les nations barbares ou sauvages habitant
des contrées volcaniques ont, à l'égard des volcans,
des superstitions plus ou moins étranges et il est
fréquent que des sacrifices humains soient offerts,
pour la calmer, à la montagne ignivome. A titre
d'échantillon, on peut citer le cratère du Massaya qui
était en pleine éruption à l'époque où les Espagnols
pénétrèrent pour la première fois dans l'Amérique
centrale. Oviedo, le fameux chroniqueur qui, en 1520,
explora *El Inferno del Massaya*, comme on disait
alors, raconte que de nombreux holocaustes étaient
offerts aux divinités souterraines pour apaiser leur
colère : les indigènes, terrorisés et devenus féroces,
précipitaient de temps à autre une jeune fille dans
le gouffre béant de cet immense brasier [1].

A ce volcan de Massaya se rattache en outre le
souvenir d'une escroquerie fondée elle-même sur
une théorie volcanique, d'après laquelle la lave n'aurait pas été autre chose que de l'or en fusion. Moyen-
nant quoi d'habiles brasseurs d'affaires et spécialement deux moines, Fray Blas del Casillo et Fray Juan
de Gandavo qui, au xvie siècle, mettant à profit la
crédulité des Espagnols, fondèrent une société par
actions pour exploiter la mine à frais communs. Il
va sans dire que la seule exploitation réalisée fut
celle des actionnaires.

« Aux Playas de Jorullo, dans la chaumière que
nous habitions, notre hôte indien nous raconta qu'en
1759 des capucins en mission prêchèrent à l'habitation de San Pedro ; mais que n'ayant pas trouvé
d'accueil favorable, ils chargèrent cette plaine, alors

1. Ch. VÉLAIN. *Les Volcans : ce qu'ils sont, ce qu'ils nous apprennent,* 1 vol. in-8°. Paris, 1884 (avec la reproduction d'une
gravure du temps).

FIG. 29. — Bouche du Puy de la Poix (Puy-de-Dôme). — Cliché Aug. Robin.

si belle et si fertile, des imprécations les plus horribles et les plus compliquées : ils prophétisèrent que d'abord l'habitation serait engloutie par les flammes qui sortiraient de terre, et que plus tard l'air ambiant se refroidirait à tel point que les montagnes voisines resteraient éternellement couvertes de neige et de glace. La première de ces malédictions ayant eu des suites si funestes, le bas peuple indien voit déjà dans le refroidissement progressif du volcan le présage d'un hiver perpétuel[1]. »

Depuis les temps mythologiques, on n'a pas cessé de faire succéder à l'égard des volcans les hypothèses aux hypothèses, dont beaucoup ont encore de nos jours conservé une apparence plus ou moins naturelle.

Influences astronomiques ; dates critiques. — C'est dans le nombre qu'il faut ranger les tentatives de liaison entre les éruptions volcaniques et des phénomènes cosmiques, — ou plutôt qu'il faudrait le faire, si nous avions beaucoup de place, car cela nous conduirait à maintes répétitions de ce qui a été dit pour les tremblements de terre.

Henri de Parville a étendu aux volcans la prédiction qu'il consacrait surtout aux séismes et qui attribuait une influence dans ces phénomènes à la position des astres et surtout à celle du Soleil et de la Lune ; quelques personnes ont suivi la même voie sans aucun résultat. Ce que nous avons dit à ce sujet pour les tremblements de terre pourrait se renouveler ici.

Causes terrestres. — Une fois réduits aux hypothèses qui cherchent une cause terrestre à l'explosion volcanique, nous sommes encore amenés à faire deux

1. Humboldt. *Cosmos*, p. 70, t. IV.

groupes parmi elles. Pour les unes, les effets observés résultent de dispositions locales, de la présence de conditions spéciales dans certains points et alors les volcans n'ont pas de lien nécessaire entre eux.

Les autres, au contraire, admettent dans les profondeurs souterraines une cause générale, la même pour tous les volcans, et qui consiste dans le foyer de chaleur dont nous avons déjà reconnu le rôle prépondérant dans nos études antérieures.

On peut prévoir à la suite de cette remarque que les premières hypothèses ne peuvent pas avoir le même degré de vraisemblance que celles de l'autre groupe. Il est indispensable cependant de les mentionner.

Hypothèses reposant sur la considération de foyers locaux. — Le chimiste Lémery doit certainement la plus grande partie de sa célébrité à l'hypothèse qu'il émit en 1700 et qui est résumée dans son traité de Chimie, au sujet du phénomène volcanique[1] et c'est un objet d'étonnement que ce prodigieux succès d'une supposition qui ne peut résister au plus léger examen. Lémery remarque que le mélange de la limaille de fer et de la fleur de soufre (à poids égaux), convenablement humecté d'eau, s'échauffe spontanément au point de donner lieu à de violents dégagements de vapeur, de projeter une portion de la matière à une distance plus ou moins grande et même de briser le vase dans lequel on procède à la manipulation.

« Cette opération, ajoute l'auteur, peut fort bien servir à expliquer de quelle manière les soufres se fermentent dans la terre, pour y causer les tremblements et les embrasements qu'on appelle volcans, comme il n'arrive que trop souvent en plusieurs pays

---

1. *Cours de Chimie*, 1 vol. in-4°, nouvelle édition. Paris, 1756, p. 149.

et entre autres au Mont Vésuve et au Mont Etna, car ces soufres se mêlant dans des mines de fer pourront pénétrer le métal, produire de la chaleur et enfin s'enflammer de la même manière qu'il se fait dans notre opération »

Et il est admirable de voir comment de cette petite expérience, l'auteur est ingénieux à déduire en outre la cause des tremblements de terre, celle des ouragans, celle des trombes (qu'il appelle *pompes de mer*), celle de la foudre et même celle des météorites.

Point n'est besoin d'insister sur l'absence de toute analogie avec les conditions du phénomène à expliquer. Personne aujourd'hui n'attache plus la moindre importance à la supposition de Lémery.

Le célèbre Werner, qui est un des fondateurs de la Géologie tout entière, prêta vers le milieu du xviiie siècle l'appui de son autorité incontestée à une opinion dont on ne sait pas le premier auteur et qui a eu de nombreux partisans. Elle consiste à croire que les volcans résultent de l'embrasement des couches de houille et de pyrite, sous l'influence des infiltrations aqueuses. On connaît, en effet, dans de nombreuses localités, des houillères en combustion et nous en avons des exemples en France, à Saint-Étienne, à Decazeville, à Commentry et ailleurs[1] et il est vrai qu'aux yeux des personnes non suffisamment renseignées, l'aspect de quelques-unes de ces régions peut rappeler celui des pays volcaniques. On trouve même dans les entrailles de ces exploitations des produits de fusion des roches sédimentaires qui ont acquis des caractères de composition et de structure singulièrement ressemblants à ceux des laves volcaniques. Pour notre part nous avons rencontré dans

1. V. Spécialement les *Études sur le terrain houiller de Commentry*, par HENRI FAYOL, de LAUNAY, STANISLAS MEUNIER, B. RENAULT, R. ZEILLER et CH. BRONGNIART. 3 vol. in-8° et atlas, Paris, 1887, 1888 et 1893.

cette localité un produit de fusion du schiste houiller constituant « une magnifique andésite » [1]. Cette théorie a été reprise plusieurs fois et, même, au commencement du XIXe siècle. C'est ainsi qu'en 1822, un ouvrage parut à Berlin [2] où l'auteur prétend que les volcans doivent leur activité au contact du soufre, de l'asphalte, de la houille, de minerais métalliques qui forment des traînées N.-E.-S.-E. dans le sous-sol de l'Italie, avec l'air et l'eau qui pénètrent par des crevasses. L'année suivante, on publia à Naples un ouvrage sur ce même sujet [3] où les « feux volcaniques » sont expliqués par l'embrasement souterrain du charbon fossile et du bitume animal [4] ». L'auteur croit que tous les volcans ont commencé par être sous-marins.

Dans son célèbre ouvrage intitulé *Preuves de la théorie de la terre*, Buffon a consacré l'article 16 aux volcans et aux tremblements de terre. Il commence par y donner l'acquiescement le plus complet à la théorie de Lémery. Puis il en combine les termes avec la supposition d'une intervention directe de la mer dans les profondeurs souterraines et cela le conduit à des dissertations dont le sens nous échappe quelquefois. Par exemple, il attribue le réveil de l'Etna et du Vésuve, après un repos de « plusieurs milliers d'années », à une augmentation de la Méditerranée qui s'était précédemment abaissée au point de n'être plus qu'un lac et qui a été de nouveau alimentée,

---

1. STANISLAS MEUNIER, dans : *Études sur le terrain houiller de Commentry*. Liv. 1, p. 620 et planche XXX, fig. 6.

2. RODOLPHE DE PRYSTANOWSKI. *Origine des Volcans dans l'Italie*, 1 vol. in-8°. Berlin, 1822.

3. MELOGRANI. *De l'origine et de la formation des volcans : dans Atti. del reale Instituto di Napoli*, 1, p. 163, 1823.

4. Certaines localités ont paru appuyer le rôle des combustibles minéraux ; par exemple en Vivarais, la magnifique *Coupe de Jaujac* est établie sur la formation houillère qui occupe le fond d'une longue vallée transversale entre deux chaînes élevées de granit et de gneiss.

grâce à la rupture du Bosphore et à celle du détroit de Gibraltar. Les volcans étaient, suivant lui, beaucoup plus nombreux autrefois et ils se sont successivement éteints, à mesure que la mer les a abandonnés.

En outre, pour Buffon, le foyer d'activité des volcans, loin de résider dans les profondeurs souterraines, se trouve très près de leur sommet : c'est à ce prix seulement que les grands vents peuvent entretenir la combustion des volcans !

Il n'y a évidemment plus lieu de s'arrêter à réfuter de semblables systèmes qui conservent cependant un intérêt philosophique considérable.

Certainement Breislack est un des esprits les plus remarquables parmi les savants de la fin du xviiie siècle. Plusieurs de ses publications sont riches en vues et en observations dont l'intérêt n'a pas faibli[1]. Cependant nous ne pouvons plus souscrire à sa théorie des éruptions du Vésuve. Suivant lui, les houilles pyriteuses gisant dans la chaîne des Apennins subissent une sorte de distillation souterraine qui engendre du pétrole : celui-ci, s'écoulant des fissures, arrive vers les profondeurs du Vésuve situées sur le littoral méditerranéen. Le pétrole, grâce à sa faible densité relative, surnage l'eau de mer et il est combustible : si un courant de *matière électrique fulminante* se répand dans les cavernes du volcan, il enflammera le pétrole, de là l'éruption de la montagne.

Patrin s'est signalé à diverses reprises par la singularité de ses conceptions. Au sujet des volcans, il tire de leur voisinage ordinaire avec la mer la conclusion que le principal aliment qui les nourrit

---

1. Signalons spécialement : *Introduction à la Géologie ou Histoire naturelle de la Terre*, traduit de l'italien par Bernard, 1 vol. in-8°. Paris, 1812, et *Institutions géologiques*, traduit de l'italien par Campmas, 3 vol. in-8° avec un atlas et 56 planches. Milan, 1818.

c'est « l'acide muriatique[1] ». Sans dire comment, il voit dans la mer une source permanente de ce composé qui, suivant lui, à cause de sa plus forte densité, forme une couche au fond du bassin océanique. Ce composé s'introduit alors dans les feuillets des schistes primitifs et, y rencontrant beaucoup d'oxydes métalliques, il leur enlève leur oxygène et devient « acide muriatique oxygéné » (c'est-à-dire chlore). Ce dernier, circulant par capillarité dans les interstices des roches schisteuses, arrive plus ou moins loin, au contact d'amas de pyrite et les décompose énergiquement. De là, chaleur intense, formation d'acide sulfurique et décomposition de l'eau. L'hydrogène mis en liberté se combine à des matières charbonneuses et il en résulte de l'huile qui devient du pétrole, « par sa combinaison avec l'acide sulfurique ». L'inflammation de ce pétrole commence la déflagration souterraine. Mais celle-ci reçoit une énergie nouvelle de l'intervention du « fluide électrique » qui sert à l'auteur pour expliquer tous les détails du phénomène de la manière la plus fantaisiste. « J'observerai, dit-il en terminant, que lorsque dans une théorie telle que celle-ci, tous les faits viennent se rattacher d'eux-mêmes au fil principal, il semble que ce soit le fil même de la nature. Or, non seulement tous les phénomènes volcaniques, mais encore la plupart des autres phénomènes géologiques trouvent leur explication naturelle dans cette circulation, mais encore, etc. »

En résumant le travail de Patrin, J. Girardin ajoute cette remarque[2] : « Cette hypothèse, ridicule d'un bout à l'autre, semble être le produit d'un cerveau dérangé. C'est pourtant le fruit des méditations d'un

----

1. *Journal de Physique*, mars 1880, Paris, et *Nouveau Dictionnaire d'histoire naturelle*, 1re édition. Paris, 1804.

2. *Considérations générales sur les Volcans*, 1 vol. in-8°. Rouen, 1831, p. 99.

naturaliste qui a concouru à la rédaction du premier Dictionnaire d'histoire naturelle bien fait publié en France. »

Dans ses *Études de la Nature*, Bernardin de Saint-Pierre expose sa manière de comprendre le phénomène volcanique. L'eau de la mer, d'après lui, jouit de la propriété, que lui communique sa salure, de dissoudre les matières organiques et principalement les huiles, les bitumes, les « nitres des végétaux et des animaux » qui lui sont amenés par le concours des fleuves et des pluies. L'Océan serait de la sorte pollué d'une manière complète et la vie n'y serait plus possible, s'il n'existait des organes de dépuration tout à fait efficaces. Ceux-ci ne sont autres que les volcans, vastes fourneaux allumés sur le rivage et dans le foyer desquels les courants sous-marins amènent les substances combustibles dont nous venons de parler. D'ailleurs, les premiers volcans ont été allumés par les fermentations végétales et animales dont la terre fut couverte après le Déluge universel.

En 1825, le Dr Lea (de Philadelphie) développa cette idée, déjà mentionnée à propos des séismes, qu'il existe, sous la surface de la terre, des canaux qui relient les volcans les uns aux autres et qui sont même comme des *volcans horizontaux*. En effet, ils débouchent dans la mer, dont l'eau, en se décomposant, fournit de l'oxygène, grâce auquel les métaux contenus dans les roches (potassium, sodium, etc.) peuvent brûler et entretenir la chaleur souterraine [1].

Kirwan a supposé que les laves sont entraînées dans leur mouvement d'éruption par des flots de bitume [2].

Dolomieu développa cette idée que le soufre intervient dans les phénomènes volcaniques, en abaissant

1. V. Georges Merrill. *Contribution to the history of american Geology*, in-8°, p. 280. Washington, 1906.
2. *Geological Essays*, 1799.

considérablement le point de fusion des roches auxquelles il est associé et qui sont les laves des volcans.
En outre, ce même soufre, en brûlant au contact de
l'air, conserve la chaleur des laves et leur permet de
rester fluides tout le temps nécessaire à leur écoulement sur le sol, parfois très loin du cratère qui leur a
livré passage.

Un géologue anglais, Poulett Scrope, qui a contri-
bué plus que personne à l'établissement de nos connaissances sur les volcans éteints de l'Auvergne et qui
a composé un ouvrage général sur les volcans[1], a
émis une assez singulière supposition pour expliquer
l'écoulement des laves. Selon lui, la plupart des laves,
au moment de leur sortie, ne sont pas à l'état de
fusion. Elles consisteraient en cristaux solides, glissant les uns sur les autres, à cause de la présence
dans leurs intervalles d'une petite quantité d'un
fluide élastique fortement échauffé. L'auteur fait
cependant des exceptions pour les laves de Bourbon,
de Ténériffe et pour quelques autres qui seraient réellement fondues. Son opinion est évidemment basée
sur la présence constatée de cristaux tout formés
dans les laves. C'est la même illusion, par conséquent, qui a conduit Haüy à imaginer le nom de
pyroxène pour le minéral déjà cristallisé quand les
laves sont encore liquides et dont, à ce titre, l'origine
lui semblait *étrangère au feu*.

L'isolement à l'état métallique du potassium et du
sodium, connus seulement jusqu'alors à l'état d'oxydes
(potasse et soude), a été, comme on sait, l'un des plus
grands événements scientifiques du XIXᵉ siècle. L'illustre auteur de cette immense découverte, Humphry
Davy, s'est laissé tout naturellement aller à rechercher les diverses circonstances auxquelles elle se

1. *Considérations sur les Volcans*, trad. française de PIERAGGI.
Paris, 1864.

prête, et, dans le nombre, il a édifié une théorie volcanique qui eut un moment de très grand succès [1].

Donc, Davy regarde les éruptions volcaniques comme le résultat de l'action de la mer et de l'air sur les métaux des terres et des alcalis. Suivant lui, le sol renferme d'immenses cavités, où l'air et l'eau de la mer peuvent pénétrer au contact des substances actives, longtemps avant qu'elles n'atteignent la surface extérieure. Le tonnerre souterrain qui accompagne les éruptions, au Vésuve, par exemple, démontre, suivant le grand chimiste, l'existence des grandes cavités dont il s'agit. D'un autre côté, on peut conclure l'intervention de l'eau de la mer de ce fait que presque tous les grands volcans occupent une situation littorale et que, lorsqu'ils sont plus éloignés de l'Océan, comme sur le plateau de Quito, l'eau des lacs remplit le même office, ainsi que le démontre la découverte, par Humboldt, de poissons vivants (*Pimelodes*) dans l'eau rejetée par certains volcans.

En somme, l'hypothèse de Davy est avant tout une hypothèse de chimiste. On conçoit son succès, à cause de l'éclat des découvertes chimiques sur lesquelles elle a prétendu s'établir. Mais on ne peut méconnaître les difficultés insurmontables contre lesquelles elle est venue se heurter et qui l'ont fait abandonner par tout le monde et par son auteur lui-même, qui, peu de temps avant sa mort, a substitué à son hypothèse un acquiescement complet à la théorie du foyer de chaleur propre de la terre [2].

Dans un mémoire qui a eu beaucoup de retentisse-

___

1. *Mémoire sur les phénomènes des Volcans*, lu à la Société royale de Londres, le 2 mars 1828.

2. Voir à ce sujet un article posthume de Davy intitulé : *Sur la Formation de la Terre. New Edimburg philosophical journal* ; avril 1830, p. 320.

ment[1], Gay-Lussac établit en principe que la cause décisive des phénomènes volcaniques est une affinité très énergique et non encore satisfaite entre des substances qui y obéiraient à la suite d'un contact fortuit. Il résulterait d'une semblable rencontre une chaleur suffisante pour fondre les laves et pour donner aux fluides élastiques la force nécessaire pour amener ces mêmes laves à la surface de la terre. Or, l'auteur assure que ces conditions sont réalisées par la rencontre souterraine de l'eau, et spécialement de l'eau de mer, sur les chlorures des métaux les plus abondants dans les roches.

Gay-Lussac a appuyé ses conclusions sur d'innombrables et intéressantes expériences de laboratoire, et il se trouve que ces travaux ont eu des conséquences définitives pour la compréhension de certains phénomènes volcaniques. Nous avons vu, par exemple, que la réaction au rouge de la vapeur d'eau sur celle du sesquichlorure de fer jette la lumière la plus vive sur l'histoire des incrustations de fer oligiste recouvrant fréquemment les scories volcaniques. On a vu que la même expérience éclaire d'un jour imprévu l'histoire de tous les gîtes stannifères qui deviennent du même coup des gîtes fumarolliens. Mais il s'en faut de beaucoup que les conséquences du beau travail que nous rappelons soient applicables à l'étude du phénomène volcanique considéré dans son ensemble. Ici les objections abondent, et la composition des émissions volcaniques est très loin de cadrer avec les exigences de la théorie.

Du reste, une objection décisive vient de la contradiction flagrante entre la supposition que l'eau peut pénétrer par les crevasses dans des régions assez chaudes pour qu'elle en soit violemment chassée, si

____

1. *Réflexions sur les Volcans. Ann. de Ch. et de Phys.*, XXII, p. 415.

elle y eût existé. Daubrée a essayé[1], mais sans succès, de substituer à l'écoulement par des fissures la
pénétration par les interstices capillaires entre les
grains constitutifs des roches poreuses.

Alexandre Brongniart rattache les éruptions volcaniques à la pénétration de l'eau de la mer, au moyen
des crevasses qui traversent le sol, jusqu'au contact
des masses souterraines renfermant des métaux à l'état
métallique et chlorurés ou des sulfures avides d'oxygène. C'est une sorte de conjugaison des idées de
Davy et de celles de Gay-Lussac. La réaction dégage
assez de chaleur pour fondre les roches et pour que
les gaz libérés ébranlent la terre et la soulèvent, de
façon à ouvrir des communications par lesquelles les
matières produites sont rejetées à l'extérieur[2].

D'après le major Dutton[3], le radium existant à
l'état de traces dans toutes les roches éruptives, il
faut supposer que la radio-activité est la source de
l'énergie volcanique, en échauffant les roches à 3 ou
4 milles de profondeur, en les faisant fondre, en les
rendant explosives et en incorporant dans le magma
ainsi produit l'eau d'imprégnation du sol. Il est vrai
qu'on n'explique pas alors pourquoi il n'y a pas, en
même temps, des volcans sur toute la surface de la
terre. C'est presque un retour aux plus anciennes suppositions minéralogiques, qui faisaient intervenir des
« esprits » dans la génération des gîtes minéraux et
spécialement dans ceux d'étain qui sont d'origine
volcanique et dont les gangues consistent surtout en
pierres précieuses[4], mais c'est un retour rajeuni par
l'intervention du radium.

1. *Études synthétiques de Géologie expérimentale*, 1 vol. in-8°.
Paris, 1879.
2. *Dictionnaire des Sciences naturelles*, article Volcans,
LVIII, p. 442.
3. *Journal of Geology*, XIV, p. 219, 1906.
4. *Bergbüchlein*, 1 vol in-18. Augsbourg, 1505, curieux ouvrage,

Hypothèse reposant sur la considération du Foyer interne. — L'opinion que l'intérieur de la terre conserve un reste de chaleur originelle a été émise pour la première fois par Whiston [1]. Des raisons avancées par l'auteur, il ne subsiste absolument rien ; mais la conclusion s'est représentée irrésistible à la suite des travaux plus récents. Leibniz, Descartes, Buffon ont repris cette thèse qui, entre les mains de Hutton et de Playfair, est devenue l'une des bases de la Géologie tout entière [2]. Laplace et Kant ont établi sur elle leur immortelle hypothèse cosmogonique, perfectionnée plus récemment par Faye [3]. Depuis lors, le nombre des travaux s'est extraordinairement multiplié dans cette voie : Lagrange, Fourier, Poisson, Cordier, Humboldt, Elie de Beaumont, Ch. Sainte-Claire Deville, Fouqué, Stubel, Lowtian-Green, Lacroix, Armand Gautier peuvent être cités parmi beaucoup d'autres auteurs.

Il est impossible de les suivre dans leurs conceptions relatives tantôt à l'ensemble du phénomène et tantôt à certaines particularités plus ou moins importantes. Limité par la place, nous nous arrêterons seulement un moment à quelques-unes d'entre elles.

Pour Cordier, les phénomènes volcaniques seraient un résultat simple et naturel du refroidissement extérieur du globe [4]. La masse fluide interne est soumise

signalé en 1885, par de Dechen (*Das älteste deutsche Bergwerksbuch;* dans *Zeichtschrift für Bergrechl von,* Dr Brassert, t. XXVI) et sur lequel Daubrée a publié une étude (*Journal des savants,* juin-juillet 1890).

1. *A New theory of the Earth,* 1 vol. in-4°. Londres, 1708.
2. *Illustration of the Huttonian theory of the Earth,* in-4°. Edimburg, 1802.
3. *Essai sur l'Origine du Monde,* in-8°. Paris, 1884.
4. *Essai sur la Température de l'intérieur de la Terre,* dans les *Mémoires du Muséum d'histoire naturelle,* 8e année, t. XV, 3e cahier, p. 161.

à une pression croissante qui est occasionnée par deux forces dont la puissance est immense : d'une part, l'écorce solide se contracte de plus en plus ; de l'autre, cette même enveloppe, par suite de l'accélération séculaire du mouvement de rotation, perd sa capacité intérieure à mesure qu'elle s'éloigne davantage de la forme sphérique. Les matières fluides internes sont, en conséquence, forcées de s'échapper au dehors, sous forme de laves, par les évents habituels qu'on a nommés volcans. « En termes exacts, dit l'auteur, si l'on suppose à l'écorce de la terre une épaisseur moyenne de 20 lieues de 5.000 mètres, il suffirait dans cette enveloppe d'une contraction capable de raccourcir le rayon moyen de la masse centrale de $1/494^e$ de millimètre, pour produire la matière d'une éruption. » Sans nous attacher à discuter cette conception, qui a eu son moment de succès, il suffira de constater que rien de ce qui concerne la distribution géographique des volcans n'y est pris en considération et que cette remarque est suffisante pour lui enlever tout crédit.

Dans une autre hypothèse, reproduite par plusieurs auteurs, la croûte terrestre recouvre une zone magmatique composée de roches fondues dans lesquelles sont engagés par occlusion des gaz d'origine primitive et qui se sont laissé prendre sous la croûte, lors de la consolidation de celle-ci. Le magma s'est trié en couches superposées, de densités de plus en plus grandes, à mesure qu'elles sont plus profondes, et on explique ainsi la diversité des émissions dans différents volcans par la profondeur inégale de leurs racines.

Les paroxysmes sont déterminés par des changements dans l'architecture de l'écorce, consécutifs à des plissements considérés comme augmentant la pression exercée sur le magma et sur les gaz qu'il renferme.

Pour Gay-Lussac[1], l'eau de la mer s'infiltre par une faille et arrive au contact de la lave sous-jacente. Il se développe, par suite de ce contact, un volume énorme de vapeur d'eau qui engendre une énergique pression à laquelle cède l'écorce qui se crevasse et où s'établissent les cratères. Les vapeurs salines, dégagées sous la forme de fumerolles, rapportent à la surface les éléments de l'eau de mer.

Le Dr Alphonse Stübel a émis, quant au mécanisme volcanique, une théorie que nous ne craignons pas de déclarer tout de suite inacceptable et que M. W. Prinz, professeur à l'Université de Bruxelles, a résumée d'une manière particulièrement lucide[2].

La conséquence du refroidissement progressif de la terre, vers la fin de son évolution solaire, fut, comme on sait, la formation d'une écorce planétaire. M. Stübel croit qu'il se produisit, en même temps, le déversement, à la surface de cette écorce, d'énormes amas de magma d'origine interne. Pour notre part, nous regardons cette supposition comme absolument contraire aux faits. Quoi qu'il en soit, l'auteur pense que cette émission recouvrit le globe d'une enveloppe de matériaux fondus à laquelle il impose le nom de *cuirasse*. Il pense aussi qu'à chaque progrès de la solidification centripète du noyau, correspondit un épanchement vers l'extérieur, tout en reconnaissant qu'à chaque fois la sortie fut plus difficile et la surface recouverte de moins en moins considérable. Il appelle ces amas des *foyers périphériques*.

A un certain moment, les cheminées d'éruption, traversant l'écorce et la cuirasse, s'obstruèrent pour le plus grand nombre. Par une compensation, dont

---

1. *Réflexions sur les Volcans;* dans Annales de chimie et de physique, t. XXII, p. 415.

2. *Notice jointe à l'édition française des Profils représentant la genèse et la structure de l'écorce solidifiée du globe, due à* M. STUBEL, in-4°. Leipzig (avec une planche).

nous ne voyons pas la raison, celles qui restaient libres fonctionnèrent d'autant plus largement et déversèrent de tous côtés des masses énormes de roches fondues. Désormais, la croûte, redoublée de cette cuirasse, put résister aux réactions du foyer central, l'auteur ne nous disant d'ailleurs pas en quoi consistent ces réactions. Dans la suite, la cuirasse atteignit une épaisseur de 50 kilomètres, et alors le règne exclusif du feu toucha à sa fin. Les agents atmosphériques, pouvant enfin se condenser, se précipitèrent sur la cuirasse encore brûlante, dont ils accélérèrent le refroidissement et à laquelle ils empruntèrent une longue série de corps solubles. C'est alors que se constituèrent les roches cristallines. Les phénomènes geysériens allèrent en se localisant et en diminuant, tandis que l'eau froide et douée d'activité chimique très atténuée, permit l'éclosion de la vie, et, par le remaniement des matériaux déjà constitués, élabora les premières strates fossilifères. Les foyers périphériques diminuent d'ampleur et certains d'entre eux, enfouis dans les sédiments, alimentent les volcans actuels.

L'un des chimistes les plus distingués de notre temps, M. Armand Gautier, a cherché à appliquer à la théorie volcanique les résultats que lui ont procurés des recherches analytiques sur les roches cristallines. Dans une série d'expériences, il a reconnu que ces roches, chauffées dans le vide, dégagent un volume considérable de gaz, et il en a conclu que, dans les régions souterraines (bien que le vide n'y règne pas) la haute température ambiante doit déterminer le même effet et accumuler une énergie qui peut se traduire par des éruptions volcaniques. Il trouve que le granit chauffé au rouge dégage un grand nombre de fois son propre volume d'un mélange de gaz où prédominent l'hydrogène et l'acide carbonique, et qui renferme, en outre, de l'oxyde de carbone, de l'hydrogène carboné et de l'azote, avec des traces d'acide sulfhydrique. Un décimètre cube de granit fournit 20 litres de gaz divers et 89 litres de vapeur d'eau, soit plus de cent fois son volume. Il y a dans ces faits des documents dont la théorie volcanique doit tirer parti, et c'est, en effet, ce que l'on verra tout à l'heure.

M. Brun (de Genève)[1] a étudié la question par une voie très voisine de celle que M. Gautier a suivie, et son travail est encore exclusivement chimique. L'une de ses conséquences les plus frappantes, c'est que la vapeur d'eau ne jouerait pas dans les explosions volcaniques le rôle énorme que tant d'observateurs lui attribuent, et, par exemple, Fouqué. Au fond, et comme on le verra tout à l'heure, il ne s'agit là que d'une question de détail. Le principal rôle de la vapeur d'eau paraît être exclusivement physique et tenir à l'élasticité que lui procure un échauffement convenable. Beaucoup d'autres substances peuvent se comporter comme elle sous l'influence de la chaleur, et, par conséquent, la remplacer, sans que l'économie du volcan soit changée pour cela. Il est probable que, selon les localités, la composition des fluides élastiques varie, à peu près comme varie la composition des laves.

Malgré le grand nombre de ces théories et l'incontestable intérêt de plusieurs d'entre elles, il y a lieu d'en mentionner encore une qui présente ce caractère de se concilier avec tous les traits de l'évolution générale de la terre[2].

Si l'évolution volcanique prend l'allure accidentelle ou cataclysmique que nous lui voyons, c'est que le genre humain souffre de ses effets. En réalité, elle remplit un rôle si nécessaire à la vie tellurique que sa

1. *Archives des Sciences physiques et naturelles de Genève.* 1905 à 1909.

2. STANISLAS MEUNIER. Théorie du phénomène volcanique à propos de la récente catastrophe des Antilles. *Revue scientifique,* 4e série, XVIII, p. 129. 2 août 1902.

suppression entraînerait des changements profonds dans les traits essentiels de la terre, et jusqu'à l'impossibilité même de l'existence des êtres organisés qu'elle tue cependant quelquefois.

Il se trouve, en effet, que le volcan constitue un merveilleux organe de circulation de matière et de force, dont la surface du globe est affectée de façons diverses. Toutes les réactions des foyers volcaniques se traduisent en flots de puissance calorifique et électrique versés dans l'atmosphère. Et surtout le volcan ramène de profondeurs très grandes, où l'on eût pu les croire ensevelies à jamais, d'innombrables particules rocheuses, de composition spéciale, et qui contiennent des principes comme le phosphore, le calcium et le potassium, comme l'acide carbonique aussi, dont les êtres vivants ont un besoin imprescriptible. Les matières dont il s'agit sont apportées, d'une part, par les cendres et les laves ; de l'autre, par les mofettes et les fumerolles.

On ne peut contester que le moteur des explosions volcaniques ne soit la force expansive de certaines vapeurs, parmi lesquelles figure la vapeur d'eau, et de quelques autres corps élastiques, portés à une température très supérieure à 100 degrés. De tous les produits rejetés du sol par les cratères, le plus abondant, sans aucune comparaison, et dans un grand nombre de cas au moins, c'est l'eau.

Les volcans, malgré leur apparence première, doivent être rangés parmi les sources aqueuses : des mesures approximatives ont montré que chaque explosion de l'Etna rejette des centaines de mètres cubes d'eau, supposée liquide, dans l'atmosphère.

Or, un premier fait à retenir dans cette direction, c'est que l'eau, subissant pour son compte l'attraction qui, sous le nom de pesanteur, émane du centre de gravité de notre globe, — non seulement s'établit en nappes sur les masses rocheuses plus denses

qu'elle, mais s'infiltre aussi dans tous leurs interstices, de façon à les imprégner avec une abondance
plus ou moins grande. S'insinuant entre les grains des
sables, elle circule aussi dans les fines fissures des
roches cohérentes et remplit tous les intervalles des
cristaux et toutes leurs surfaces de clivage au sein
des roches cristallines. Aussi, les pierres extraites du
sol sont-elles sans exception pourvues d'une humidité très sensible, désignée vulgairement sous le nom
d'*eau de carrière*, et que tout le monde connaît bien.

Fig. 30. — Coupe théorique de la croûte terrestre montrant la superposition
normale de la zone E imprégnée d'eau d'infiltration à la région plus profonde A, encore trop chaude pour s'être humectée. Une géoclase orogénique FF traverse l'ensemble.

Cependant, au-dessous d'une certaine épaisseur de
roches, dont l'état thermométrique s'est accommodé
de l'infiltration de l'eau, se trouvent des zones trop
chaudes pour tolérer l'eau de carrière. Progressivement, au fur et à mesure du refroidissement spontané
de la terre, la surface de séparation de ces deux zones
concentriques gagne des régions de plus en plus éloi-
gnées de l'extérieur, et, en conséquence, les eaux
libres du globe subissent une diminution de volume
proportionnée.

On peut, par le croquis ci-contre (fig. 30), s'imaginer la situation relative, à un moment donné, des deux zones dont il s'agit.

On a vu dans la partie de cet ouvrage, relative aux tremblements de terre, que les progrès du refroidissement spontané de la terre déterminent des fissures au travers de la croûte, des géoclases (ou failles) extrèmement obliques le long desquelles les masses brusquement séparées chevauchent les unes sur les autres, de façon à se recouvrir partiellement. La figure 31 représente le type des accidents de ce genre. On voit

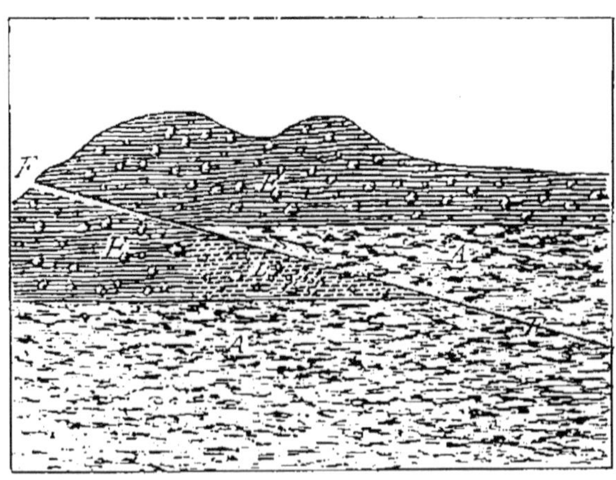

Fig. 31. — La coupe précédente après que le jeu de la géoclase FF a déterminé le glissement suivant la flèche d'une portion de la zone anhydre et rouge A sur une portion de la zone humide EE dont un *coin* est ainsi intercalé entre deux niveaux chauds.

par le sens des flèches que la caractéristique de semblables cassures, c'est que le *rejet* qu'elles déterminent en amène le *toit* à monter par-dessus leur *mur*.

La même figure fait voir que, sous l'influence du rejet, certaines portions de la zone externe, pourvues d'eau de carrière, peuvent être recouvertes par des portions de la zone plus profonde, trop chaudes encore pour que l'eau venant de la surface ait pu dès maintenant s'y infiltrer. La région *P* est dans ce cas, et on y voit des roches humidifiées tout à coup intercalées entre des masses très chaudes et anhydres.

L'effet d'un semblable phénomène ne saurait être douteux : il est exactement comparable à celui que nous obtenons dans l'appareil de Sénarmont, en soumettant des roches à l'action de l'eau surchauffée. L'eau prenant un état physique, qu'il n'y a pas à préciser davantage, abaisse le point de fusion de la roche en P, qui s'associe avec l'eau elle-même, en l'absorbant par occlusion, de façon à produire par cette occlusion même, une masse essentiellement foisonnante, et dont les propriétés, comme la composition, sont nécessairement celles de beaucoup de laves volcaniques.

Une comparaison très vulgaire peut rendre plus claire encore cette genèse de la masse avide d'éruption. C'est celle que nous procure la vue d'une bouteille d'eau gazeuse, dans laquelle se retrouvent tous les détails essentiels du volcan. La lave, c'est l'eau ; et la matière occluse, propre à déterminer l'éruption, c'est l'anhydride carbonique dissous et n'ayant plus rien de commun avec un gaz. Que le bouchon soit retiré, même si la bouteille est placée verticalement sur son fond, alors une violente explosion se produit; l'eau pulvérisée est lancée en l'air, comme la cendre volcanique, et le liquide s'élève dans le goulot, entraîné par les bulles de gaz qui s'engendrent dans sa masse, pour venir s'extravaser et se répandre sur la table, comme la lave des volcans s'extravase et s'épanche sur le sol. Tous les détails de l'un des appareils (à l'exception de ceux qui concernent la température) sont exactement reproduits dans l'autre.

A ce dernier égard, il faut rappeler que, même des roches stratifiées, comme les argiles houillères rencontrées dans les charbonnages spontanément incendiés, peuvent se transformer en laves à anortite, ayant avec celles des volcans des analogies si intimes qu'elles doivent nécessairement ouvrir le champ à de multiples réflexions. Si ces laves, au lieu de se faire dans des régions très superficielles, où elles ont perdu presque immédiatement leur eau de constitution, s'étaient formées à une profondeur plus grande, dans un laboratoire parfaitement fermé, comme celui que représente la figure 32, l'occlusion eût été maintenue jusqu'au moment où une communication aurait pu, en s'ouvrant vers l'extérieur, permettre le foisonnement de l'émulsion : une cassure, par exemple, résultant de la torsion du sol ou de l'augmentation progressive des tensions souterraines.

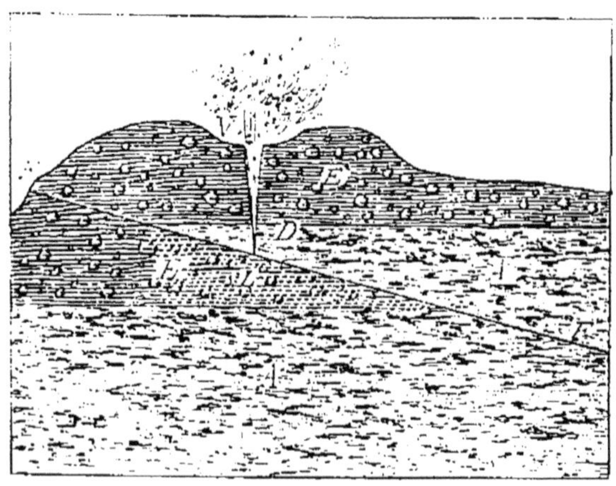

Fig. 32. — Effet de l'ouverture dans l'ensemble précédent d'une cassure LV qui met en communication avec l'atmosphère le biseau de roches hydratées recuites par le recouvrement orogénique : production de l'éruption volcanique.

Ce qui précède suffit pour que l'on conçoive bien comment la lave volcanique, loin d'être une matière répartie sous forme de couche continue dans toutes les régions de la terre, est un apanage spécial des régions récemment remaniées par les grandes failles, et l'on voit l'importance de cette remarque en ce qui concerne la distribution générale des volcans sur le globe. En second lieu, on comprend aussi que, suivant les cas, la profondeur à laquelle s'établira un laboratoire volcanique, c'est-à-dire une collection de

roches foisonnantes, pourra varier considérablement.
Du même coup, on s'expliquera comment des volcans,
même assez voisins, pourront être tout à fait indé-
pendants les uns des autres, s'ils sont sur des cassures distinctes, ou, au contraire, en communication,
même à longue distance s'ils sont sur la même géoclase. Enfin, on remarquera que, suivant les volcans,
la lave pourra résulter de roches initiales fort diverses,
depuis les masses cristallines de toutes les catégories jusqu'aux masses stratifiées, comparables à
l'argile houillère, citée tout à l'heure. On compren-
dra même qu'à la rigueur, la propriété foisonnante,
indispensable à la manifestation volcanique, soit com-
muniquée à la masse par un principe volatil autre
que l'eau, et, par exemple, par des chlorures, tels que
des amas de sel gemme, qui expliqueraient la composition des émanations de volcans chlorhydriques
exceptionnels, comme ceux d'Hawaï, où l'eau est
vraiment remplacée par l'acide chlorhydrique ; par
des sulfates qui rendraient compte de l'acide sulfurique si abondant au Puracé ; par des combustibles
charbonneux qui donneraient la clé des gaz hydro-
carbonés de certaines salzes, etc.

A l'appui de cette théorie, il faut citer les observations de Milne, d'après lesquelles les éruptions
volcaniques seraient déterminées par des tremblements de terre, qui rompraient brusquement, comme
nous venons de le supposer, l'équilibre instable des
régions volcaniques. Il s'est livré à une statistique
sur l'une des zones les plus tourmentées et les plus
faibles du globe, sur la chaîne des Antilles et sur
celle des Andes qui, indépendamment de la valeur de
l'hypothèse, offre de l'intérêt, puisqu'elle embrasse
une période de plus de trois siècles, 1692-1902. Emprun-
tons-lui quelques rapprochements :

Le 4 février 1797, un tremblement de terre détruit
Quito et tue 40.000 personnes. Le mouvement se pro-

page sur une grande étendue, avec production d'énormes crevasses. La fumée du Pasto, distant de 50 lieues, s'arrête brusquement. Secousses aux Antilles durant huit mois, jusqu'à ce que l'éruption du volcan de la Guadeloupe semble y mettre fin.

En février et mars 1802, secousses dans les Antilles et éruption de la Soufrière de la Guadeloupe.

1811-1812, fortes secousses dans la vallée du Mississipi. Tremblement de terre à Caracas, qui coûte la vie à 10.000 personnes. Le 24 avril 1812, éruption à Saint-Vincent, précédée de fortes secousses dans les Antilles : on en a compté plus de 200 à Saint-Vincent.

1835, 20 février, tremblement de terre sur 1.600 kilomètres, le long de la côte du Chili, laquelle s'élève de 3 décimètres à 1 mètre. Un volcan entre en activité près de la pointe Bacalao. En novembre de la même année, les secousses à Concepcion sont suivies de la reprise d'activité du volcan Oroma, distant de plus de 640 kilomètres. En 1906, le tremblement de terre de San-Francisco est suivi du réveil du Cayualin (Nouveau Mexique).

Ces quelques traits suffisent à montrer comment est établie cette statistique.

CONCLUSIONS

Sommaire. — Lien mutuel entre les séismes et les éruptions. — Communauté de leur cause. — Instabilité de la croûte sur le noyau qui se rétracte sans cesse. — Sa fracture spontanée engendre les séismes et élabore le magma éruptif. — Le séisme et le volcan sont des contre-coups de la production des montagnes. Les chaînes montagneuses sont des résultats de refoulements horizontaux. — Ordonnance générale des chaînes dans les deux mondes. — Age relatif des ridements orogéniques. — Déplacement progressif de la zone d'activité. — Actuellement la zone active coïncide avec la zone séismique qui est la même que la zone volcanique en action. — La zone alpine européenne est plus ancienne et déjà plus passive. — Cette zone ne s'est pas produite d'un seul coup. — La zone américaine des Montagnes Rocheuses correspond à la chaîne alpine. — Le pôle orogénique. — Étude expérimentale de la production des montagnes. — Conclusion quant à la viscosité de la substance nucléaire. — Les actions complémentaires du ridement. — Persistance du profil sphéroïdal de la terre. — Illusion pentagonale ; illusion tétraédrique. — L'activité des profondeurs terrestres.

En possession maintenant de l'ensemble des documents nécessaires à la compréhension des deux tragiques phénomènes qui nous ont occupés, nous sommes en mesure de rechercher leurs liens mutuels et d'apprécier leur rôle dans l'économie générale de la Terre. Dire que ce sont des désastres, des catastrophes et des malheurs, c'est évidemment se placer à un point de vue trop exclusivement humain pour qu'il puisse être complet.

Lien mutuel entre les séismes et les éruptions volcaniques. — Nous avons vu d'abord que le tremblement de terre est l'effet du décrochement et du déplacement relatif brusque des segments rocheux dont la croûte terrestre est constituée : c'est parfois aussi la conséquence de la reprise d'équilibre de masses précédemment comprimées et qui peuvent revenir sur elles-mêmes, à la faveur des vides ménagés dans leur voisinage. Dans tous les cas, c'est une suite de réactions plus générales qui s'expliquent par les grands traits de la structure du globe.

Nous avons vu ensuite que le volcan est l'effet du réchauffement souterrain de roches imprégnées de corps volatilisables et qui, en conséquence, deviennent foisonnantes et tendent à s'insinuer, s'il s'en présente, dans les canaux de communication avec l'extérieur. Le réchauffement est la conséquence du déplacement relatif des matériaux et ce déplacement lui-même a sa raison d'être dans les grands traits de la structure du globe.

Communauté d'origine des séismes et des éruptions. — Ce double résumé, dans son extrême concision, contient un grand enseignement : le tremblement de terre et le volcan dérivent d'une cause unique et les théoriciens perdirent leur temps qui cherchèrent lequel des deux phénomènes est la cause de l'autre. Nous pouvons même aller plus loin et ajouter que cette cause antérieure réside, d'après ce qui précède, dans les rapports mutuels des éléments constitutifs de la planète.

En effet, pour expliquer le volcan, comme pour expliquer le séisme, nous avons été inévitablement conduits à nous éclairer quant à la structure des régions souterraines. Elles se sont révélées à nous comme consistant en roches se supportant les unes les autres jusqu'à une soixantaine de kilomètres de la surface où un contraste doit nécessairement se déclarer entre les matériaux en contact, puisque, — de par la loi de distribution de la chaleur interne, — à 60 kilomètres règne une température de 2.000 degrés, incompatible avec la persistance de l'état solide.

Instabilité de la croûte sur le noyau qui se contracte. — Dès lors, le globe nous apparaît comme un énorme sphéroïde de nature non solide, enveloppé d'une très mince pellicule qui constitue l'écorce à la surface de laquelle nous habitons. On sait de plus que l'écorce est de constitution postérieure à celle du noyau, ou, si l'on aime mieux, qu'elle est un dérivé de celui-ci.

Il est manifeste, en effet, conformément aux notions résumées dans l'Introduction, que la substance terrestre a d'abord été entièrement fluide et nous n'avons pas à revenir sur les preuves qui concernent ce sujet. Rappelons seulement que, plongé dans l'espace céleste, dont la température est prodigieusement inférieure à la sienne, le sphéroïde nébuleux a été la proie d'un refroidissement ininterrompu et sans compensation. C'est ce refroidissement exercé, à partir de la surface, qui, à un certain moment, a déterminé le passage à l'état solide de matériaux jusque-là maintenus fluides. Une fois le premier germe d'une croûte ainsi produit, l'épaississement progressif sera inévitable.

Mais si la constitution de l'écorce s'est opérée dans des conditions d'équilibre parfait, il est évident que les progrès du refroidissement suffiront à eux seuls pour modifier constamment cette stabilité initiale. Pour un décroissement donné de la température, et conformément aux phénomènes sur lesquels est fondée la construction du thermomètre, le noyau fluide diminuera de volume beaucoup plus sensiblement que l'écorce solide. Celle-ci tendra donc à être trop grande, et pour suivre son support qui se dérobe sous elle, elle sera contrainte à se déformer et même à se fracturer et à se refouler sur elle-même.

Voilà tout le secret des phénomènes étudiés plus haut : le choc concomitant aux fractures déchaîne le séisme; le recouvrement le long des géoclases élabore le magma volcanique.

Séismes et éruptions sont des contre-coups de la production des montagnes. — Or, il nous faut maintenant poursuivre notre examen des conditions dans lesquelles se rencontrent, non plus le séisme ou le volcan, mais bien le séisme et le volcan qui nous apparaissent comme deux produits congénères. Et nous n'avons qu'à rapprocher l'un de l'autre les deux chapitres géographiques insérés chacun dans l'une de nos deux parties : nous voyons que la bande à violents tremblements de terre est exactement la bande à désastreuses éruptions, et cela aussi bien le long des Amériques que le long du littoral méridional de l'Eurasie. Dans les deux cas, et c'est ce que montre le planisphère (fig. 33), le caractère remarquablement abrupt des lignes de côte, comparé à la pente adoucie du littoral atlantique, confirme l'opinion que la cause déterminante de l'activité des deux bandes tient à leur situation sur de gigantesques géoclases.

Selon ces bandes, l'écorce terrestre est fendue de part en part et des effets de refoulement s'y développent perpendiculairement à leurs propres directions tels que ploiement et cintrement des roches (fig. 34). Rappelons que ces refoulements ont sans aucun doute donné lieu déjà à la production des chaînes montagneuses littorales dans les deux mondes : en Eurasie, à l'Atlas marocain, la Sierra Nevada, les îles Baléares, les monts de Ligurie, les Apennins et les Monts Palermitains, les îles de l'Archipel, le

Taurus, les Monts Elvend, les Ghattes, les Monts de Malacca, les îles de la Sonde, les Philippines, le Japon, les Monts du Kamtchatka ; — en Amérique, aux îles Aléoutiennes, aux Monts Alaska, aux monts de la Colombie anglaise (Mont Saint-Élie et Mont Fairweather), à la chaine de la côte californienne, à la Sierra Madre occidentale du Mexique, à la Cordillère de Guatemala, aux Andes de Quito, du Pérou et du Chili.

Tout le long de ces lignes de relief, on constate le déplacement négatif de la mer, c'est-à-dire le soulèvement du sol et, de distance en distance, comme d'année en année, l'explosion d'un volcan ou le déchaînement d'un séisme.

La forme sur la côte de ces bandes actuellement actives séismiquement et volcaniquement, se traduit donc par les contours des chaines de montagnes dont on peut dire sans imprudence qu'elles sont en voie actuelle de surrection. En étudiant leur structure par les méthodes classiques des géologues, on reconnaît que rien ne les distingue des chaines les mieux caractérisées et il en résulte que celles-ci ont dû se former comme elles-mêmes se forment à présent.

Age relatif des ridements orogéniques. — Cette remarque va nous mener très loin quant aux traits les plus remarquables de l'évolution de la terre. En effet, nous sommes invités par elle à comparer à la chaîne actuelle une formation antérieure, plus complète, terminée peut-être et alors arrivée à un état de stabilité qui manque à la ligne littorale. En Europe, par exemple, et pour limiter le champ de nos études, nous voyons au nord de cette dernière ligne, un bourrelet remarquable avant tout par la hauteur des sommets qu'il comprend : c'est l'ensemble des plus hautes chaînes de cette partie du Monde.

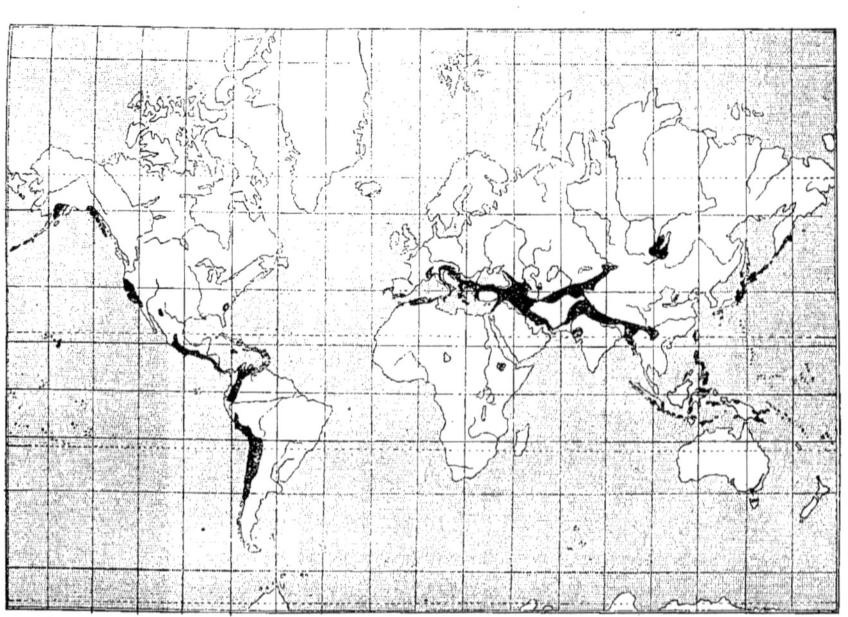

Fig. 33. — Planisphère séismique et volcanique.

En la prenant à l'ouest, pour la suivre vers l'orient, nous la voyons débuter par la chaîne des Pyrénées, pour se continuer par les Alpes, par les Carpathes et par le Caucase. Toutes les coupes du sol nous y montrent des géoclases innombrables,

Fig. 34. — Gneiss feuilleté et plissé du massif de la Meije (Isère), demi-grandeur naturelle. — Cliché Aug. Robin.

et, le long de ces plans de fracture, des glissements de terrains parfois gigantesques, mesurables aux rejets qui les ont déterminés. Comment ne pas revoir par les yeux de l'esprit les séries de séismes que ces solutions de continuité ont nécessairement provoqués et qui sont encore représentés par des secousses modérées qui, de temps en temps, témoignent que les masses déplacées n'ont pas repris leur situation d'équilibre définitif. La Suisse, par exemple, a organisé depuis longtemps des observations systématiques de tremblements de terre et il n'y a pas d'année, peut-être pas de mois, qu'on n'éprouve de secousses dans ses montagnes. Si ces secousses sont sensibles, elles ne sont pas ordinairement désastreuses; les tremblements de terre, comme celui dont souffrit le Valais, y sont très rares et même ce désastre paraît bien insignifiant en comparaison de ceux qui sévissent si souvent dans la région méditerranéenne. De sorte que notre chaîne alpestre se présente comme un pays dont le sol a dépassé l'époque de la grande mobilité, qui marche vers la stabilité, mais qui ne l'a pas encore acquise.

Et si les séismes, là encore, nous procurent cette notion avec tant d'évidence, que dire du témoignage des volcans? Car les volcans ne manquent pas le long de la chaîne et partout on les voit établis conformément à la théorie que nous avons adoptée sur les lignes de fracture, avec leur cortège de filons, de roches éruptives et de cinérites (grès de Taviglianaz, etc.) dont on a vu précédemment l'éloquence comme représentant les projections solides émanées des cratères. Ceux-ci ont disparu dans les Alpes, dispersés dès longtemps par les agents de l'intempérisme qui, avec eux et sous eux, ont supprimé d'ordinaire une notable partie des roches traversées par les éruptions.

Notons encore un fait très fécond : c'est que, malgré son unité, le ridement comprenant les Pyrénées, les Alpes, les Carpathes, le Caucase ne s'est pas produit simultanément sur toute sa longueur. Malgré la continuité du phénomène, les Pyrénées se sont soulevées avant les Alpes; celles-ci avant les

Carpathes, qui ont précédé le Caucase. On le reconnaît rien qu'au degré inégal auquel est parvenue l'érosion dans ces différents segments. On peut le constater aussi en ce qui a trait à l'intensité de l'activité volcanique. Tandis que dans les Alpes, les volcans, comme nous venons de le dire, sont réduits à peu près à leurs racines, dans le Caucase, au contraire, on les voit encore, au Kasbeck, à l'Elbrouz pourvus de leur cône de lapilli. Celui-ci semble éteint ainsi que nos cônes d'Auvergne, mais les sources d'eau y sont très chaudes comme à Piatigorsk, — plus chaudes que celles des Alpes où la thermalité, encore si sensible (à Aix, en Savoie, à Bade, en Argovie, à Pfeffers, etc.), témoigne d'une durée moins longue écoulée depuis l'époque des paroxysmes.

On sait qu'il suffit de faire bien peu de chemin vers l'est pour rencontrer le Grand Ararat qui, au XIXᵉ siècle, a donné des témoignages non douteux de son activité persistante. Le Demavend, entre la Caspienne et la plaine de Perse, exhale fréquemment beaucoup de fumée. Dans l'Himalaya, on a cité des phénomènes pareils [1]. En tout cas, si les volcans sont éteints, ils viennent de s'éteindre.

Et la conséquence de tout cela, c'est certainement que dans un passé géologiquement peu éloigné, remontant à la fin de l'époque tertiaire, les conditions actuellement réalisées sur notre bande littorale se rencontraient le long du *ridement alpin*. Les choses se passent donc comme si la ligne d'activité profonde s'était transportée au sud de sa situation première.

Ajoutons qu'en Amérique, nous pouvons faire les mêmes observations qu'en Eurasie et dans les mêmes conditions, pourvu que nous ne nous dirigions plus du sud au nord ou plus exactement du S.-E. au N.-O.;

----

1. *Edimburg journal of Sciences*, avril 1826, p. 209.

mais au contraire de l'est à l'ouest ou plus exactement
du S.-O. au N.-E.

En effet, parallèlement à la ligne de côte qui nous
occupait précédemment, nous voyons surgir un *ridement* ayant avec la chaîne alpestre des analogies plus
intimes même qu'on ne le croirait d'abord, car on
peut démontrer qu'elle lui est synchronique. Elle
comprend les Montagnes Rocheuses, les Monts Mimbre
et la Sierra Madre orientale, et on pourrait dire d'elle
tout ce que nous disions de la chaîne européenne, à
savoir que les séismes qui s'y font sentir ne sont pas
aussi intenses que ceux des régions plus orientales et
que les volcans n'y sont plus aussi actifs. On peut à
son égard répéter la conclusion d'un déplacement progressif de la zone de plus grande activité.

Ces aperçus nous indiquent la marche à suivre pour
dégager la philosophie complète des phénomènes
qui se présentent à nous. Au lieu de continuer à chercher des détails épars, jetons un coup d'œil d'ensemble sur la géographie physique de l'Eurasie,
d'abord, puis de l'Amérique.

Ainsi que le géologue autrichien Suess l'a le premier fait remarquer, l'Eurasie est traversée avec une
direction sensiblement O.-E. de chaînes de montagnes grossièrement parallèles entre elles et qui manifestent, par le degré de leur érosion intempérique,
une ancienneté d'autant plus grande qu'elles occupent une situation plus septentrionale.

Les géologues ont trouvé le moyen de substituer à
cette simple apparence les conclusions d'un mode
spécial d'étude qui permet de déterminer l'âge de formation d'une chaîne de montagnes, et le résultat a
été le même. Ce procédé consiste à comparer à l'âge
des terrains les plus récents qui ont participé au soulèvement, celui des terrains les plus anciens qui,
dans le voisinage immédiat, n'ont pas été influencés
par la surrection. Il est clair que le moment de pro-

duction de la chaîne est intermédiaire entre ces deux âges et qu'il sera déterminé avec une précision d'autant plus grande que ces deux limites, inférieure et supérieure, seront plus rapprochées l'une de l'autre.

Ceci posé, on reconnaît dans l'extrême N.-O. européen une région qui présente encore des vestiges de la structure des montagnes et dont le soulèvement remonte au début des époques sédimentaires, à cette période qu'on appelle cambrienne et qui paraît avoir été contemporaine de l'apparition de la vie sur le globe : on appelle cet accident le *ridement archéen.* L'étude des roches qui le composent est d'autant plus malaisée que, la mer le recouvrant, en rend l'examen fort difficile ; mais on peut être assuré qu'elles offriraient les mêmes caractères distinctifs que les roches des ridements suivants, sauf un degré d'accentuation peu marqué.

Bien plus au sud, un autre ridement s'est fait après la période dite silurienne, c'est-à-dire bien moins anciennement que le premier, et il est représenté par les Monts Grampians en Écosse et les Alpes Scandinaves qui séparent à peu près la Suède et la Norvège. Pour ce *ridement calédonien,* l'étude est beaucoup plus facile que tout à l'heure et on est frappé tout d'abord de l'importance des cassures du sol au travers du massif soulevé. On en peut conclure le nombre et l'intensité des séismes qui nécessairement ont marqué leurs déplacements. Or, à l'époque actuelle, le tremblement de terre est pratiquement inconnu en Scandinavie et si le sol y est plus ou moins agité de temps en temps, on a des raisons très légitimes de se demander s'il s'agit d'un vrai tremblement de terre, ou s'il n'intervient pas, au contraire, quelqu'un de ces pseudo-séismes que nous avons mentionnés au début de ce livre. Ce qui permet de le croire, c'est que l'autre mode d'activité souterraine, le volcan, est complètement supprimé dans cette région septentrionale. De tous côtés abondent les traces de très vieux volcans et, les vieilles laves y font des massifs énormes. Au Mont Kinnekulle, par exemple, le sol silurien est traversé d'un dyke de roches pyroxéniques encore en rapport avec la nappe à laquelle il a donné naissance. La roche constituante, essentiellement pyroxénique, porte dans tous les pays le nom de *trapp*, emprunté à la langue suédoise dans laquelle il signifie *escalier* et qui lui vient de son mode de division en prismes horizontaux dont l'extraction produit dans les carrières des séries de gradins superposés. Cette roche est fréquemment à structure fragmentaire et représente sans aucun doute les cinérites des volcans dont l'extrême ancienneté s'accommode d'une identité absolue de régime avec les volcans d'aujourd'hui. Or, non seulement tous ces volcans ont cessé depuis des durées incalculables de faire éruption, mais le sol autour d'eux est tellement refroidi qu'on ne connaît pas une seule source chaude dans leur voisinage. Il y a là un parallélisme de caractères qui est évidemment très frappant.

Du reste, il nous suffit de nous transporter dans une région plus méridionale pour trouver un troisième ridement qui est bien évidemment plus récent que le bourrelet calédonien. On le qualifiera d'*armoricain*, parce qu'il débute en Bretagne, où il est représenté par les Monts d'Arrée. Ceux-ci ne sont pour la hauteur que de simples collines, mais leur structure, identique à celle des Alpes, témoigne du développement, pendant leur formation, des actions nécessaires à la condition des grandes chaînes. En outre, on reconnaît que ces Monts d'Arrée se rattachent topographiquement aux Vosges, dont le soulèvement est d'âge carbonifère, comme le leur, puis aux Monts Sudètes qui traversent toute l'Allemagne, et enfin à la chaîne de l'Oural qui s'infléchit si curieu-

sement vers le nord. Tout ce que nous disons des
caractères généraux du ridement calédonien pourrait
se répéter à l'égard du ridement armoricain, pourvu
qu'on l'accentuât un peu. Les tremblements de terre
sont ici moins rares et moins faibles, et ils font à ce
double point de vue une transition bien remarquable
vers les séismes de la zone alpine. De même, les manifestations volcaniques sont moins négatives qu'au
nord et plus atténuées qu'au sud : des sources
chaudes sillonnent le ridement, comme à Aix-la-Cha-
pelle (Prusse rhénane), à Bade (Duché de Bade), à
Wildbad (Wurtemberg), à Warmbrunn (Silésie). Et,
dès lors, nous voyons la série commencée au ridement archéen se continuer, après les ridements calédonien et armoricain, par les bourrelets qualifiés tout
à l'heure d'*alpin* et d'*apennin* : ce dernier étant encore
en voie de constitution.

Cet ensemble nous révèle une action continue qui
semble avoir pris naissance vers les débuts des époques sédimentaires, dans une région hyperboréenne
et qui, avec le temps, s'est transportée peu à peu
vers le sud, d'une manière continue, en donnant lieu,
d'intervalles en intervalles, aux différents ridements.

Le fait prendra une signification encore plus nette
si nous ajoutons que l'histoire de l'Eurasie se reproduit, trait pour trait, en Amérique. Le ridement
archéen pouvant être considéré comme étant commun aux deux parties du Monde, on voit se succéder
en Amérique : 1° la chaîne des Montagnes Vertes, qui
correspond pour l'âge au ridement calédonien; 2° la
chaîne des Alleghanys, qui correspond au ridement
armoricain; 3° la chaîne des Montagnes Rocheuses,
qui reproduit tous les traits du ridement alpin;
4° enfin la zone littorale, avec la chaîne des Cascades
en Californie et les Andes, qui correspond exactement
au ridement apennin.

La signification est plus nette, en effet, puisqu'on

voit avec évidence qu'une action générale s'est fait sentir pour déterminer, à de certains moments géologiques, à la surface de la Terre, des modifications de reliefs régis par une loi.

Le pôle orogénique. — C'est ici que nos études antérieures vont recevoir une application directe, car l'explication des faits observés va résulter de nos observations sur la structure des régions souterraines du globe. On constate, en effet, que la contraction du noyau ne détermine pas dans la croûte superposée, à chaque instant trop large, un phénomène d'affaissement vertical. C'est avant tout un phénomène de refoulement horizontal dirigé vers un point situé dans la proximité du pôle nord et auquel on a donné le nom de pôle orogénique [1].

Nous allons revenir sur les preuves, d'ailleurs surabondantes, de l'allure horizontale de ce refoulement, remarquable surtout parce qu'il suppose dans la matière nucléaire des propriétés très intéressantes.

En effet, s'il s'agissait d'une matière tout à fait homogène soumise à un refroidissement régulier, sa contraction se ferait en déplaçant chaque molécule superficielle suivant la ligne qui la joint au centre. On voit qu'il en est tout autrement. Pour en comprendre la raison, il faut se reporter aux temps initiaux de l'individualisation de la Terre et se rappeler que, suivant Laplace, la rotation de la matière nébuleuse autour de son axe a déterminé un aplatissement polaire avec renflement équatorial complémentaire. Il s'est fait un glissement de la substance superficielle le long des méridiens, sous l'influence d'une composante tangentielle de la force centrifuge.

Durant les périodes suivantes de refroidissement,

1. STANISLAS MEUNIER. *Comptes rendus de l'Académie des sciences*, t. CXXXIV, p. 998 (1902).

et par conséquent de contraction, la diminution de volume a admis une composante réciproque de la précédente, tangentielle comme elle, mais dirigée vers le pôle, ce qui suppose que la matière nucléaire jouit d'une espèce de *viscosité* qui rappelle l'élasticité du caoutchouc étiré, reprenant peu à peu ses dimensions primitives.

Dans ces conditions, cette matière visqueuse se rétractant vers le pôle, entraîne avec elle la croûte terrestre qu'elle supporte et celle-ci vient s'écraser contre elle-même dans le voisinage du point où passe l'axe de la rotation. Il en résulte des géoclases, le long desquelles se font des redoublements de la croûte en même temps que des éruptions volcaniques, avec accompagnement de séismes, et c'est là tout le cortège des phénomènes qui donnent naissance aux chaînes de montagnes : c'est là aussi l'essence d'une disposition naturelle qui a produit les continents et les îles et qui, par conséquent, a rendu possible l'explosion des manifestations de la vie à la surface de notre planète. On doit remarquer, en effet, que non seulement l'existence des terres est nécessaire à l'apparition des flores et des faunes aériennes — ce qui est un truisme — mais que sans elle le développement de la vie même dans la mer serait rendue plus difficile. C'est seulement parce qu'il y a des rivages, sur lesquels les vagues viennent déferler, que l'eau de la mer peut se pourvoir, par agitation, de l'air en dissolution dont les populations aquatiques ont un besoin essentiel : à ce titre la tempête nous apparaît comme une manifestation nécessaire de la physiologie planétaire.

D'après ce que nous venons de dire, la contraction du globe, qui engendre les montagnes, est parfaitement continue, tandis que le soulèvement des chaînes est discontinu : chacune d'elles est précédée d'une zone plane à laquelle on donne le nom d'*avant-pays*

(*Vorland*). C'est un exemple, très précieux à retenir, de l'emmagasinement de l'énergie dans les masses comprimées jusqu'à l'acquisition d'un maximum de tension qui détermine comme un brusque déclanchement.

Ce n'est pas là, du reste, la seule surprise que nous ménage le sujet et on peut s'étonner à bon droit que les délinéaments géographiques de la surface de la Terre soient distribués tout autrement que nous les aurions imaginés.

Théoriquement, un globe tournant régulièrement sur un axe au milieu de l'espace uniforme promettait une géographie essentiellement symétrique. Il n'en est rien cependant et à la place des continents et des océans se répondant harmoniquement de part et d'autre du plan équatorial, on constate que toutes les masses continentales sont concentrées dans une moitié de la surface terrestre. En outre, les continents sont massés en deux blocs de forme allongée et dont les axes sont à peu près rectangulaires l'un sur l'autre. L'un de ces blocs, c'est l'ancien Monde. et son axe va du S.-O. au N.-E. ; l'autre, c'est le nouveau Monde, et son axe va du S.-E. au N.-O. Dans chacun de ces blocs, les ridements orogéniques que nous décrivions tout à l'heure sont parallèles à l'axe, ce qui suffirait pour montrer que les blocs ont au fond la même origine que les chaînes.

Application des considérations géométriques à la description de la terre. — Ces surprises que nous procurent les études orogéniques sont de nature à rendre circonspect quand on est tenté d'appliquer les considérations géométriques à la description de la Terre. Elles expliquent les mécomptes auxquels on est toujours arrivé dans cette voie. L'exemple illustre a été procuré en ce genre par la tentative d'Élie de Beaumont pour coordonner tous les accidents orogéniques selon les mailles d'un réseau pentagonal enveloppant la Terre tout entière [1]. Pendant plus d'un demi-siècle, tous les géologues sans exception se complurent à étayer de preuves nouvelles la doctrine du maître ; seulement on doit constater que, dès le lendemain de sa mort, il n'avait plus guère qu'u seul partisan, éminemment respectable pour la fidélité de ses convictions, le savant Béguyer de Chancourtois.

La cause de l'insuccès complet de la doctrine pentagonale tient tout simplement à ce qu'Élie de Beaumont, pour l'établir, avait, inconsciemment d'ailleurs, substitué à la Terre un globe abstrait, doué d'une homogénéité qui contraste absolument avec la complexité effective des matériaux planétaires ; qu'il avait supposé un refroidissement régulier n'ayant rien à voir avec la déperdition de chaleur consécutive à l'innombrable multitude des phénomènes de tous genres dont l'écorce terrestre est le théâtre. Et c'est au point qu'on a pu dire de la théorie d'Elie de Beaumont qu'elle exprimerait la réalité des choses, si ces choses étaient le contraire de ce qu'elles sont.

Un fait bien curieux, c'est que la leçon donnée aux géomètres trop enclins à soumettre à leurs admirables méthodes des problèmes mal posés ou incomplètement définis, ne semble avoir porté aucun fruit. On voit maintenant, en effet, beaucoup de personnes acquises à la théorie tétraédrique imaginée par M. Lowthian Green, et qui n'est pas plus soutenable que la précédente.

Sans entrer dans le détail de cette doctrine que nous avons exposée ailleurs, nous nous bornerons à constater qu'elle n'est, pas plus que le réseau pentagonal, l'expression des faits d'observation. Elle repose sur des considérations théoriques auxquelles on se

---

[1]. *Notice sur les systèmes de montagnes*, 3 vol. in-8°. Paris, 1852.

propose, coûte que coûte, de trouver des confirmations dans l'observation, et on attribue cette qualité de confirmation à des détails qui contrastent absolument, par leur insignifiance, avec les dimensions du problème.

C'est une occasion de plus de répéter avec Fontenelle[1] « que la Nature ne souffre aucune précision ».

1. *Institutions de Physique*, in-8º, 1740, p. 239.

FIN

TABLE DES MATIERES

INTRODUCTION

Pages

La croûte terrestre.   1

SOMMAIRE. — *Faits qui démontrent l'existence de la croûte terrestre. — La chaleur souterraine. — Comment on a découvert sa distribution. — Le degré géothermique. — Epaisseur de la croûte. — La substance du noyau terrestre. — Effet de la pression sur l'écoulement des solides. — Destinée réservée à la croûte. — Son origine et son mode de formation. — La photosphère du Soleil et ses enseignements au sujet du commencement de la Terre. — L'analyse spectrale du Soleil et la Géologie. — Les roches cosmiques; leur origine et leur imitation expérimentale. — La théorie cosmogonique de Laplace. — L'évolution planétaire. — La condensation des océans. — Apparition de la vie sur la Terre. — L'avenir du noyau terrestre. — Etat actuel de la Lune. — Les petites planètes. — Les météorites ou pierres tombées du Ciel. — La fin de la Terre.*

PREMIÈRE PARTIE

LES TREMBLEMENTS DE TERRE

CHAP. Ier. — **Les faux tremblements de terre.**   20

SOMMAIRE. — *Nécessité de préciser le sujet. — Tassement des pays à mines de houille. — Glissement désastreux de Brux en Bohême. — Les effondrements du Jura, du Valais et des environs de Paris. — L'éboulement du Rossberg. — La ruine du Grand-Sable à la Réunion. — Catastrophe de Glaris. — La « montagne qui marche ». — Secousses produites par les coups de grisou, par le choc des vagues, par le passage des trains de chemin de fer. — Le soulèvement du Val-Fleury.*

CHAP. II. — **Les tremblements de terre vrais.**   31

SOMMAIRE. — *Un exemple de grand tremblement de terre :*

Pages

Messine en 1908. — Les indications du séismographe et du maréographe. — La destruction et l'écrasement. — La terreur chez l'homme et chez les animaux, d'après Sénèque, Humboldt, le docteur Fazio.

CHAP. III. — Procédés d'étude des tremblements de terre. 36

SOMMAIRE. — *Premiers appareils employés pour étudier les tremblements de terre. — Séismographe à mercure. — Séismographe à pendule. — Pendule de Milne. — Séismogrammes. — Troponomètres. — Microséismographes. — Troposéismomètre et orthoséismomètre. — Tremblements de terre à grande distance notés par les appareils. — Etudes expérimentales des oscillations de la verticale. — Les marées de la croûte terrestre. — Statistique des séismes.*

CHAP. IV. — Les détails des tremblements de terre. 52

SOMMAIRE. — Les Bruits souterrains : *Les bramidos de Guanaxato (1784). Les détonations de Medela, en Dalmatie (1822-1825). Les Retumbos. Bruits dont l'origine séismique est discutée. Les bruits des sables. Causes des bruits séismiques. Courbes isacoustiques.* — 'Les secousses : *secousses verticales : Calabre (1783). Riobamba (1797), Casamicciola (1885). Secousses horizontales : ondes séismiques observées à Charleston (1886), à Shillong (1897). Combinaison des deux mouvements. Durée des secousses. Influence de la nature du sol sur la gravité des secousses.* — Conduction des ondes par le sol : *observations relatives au tremblement de l'Andalousie (1884); études de Milne, Gray. Fouqué, Abott, Heim. Effet des secousses. Comment il faut construire en pays à séismes. Bizarreries de certains accidents.* — Les crevasses : *exemples pris en Andalousie (Guvéjar), dans l'Inde, à San-Francisco (1906), en Calabre (1783).* — *Emanations gazeuses d'origine séismique.* — *Influence du séisme sur le régime des eaux.* — Sorties de sables : *Craterlets. Charleston (1886). Tremblements de terre fossiles en Russie et en Californie. Les alluvions verticales.* — Eboulements : *récit d'un éboulement en Calabre par Dolomieu, en 1783.* — Raz de marée : *désastres qu'ils produisent. Les tsunamis du Japon : 30.000 victimes en 1896. Submersion de la ville de Callao en 1746. Le désastre de Conception au Chili en 1836. Affaissement de la ville de Sindri (Indes) dans les eaux.*

CHAP. V. — La zone ébranlée. 83

SOMMAIRE. — *Les lignes isoséistes. — Etendue de la zone ébranlée. — Définition de l'épicentre. — Forme de la*

zone ébranlée. — Recherche de l'épicentre. — Difficultés
que présente le tracé des courbes isoséistes. — Les divers
degrés d'intensité dans le tremblement de terre de Nice
(1887). — Profondeur des centres d'ébranlement : comment on cherche à l'établir. — Déplacement des foyers
d'ébranlement.

Chap. VI. — Géographie séismique.   94

Sommaire. — *Les tremblements de terre ne se font pas également sentir sur tous les points du globe. — Les bandes
à grands tremblements de terre : le sud et l'est de l'Eurasie, l'ouest des Amériques. — Onze cents tremblements de terre dans la péninsule Ibérique. — Le tremblement de terre de Lisbonne (1755). — Les tremblements de terre désastreux en Espagne. — L'Andalousie
ravagée en 1884-1885. — Le tremblement de terre de la
Provence (1909). — Les grands tremblements de terre
en Italie. — La Grèce : tremblement de terre de Chio
(1881). — La Turquie d'Europe et la Turquie d'Asie, l'Arménie, la Perse, le nord de l'Afrique souvent secoués. —
Tremblement de terre de l'Assam (1897). — Régions séismiques de la Chine. — Le Japon, l'un des pays du monde
les plus ébranlés. Deux cent mille victimes à Yeddo en
1703. Le désastre de Mino-Owari (1891) : 6.000 secousses
violentes en onze jours. Le tremblement de terre de
1854 : destruction de la ville d'Osacca; la vague de la
baie de Simoda; le livre de loch de la frégate La Diane.
— Les séismes dans les îles du Pacifique; les Philippines,
les îles de la Sonde, etc. — Les tremblements de terre
de la Jamaïque : Kingston en 1907 et 1692. Port-Royal
abîmé sous les eaux. Récit d'un contemporain. — Le
tremblement de terre de Charleston (1886). — La vallée
du Mississipi en 1811-1812. — La Californie séismique.
— Le tremblement de terre de San-Francisco (1906). —
La catastrophe de Riobamba (1797) racontée par Humboldt. — Caracas (1811). San-Salvador (1891). — Catalogue des tremblements de terre au Pérou. Lima souvent
détruite. Submersion de Callao (1746). — Le Chili. Relation du tremblement de terre de Concepcion (1835).*

Chap. VII. — Les théories séismiques.   114

Sommaire. — *Idées extra-scientifiques. — Opinions des Chinois, des Japonais, des aborigènes de la Colombie, du
roi de Dahomey. — Statistique d'Alexis Perrey. — Les
séismes rattachés à des influences atmosphériques, à des
phénomènes astronomiques, à des dégagements de grisou. — La cause des séismes est dans l'économie même
de la terre. — Théories du Dr Isaac Lea, de Béguyer de
Chancourtois. — Suess veut établir une classification
parmi les commotions terrestres. — Hœrnes, von Lasaulx.
— La libération des compressions orogéniques comme*

cause des séismes. — Rôle du changement d'état des corps fluidifiables. — Séismes avortés. — Ouverture et jeu des géoclases. — Eboulements de blocs humides dans les fissures comme moteurs des chocs séismiques. — Le métamorphisme témoigne de l'activité chimique de l'eau souterraine. — Rôle de l'hydratation ou de la déshydratation des roches.

DEUXIÈME PARTIE

LES VOLCANS

CHAP. Ier. — **Les pseudo-volcans**. 128

SOMMAIRE. — *Les Salzes ou Volcans de boue : Bakou, les cônes de boue, les feux éternels des Guèbres. La Salze de Sassuolo étudiée par Spallanzani. Les Volcans de boue ou volcancitos de Turbaco. Les Maccalube de Girgenti. — Les Soffioni de Volterra exploités par Larderel. — Les Geysers. En Islande : le Grand Geyser, le Stokkr, le petit Geyser. En Amérique, les geysers du Yellowstone Park : le Géant et le Vieux Fidèle. Les geysers de la Nouvelle-Zélande : le Rotomahara ou Lac Chaud. Geysers au Japon. — Un cratère creusé par une météorite.*

CHAP. II. — **L'éruption typique** 142

SOMMAIRE. — *Description de l'éruption. — Exemple à l'appui : le Vésuve. — Son réveil en 79, destruction de Pompéi : lettre de Pline le Jeune. — L'éruption de 1905-1906. — Détonations, projections de matières, ouverture de fissures, épanchement de la lave. — Paroxysme en avril 1906 : ouverture d'une nouvelle bouche; coulées abondantes de laves; explosion du cratère; détonations formidables; projections énormes de lapilli et de cendres; obscurité, pluie de boue; victimes nombreuses. Démantellement du sommet de la montagne. Formation d'une caldeira. — L'éruption de 1872. Imprécations et prières des paysans vésuviens; leur amour de la montagne : récit du peintre Joseph de Nittis.*

CHAP. III. — **Apparition et réveil des volcans**. . . . 154

SOMMAIRE. — *Volcans en éruption permanente. — Volcans à éruptions fréquentes. — Volcans à éruptions rares. — Volcans considérés comme éteints, qui se réveillent : le Timboro, le Ceboruco. — Volcans nouveaux : le Monte-Nuovo (1538). Le Jorullo (1759) : histoire de son apparition par Humboldt. Le Malpais et les Hornitos. Le nouveau volcan de Léon, dans l'Amérique Centrale (1850).*

CHAP. IV. — **La vulcanologie.** 161

SOMMAIRE. — *Ancienneté de l'étude des volcans. — Sociétés et observatoires vulcanologiques. — Histoire de l'Observatoire du Vésuve. — Courage des observateurs : Palmieri, Matteucci. — Les instruments, le laboratoire, la bibliothèque de l'Observatoire. — L'Observatoire de l'Etna.*

CHAP. V. — **Les détails de l'éruption volcanique** . . 165

SOMMAIRE. — Séismes volcaniques. *La région de l'Etna. Observations du professeur Silvestri, de Catane. Crevasses volcaniques : une montagne qui se fend du haut au bas.* — Détonations volcaniques. *On les entend à d'énormes distances. Les bruits du Stromboli, décrits par Spallanzani. Les bruits de la Montagne Pelée. Etude des bruits à l'aide du microphone.* — Conduction des ondes volcaniques par l'atmosphère et par l'eau. L'écroulement et la titubation *des édifices, d'après un observateur de l'éruption du Vésuve en 1737. Effets de l'explosion d'une poudrière en 1871. Trajet des ondes atmosphériques après les explosions.* — Projection des cendres et des lapilli. *Hauteur de la colonne projetée. Le Pin. Un voyageur français sous une pluie de lapilli au Japon (éruption du Kirishima 1890). Les nuées ardentes de la Montagne Pelée. Vitesse et température des nuées ardentes.* — *Cendres en suspension dans l'atmosphère; les crépuscules rouges. Eruptions de boue : le mont Kloet (1863).* — L'orage volcanique. — Gisement des lapilli et des cendres. *Edification du cône volcanique. Comment Pompéi fut ensevelie. Abondance des cendres. Effets de neige sur le Vésuve dus à la cendre blanche. Action des pluies sur la cendre. Etendues énormes recouvertes par les cendres. Inondations volcaniques.* — Ecoulements des laves. *La lave dans le cratère : Spallanzani l'observe au Stromboli. La lave du Kilauea : mer de feu; jets immenses; splendeur du spectacle (Lettres des Rév. Gulik et Titus Coan). Emission de la lave. Abondance de ses coulées en Islande. Courants de lave au Vésuve en 1905-1906. Cascades de lave. Faible conductibilité calorifique de la lave. Bizarreries de certains accidents. Poussée de lave solide formant l'aiguille de la Montagne Pelée. La lave dans la mer; les ichthyolithes du Monte Bolca.* — Gaz des volcans. *Les flammes et les fumées des cratères. Stromboli et Kilauea. Les gaz des laves. Manière de les recueillir. Leur composition.* La vapeur d'eau. *Son aspect et sa pression dans une grande éruption (Vésuve 1822). Calculs sur la force explosive de la vapeur d'eau. Divers types d'explosions volcaniques.*

CHAP. VI. — **Forme et structure générale des volcans.** 207

SOMMAIRE. — *Différents types de cônes : le Monte-Nuovo et*

Pages

les volcans d'Auvergne, l'Etna et le Plomb du Cantal,
le Vésuve et le Stromboli. Cratère moderne inclus dans
le cratère ancien. — Parties essentielles du volcan. —
Renseignements fournis par l'érosion des volcans. —
Allure des masses éruptives : dykes et nappes. — Les
laccolithes. — Conditions générales de formation des
laccolithes : les Monts Henry et le Caucase.

CHAP. VII. — **Les annexes des volcans** 221

SOMMAIRE. — Manifestations post-éruptives des volcans. —
Les étuves : Etuve de Néron. — Les solfatares. — Les
mofettes : la Grotte du Chien.

CHAP. VIII. — **Les roches volcaniques** 227

SOMMAIRE. — Procédés spéciaux de l'étude des roches. —
Roches modernes et roches anciennes. — Rôle des cendres ou cinérites dans la comparaison de ces deux groupes. — Le trachyte et le basalte. — Les magmas et la
communauté d'origine des divers types de roches. — La
composition chimique et la composition minéralogique
comparées. — Roches acides, roches neutres, roches
basiques. — Rôle comparé des différents feldspaths. —
Les roches vitreuses : obsidienne, ponce. — Les cendres;
leur mode de formation. — Cendres cristallines et cendres vitreuses. — Emanations gazeuses : fumerolles.

CHAP. IX. — **Géographie volcanique** 239

SOMMAIRE. — Nombre des volcans actifs. — Leur répartition en des bandes coïncidant avec celles des tremblements de terre.

§ 1. — BANDE DE VOLCANS ACTIFS DE L'EURASIE AVEC
SES PROLONGEMENTS 240

SOMMAIRE. — Chaîne volcanique des Petites Antilles. Eruption de la Montagne Pelée (1902). — La Soufrière de la
Guadeloupe. Le Mont-Misère. Sainte-Lucie. Saint-Vincent
en 1902. — Les volcans des îles du Cap Vert. — Les
Canaries : le pic de Teyde et son dernier réveil; l'île de
Lancerote. — Les Açores : l'île de Terceira et son cratère double; Pico, San Jorje, Fayal. — Les Champs Phlégréens. Solfatare de Pouzzoles. Eruption du Monte-
Nuovo. Ischia et le Mont Epomeo. — Description du Vésuve par Strabon. Date de ses principales éruptions. —
Le Stromboli, Lipari et Hiera (Vulcano) décrits par Strabon. Nombreuses éruptions de Vulcano. — L'Etna, sa
forme, son cratère, ses paroxysmes. — L'île Julia. —
Un volcan aujourd'hui éteint (Méthone) décrit par Strabon. — Les Cyclades et le volcan de Santorin. Naissance
d'une île. — Les volcans de l'Asie Occidentale : l'Ararat.

Pages

— *Les volcans en éruption de l'Abyssinie et de l'Etat libre du Congo. — L'île Bourbon. Description de son volcan et du Grand Pays brûlé. — Région volcanique de l'Arabie se prolongeant jusqu'en Syrie. — Les volcans de l'Inde et de l'Asie Centrale. — Le Kamtchatka, l'une des régions les plus volcaniques du globe. Son plus haut volcan, le Kliutschewskaja (5.000 mètres d'altitude) a des éruptions fréquentes. Le Grand Tolbatscha, le Grand Semætschick, le Jupanowna, l'Asatscha, etc. — Dix volcans actifs dans les Kouriles. — Le Japon aussi bouleversé par les volcans que par les tremblements de terre. Eruption du Bandaï qui fait sauter le pic Central. Eruption désastreuse de l'Asama-Yama (1783). Le Fusi-Yama, le Kirishima, le Wunsen. Petites îles japonaises souvent en éruption et en voie de formation. — Volcans sousmarins sur les côtes de Formose. — Les* Volcanes. — *Terribles éruptions à Manille : le Cagua, le Mayon. — Dix volcans dans la presqu'île de Camarines. — Continuation du phénomène volcanique des Philippines à Célèbes : l'île Sanguir. — Les onze volcans actifs de Célèbes. — Un volcan du XVII° siècle dans l'île de Gilolo. — Le Gama-Lama, dans l'île de Ternate. — Volcans entourés de récifs de corail. — Les volcans d'Amboine. Le Gunnung-Api, le Pic de Timor. — L'île de Florès et ses trois volcans actifs. — Terrible éruption de Timboro en 1815. A Java, 46 grands volcans dont 20 en activité. Description des principaux : le Mérapi, le Merbabou, le Slamat, le Salak, le Tankouban-Prahou, le Gountour, le Bromo, le Lamongang, le Semirou, point culminant de l'île, l'Ijen-Raun. Le détroit de la Sonde et l'explosion du Krakatau (1883). — Les volcans de Sumatra. — Les îles Salomon, de Santa Cruz, des Nouvelles-Hébrides et leurs volcans. Le Rocher de Mathieu. — L'île septentrionale de la Nouvelle-Zélande. En 1886, réveil formidable du Mont Tarawera. — Le pic Tafoua et l'Amargoura dans l'archipel de Tonga. — Le Mauna-Mu dans le groupe de Samoa. — Les Galapagos. — Les volcans d'Hawaï. Le Mauna-Loa. le plus prodigieux volcan de la terre et son cratère inférieur, le Kilauea, le plus grand bassin volcanique. Les cheveux de Pelé.*

§ 2. — BANDES A VOLCANS ACTIFS DES AMÉRIQUES. 277

SOMMAIRE. — *Une trentaine de volcans dans les Aléoutiennes. Naissance d'îles : Bogoslow et New-Island. Le Progommoi, le plus haut volcan du groupe. — Cinq volcans dans la presqu'île d'Alaska. — La chaîne des Cascades : le mont Hélie, le mont Fairweather, le mont Edgecombe, le mont Rainier, le mont Sainte-Hélène. — Les deux volcans de la Basse-Californie. — Les volcans mexicains : le Tuxtla, l'Orizaba, le Popocatepetl, le Toluca, le Jorullo et les Hornitos, le Colima, le Ceboruco. Deux cônes récents : les volcans de Tuita et de Pochulta. — L'action volcanique très intense et très concentrée dans l'Amérique Centrale : l'Amilpas, le Sapotitlan, le Tajamulco, le Quezaltenango, l'Attitlan et sa violente éruption de cendres (1828), le Fuego et l'Acatanango. Guatemala plusieurs fois détruite. L'Agua et ses torrents de neige fondue. Le volcan de Pacaya et ses énormes coulées de lave. L'Isalco ou Phare de San-Salvador, toujours en éruption, édifié en 1770. Le Quezaltepèque, le Conchagua, le Coseguina (terrible éruption en 1835). Le Viejo, le Telica, El Nuovo, le Nindiri et le Massaya soudés par leur base; le Momotombo, le Miravalles, le Turrialva, le Chiriqui. — La Cordillère des Andes. Le volcan de Ruiz, le Tolima, le Puracé, les volcans de Pastos, de Chiles, de Cumbal. — Le plateau de Quito, bordé d'énormes et célèbres volcans; le Pichincha et ses flancs ravinés. Le Carguayrazo (éruption boueuse en 1698), l'Antisana gravi par Humboldt et Bonpland. Grande activité du Cotopaxi; ses détonations effroyables. Une ville sur ses flancs. Le Tunguragua. L'Altar (l'autel). Le Sangay, toujours brûlant et grondant. — Les volcans du Pérou méridional et de la Bolivie. Le volcan d'Arequipa. Le volcan de Sahama, le plus haut sommet des Andes. L'Isluga, San-Pedro d'Atacama, l'Illascar, le Llulaillaco. — Les Andes chiliennes : beaucoup de volcans inactifs. Comme cônes actifs, le Peteroa, les volcans de Chillan, d'Antuco, de Llogel, de Calbuco, qui ont de violentes éruptions. Volcan sous-marin entre Valparaiso et l'île de Juan-Fernandez.*

§ 3. — **Appendices** 291

Sommaire. — *Dans les terres australes, l'Erèbe et la Terreur. — Les volcans arctiques. Jean-Mayen et l'Islande. Description de l'Hécla. Le Skaptar Jokul, l'Orofea, l'Eyafialla, le Kotlugaja et ses grandes éruptions de 1755 et de 1860.*

§ 4. — **Bandes a volcans éteints** 293

Sommaire. — *Dans les Pyrénées, le massif d'Ollot. — Les sources chaudes de la chaîne. — Les volcans de l'Ardèche. — L'Auvergne particulièrement étudiée. Guettard. — Le massif du Mont-Dore. Le pic de Sancy. Le Cézallier. L'Etna pliocène du Cantal (Le Plomb). La chaîne des Puys ou Monts-Dômes. Ses volcans domitiques et ses volcans à cratère. La Cheire. — Les volcans de l'Eifel. Cratères bien conservés. — Volcans éteints du Caucase. Sources chaudes. L'Elbrouz et le Kasbeck. — Les volcans éteints de l'Asie occidentale. — Volcans éteints par toute l'Afrique : le cap de Bonne-Espérance, le Sénégal, le Maroc, l'Algérie, la Tunisie, le Sahara et les observations de la mission Fourreau-Lamy. — Traces d'innombrables éruptions dans les Montagnes Rocheuses. Volcans énormes en Californie. — Au Mexique, volcans éteints associés aux volcans actifs. — Le plateau central mexicain. — Innombrables volcans éteints dans la mer du Sud. Les cratères de l'île de Pâques. — Deux mille volcans éteints aux Galapagos. Traces volcaniques de plus en plus atténuées vers le Nord de l'Europe.*

CHAP. X. — **Les théories volcaniques** 317

SOMMAIRE. — *Les Légendes. Vulcain et les Cyclopes. La curiosité d'Empédocle. L'enfer du Massaya et les sacrifices humains. Malédictions de moines. Les dates critiques et le rôle des influences astronomiques. — Hypothèses rattachant le vulcanisme à des causes terrestres. — Le volcan de Lémery. — Werner et les incendies de houillères. — L'hypothèse de Buffon. — Les romans de Patrin. — La supposition de Bernardin de Saint-Pierre. — Conséquences géologiques de l'isolement du potassium par Humphry Davy. — La théorie chimique de Gay-Lussac. — Imitation des fumerolles. — Le major Dutton et le radium. — Recherches de Cordier sur le refroidissement du globe. — Théories de Fouqué, de Lapparent et de Stübel. — Rôle des géoclases dans la production des volcans — Théorie volcanique concordante avec la théorie séismique.*

CONCLUSIONS 344

SOMMAIRE. — *Lien mutuel entre les séismes et les éruptions. — Communauté de leur cause. — Instabilité de la croûte sur le noyau qui se rétracte sans cesse. — Sa fracture spontanée engendre les séismes et élabore le magma éruptif. — Le séisme et le volcan sont des contre-coups de la production des montagnes. Les chaînes montagneuses sont des résultats de refoulements horizontaux. — Ordonnance générale des chaînes dans les deux mondes. — Age relatif des ridements orogéniques. — Déplacement progressif de la zone d'activité. — Actuellement la zone active coïncide avec la zone séismique qui est la même que la zone volcanique en action. — La zone alpine européenne est plus ancienne et déjà plus passive. — Cette zone ne s'est pas produite d'un seul coup. — La zone américaine des Montagnes Rocheuses correspond à la chaîne alpine. — Le pôle orogénique. — Etude expérimentale de la production des montagnes. — Conclusion quant à la viscosité de la substance nucléaire. — Les actions complémentaires du ridement. — Persistance du profil sphéroïdal de la terre. — Illusion pentagonale; illusion tétraédrique. — L'activité des profondeurs terrestres.*

6526. — Paris. — Imp. Hemmerlé et Cᵗᵉ. — 6-10.

ERNEST FLAMMARION, ÉDITEUR, 26, RUE RACINE, PARIS

BIBLIOTHÈQUE

DE

PHILOSOPHIE SCIENTIFIQUE

Publiée sous la direction du Dr Gustave Le Bon

Collection in-18 jésus à 3 fr. 50 le volume

1re SÉRIE. — Sciences physiques et naturelles

BOINET (E.), *Professeur de Clinique médicale.* — **Les Doctrines médicales. — Leur Évolution.**

La nécessité d'une doctrine directrice s'impose à la médecine, qui est à la fois un art par ses applications et une science par ses moyens d'étude. Les doctrines médicales ont donc une portée pratique et théorique, et leur évolution marque les étapes de la médecine. — Un vol.

BONNIER (Gaston), *Membre de l'Institut, Professeur à la Sorbonne.* — **Le Monde végétal.**

Dans *Le Monde Végétal*, l'auteur, avant tout, expose les faits qui éclairent la philosophie des sciences naturelles; il y passe en revue la succession des idées que les savants ont émises sur les végétaux; il les commente et il les discute. — Un vol. illustré de 230 figures.

BOUTY (E.), *Professeur à la Faculté des Sciences.* — **La Vérité scientifique. — Sa Poursuite.**

Mettre en lumière les caractères généraux de la vérité scientifique, le rôle que jouent l'expérience et le raisonnement dans sa découverte; montrer l'unité réelle de l'effort sous la diversité indéfinie de ses formes, l'étroite solidarité des sciences considérées à la fois dans leur développement logique et historique, tel est l'objet essentiel de ce livre. — Un vol.

BRUNHES (Bernard), *Directeur de l'Observatoire du Puy de Dôme.* — **La Dégradation de l'Énergie.**

Quand le public cultivé parle de « conservation de l'énergie », il croit en général à la conservation de « l'énergie utilisable » ou de la « capacité de produire du travail ». Non content de dénoncer, une fois de plus, le contre-sens si usuel, l'auteur a voulu dans ce livre en rechercher les origines historiques et en expliquer la genèse. — Un vol. illustré.

COMBARIEU (Jules), *Chargé du Cours d'Histoire musicale au Collège de France.* — **La Musique.** — **Ses Lois et son Evolution.**

Dans ce travail, l'auteur ne s'est pas contenté d'exposer en langage très clair, avec exemples à l'appui, les *lois* de la musique : il les explique, en rattachant un état donné de l'art et de la théorie à l'état correspondant de la vie sociale. — Un vol. illustré.

DASTRE, *Professeur de Physiologie à la Sorbonne, Membre de l'Institut.* — **La Vie et la Mort.**

Ce livre traite des questions relatives à la Vie et à la Mort au point de vue de la philosophie et de la science. — Un vol.

DELAGE (Yves) et **GOLDSMITH** (M.). — **Les Théories de l'Evolution.**

Sur le principe de l'évolution, c'est-à-dire sur l'idée que les êtres animés descendent les uns des autres, on est à peu près d'accord. Mais sur le *modus agendi* de cette évolution, il est loin d'en être ainsi. Le lecteur curieux de ces questions trouvera dans ce livre un fil d'Ariane qui lui permettra de se retrouver dans le dédale des opinions contradictoires et de se faire une idée d'ensemble sur une question qui intéresse l'humanité entière en raison de ses applications aux théories sociologiques. — Un vol.

DEPÉRET (Charles), *Doyen de la Faculté des Sciences de Lyon.* — **Les Transformations du Monde animal.**

Ce livre est destiné à exposer ce que nous savons, actuellement, des lois qui ont présidé aux transformations du monde animal, depuis l'apparition de la vie sur le globe jusqu'à nos jours. — Un vol.

HÉRICOURT (D<r> J.). — **Les Frontières de la Maladie.**

Les frontières de la maladie, ce sont toutes les maladies qui laissent aux patients les apparences de la santé, et qui, par cela même, sont abandonnées à leur libre évolution dans leur phase maniable par l'hygiène, jusqu'à leur transformation en états graves, contre lesquels la thérapeutique est alors le plus souvent impuissante. — Un vol.

— **L'Hygiène moderne.**

Sous une forme toute nouvelle, l'auteur présente aux lecteurs un ensemble d'idées générales capables de les guider avec sûreté pour la solution de tous les problèmes concernant la conservation et la protection de leur santé. — Un vol.

HOUSSAY (Frédéric), *Professeur de Zoologie à la Sorbonne.* — **Nature et Sciences naturelles.**

Ce nouveau livre, accessible à tous les esprits cultivés et réfléchis, a pour noyau la plus originale tentative pour montrer, dans l'édification de la science, la continuité de pensée depuis l'antiquité jusqu'à notre époque. — Un vol.

LAUNAY (L. de), *Professeur à l'Ecole des Mines.* — **L'Histoire de la Terre**

Faire une *Histoire de la Terre*, qui soit, à proprement parler, une

Histoire, c'est-à-dire qui raconte simplement les faits du passé dans leur succession chronologique et qui ne devienne pas, pour cela, un roman, tel est le but difficile que s'est proposé M. DE LAUNAY. — Un vol.

— La Conquête minérale.

Le but de cet ouvrage est d'étudier le rôle industriel, économique, social et politique de la richesse minérale dans l'histoire, en indiquant l'évolution subie, dans son mode de découverte, d'extraction et d'application dans l'industrie. — Un vol.

LE BON (Dr Gustave). — L'Évolution de la Matière.

Cet ouvrage présente un intérêt scientifique et philosophique considérable. L'auteur y a développé les recherches nombreuses que sous ces titres : *La Lumière Noire, La Dématérialisation de la Matière*, etc., il a publié depuis plusieurs années. — Un vol. illustré de 63 gravures photographiées au laboratoire de l'auteur.

— L'Évolution des Forces.

Ce livre est consacré à développer les conséquences des principes exposés par Gustave LE BON dans son ouvrage l'*Evolution de la Matière*, dont le 18ᵉ mille a paru récemment. — Un vol. illustré de 42 figures.

LE DANTEC (Félix), *Chargé de Cours à la Sorbonne*. — Les Influences Ancestrales.

L'auteur montre comment, de la seule notion de la continuité des lignées, on conclut sans peine aux principes de Lamarck et Darwin. Le premier livre de l'ouvrage est un véritable résumé de la biologie tout entière. — Un vol.

— La Lutte universelle.

Contrairement à Saint Augustin qui affirme que les corps de la nature se soutiennent réciproquement et « s'aiment en quelque sorte » M. LE DANTEC prétend, dans ce nouveau livre, que l'existence même d'un corps quelconque est le résultat d'une lutte. — Un vol.

— Philosophie du XXᵉ Siècle ★ DE L'HOMME A LA SCIENCE.

Les études biologiques de M. LE DANTEC, ses efforts pour placer la vie au milieu des autres phénomènes naturels, devaient l'amener à écrire une œuvre de synthèse. — Un vol.

— ★★ SCIENCE ET CONSCIENCE.

Science et Conscience nous est donné par M. LE DANTEC comme son dernier livre de Biologie. Son œuvre considérable ne saurait manquer d'avoir une grande influence sur la pensée moderne. — Un vol.

MARTEL (E.-A.). — L'Évolution souterraine.

Sous ce titre, l'auteur montre l'histoire souterraine de la planète c'est-à-dire l'évolution grandiose et continue de la Terre. — Un vol. illustré de 80 belles gravures.

OSTWALD (W.), *Professeur de Chimie à l'Université de Leip-zig.* — **L'Évolution d'une Science.** — **La Chimie,** traduction du Docteur DUFOUR, *Professeur agrégé à la Faculté de Médecine de Nancy)*

Bien que l'*Evolution d'une Science* ne soit pas à proprement parler une histoire de la chimie, l'auteur a cherché à ne laisser de côté aucun point essentiel. Son livre est une pierre apportée à l'histoire de la chimie, et c'est aussi une contribution à l'histoire générale de la science. — Un vol.

PICARD (Émile), *Membre de l'Institut, Professeur à la Sorbonne.* — **La Science moderne et son État actuel.**

M. PICARD s'est proposé de donner, dans ce volume, une idée d'ensemble sur l'état des sciences mathématiques, physiques et naturelles dans les premières années du xx° siècle. — Un vol.

POINCARÉ (H.), *de l'Académie Française.* — **La Science et l'Hypothèse.**

M. POINCARÉ a réuni sous ce titre les résultats de ses réflexions sur la logique des sciences mathématiques et physiques. — Un vol.

— **La Valeur de la Science.**

Cet ouvrage a pour but de rechercher quelle est la véritable valeur objective de la science. — Un vol.

— **Science et Méthode.**

M. POINCARÉ a réuni dans cet ouvrage diverses études se rapportant à des questions de méthodologie scientifique. — Un vol.

POINCARÉ (Lucien), *Inspecteur général de l'Instruction publique.* — **La Physique moderne.** — **Son Évolution,** Ouvrage couronné par l'Académie des Sciences.

L'auteur a pensé qu'il serait utile d'écrire un livre où, tout en évitant d'insister sur les détails techniques, il ferait connaître, d'une façon aussi précise que possible, les résultats si remarquables qui, depuis une dizaine d'années, sont venus enrichir le domaine de la physique et modifier profondément les idées des philosophes aussi bien que celles des savants. — Un vol.

— **L'Électricité.**

Dans ce volume, M. LUCIEN POINCARÉ étudie les modes de production et d'utilisation des courants électriques et les principales applications qui appartiennent au domaine de l'électrotechnique. — Un vol.

RENARD (Commandant Paul). — **L'Aéronautique.**

Ce volume embrasse l'aéronautique tout entière et bien qu'un tel sujet comporte nécessairement des parties abstraites, l'auteur a su exposer avec clarté les questions les plus arides sans rien sacrifier de la précision nécessaire et en se mettant à la portée de tous les lecteurs. — Un vol. illustré.

2ᵉ Série. — Psychologie et Histoire.

BINET (Alfred), *Directeur de Laboratoire à la Sorbonne.* — **Les Idées Modernes sur les Enfants.**

Depuis une trentaine d'années, en Allemagne, en Amérique, en Italie, en France, des médecins, des physiologistes et des psychologues ont cherché à introduire les méthodes scientifiques dans les choses de l'éducation. Voilà ce que l'auteur examine en toute impartialité. Son livre s'adresse aux pères de famille, aux éducateurs, aux hommes politiques et à tous ceux qui s'intéressent au problème de l'enfance. — Un vol.

— L'Ame et le Corps.

M. BINET a voulu montrer que les progrès récents de la psychologie expérimentale ont eu un retentissement sur les spéculations les plus hautes et les plus abstraites de la philosophie. — Un vol.

BIOTTOT (Colonel). — Les Grands Inspirés devant la Science. — JEANNE D'ARC.

Cette œuvre s'adresse également aux penseurs et aux simples curieux d'une explication scientifique de Jeanne d'Arc, l'héroïne du patriotisme. — Un vol.

BOHN (Georges). — La Naissance de l'Intelligence.

Ce volume est un exposé de l'état actuel des problèmes de la psychologie animale. — Un vol.

BOUTROUX (Émile), *Membre de l'Institut.* — **Science et Religion DANS LA PHILOSOPHIE CONTEMPORAINE.**

Étude critique des principales solutions que reçoit actuellement, parmi les hommes qui réfléchissent, le problème des rapports de la religion et de la science. — Un vol.

BRUYSSEL (Ernest van), *Consul général de Belgique.* — **La Vie Sociale. — Ses Évolutions.**

Ce livre expose dans son ensemble toute l'histoire de l'humanité. Il a pour but l'étude des idées sociales dès leur origine et à travers leurs évolutions, durant la succession des siècles. — Un vol.

CROISET (Alfred), *Membre de l'Institut, Doyen de la Faculté des Lettres de l'Université de Paris.* — **Les Démocraties Antiques.**

Faire connaître, par un exposé rapide, non seulement les traits saillants des institutions démocratiques de l'antiquité, mais aussi les grandes lignes de leur évolution et, autant que possible, les causes économiques, politiques, morales qui en ont réglé le développement ou déterminé le caractère, tel est l'objet du présent ouvrage. — Un vol.

CRUET (Jean), *Docteur en droit, Avocat à la Cour d'appel.*
— **La Vie du Droit** ET L'IMPUISSANCE DES LOIS

Cet ouvrage examine s'il n'y a pas, contre le droit du législateur et à côté de lui, un droit du juge et un droit des mœurs. Il convient d'apporter au moule dans lequel doit être coulée la pensée législative, certaines retouches ou corrections. Le législateur ne doit pas promettre ce qu'il ne saurait tenir. — Un vol.

DUBUFE (Guillaume). — **La Valeur de l'Art.**

Ce que représente l'art chez les divers peuples, les aspirations dont il est la synthèse, les besoins qu'il traduit, les éléments qu'il fournit à l'étude des civilisations, telles sont les questions abordées dans cet ouvrage.

JANET (Dr Pierre), *Professeur de Psychologie au Collège de France.* — **Les Névroses.**

Cet ouvrage présente un résumé rapide d'un grand nombre d'études que l'auteur a publiées depuis vingt ans sur la plupart des troubles névropathiques. — Un vol.

LE BON (Dr Gustave). — **Psychologie de l'Éducation.**

Ce livre a été écrit pour tous les membres de l'enseignement, et au moins autant pour les pères de famille, soucieux de l'avenir de leurs fils. — Un vol.

LE DANTEC (Félix). — **L'Athéisme.**

Voici, nous dit l'auteur, un livre de bonne foi; et, réellement, le ton de l'ouvrage est tel qu'on pourrait se demander, le plus souvent, si l'on est en présence d'un plaidoyer pour l'athéisme ou pour la nécessité d'une foi religieuse. — Un vol.

LICHTENBERGER (Henri), *Maître de Conférences à la Sorbonne.* — **L'Allemagne moderne.** — **Son Évolution.**

Dans cet ouvrage on a essayé de donner, en quatre livres, un tableau sommaire de l'évolution économique, politique, intellectuelle, artistique de l'Allemagne moderne. — Un vol.

MACH (H.), *Professeur à l'Université de Vienne.* — **La Connaissance et l'Erreur,** traduction du Dr DUFOUR, *Professeur à la Faculté de Nancy.*

M. MACH est un physicien dont la pensée a été fortement influencée par la théorie de l'évolution. Selon lui, le but de la science est de mettre de l'ordre dans les données sensibles, et de chercher avec toute *l'économie de pensée* possible les relations de dépendance qui existent entre nos sensations. — Un vol.

MAXWELL (G.), *Docteur en médecine, Substitut du Procureur général près la Cour d'appel de Paris.* — **Le Crime et la Société.**

M. MAXWELL expose dans cet ouvrage les idées actuelles sur la nature et les causes de la criminalité qui lui paraît être un phénomène social normal. Il analyse l'acte criminel et son auteur dans les différentes variétés; la responsabilité pénale, l'aliéné criminel, la classification des criminels, l'évolution contemporaine de la criminalité politique, sont ensuite étudiés. — Un vol.

NAUDEAU (Ludovic). — Le Japon moderne, son Évolution.

L'auteur, capturé sur le champ de bataille de Moukden, par les vainqueurs, et amené par eux au Japon s'y attarda plus d'un an, car il sentait le désir intense de pénétrer leur mentalité. Aussi doit-on lire cet ouvrage si l'on veut connaître le Japon. — Un vol.

PICARD (Edmond), *Avocat à la Cour de Cassation de Belgique.* **— Le Droit pur.**

Ce livre est en quelque sorte un « Testament juridique », le legs d'un opulent patrimoine intellectuel accumulé au cours de l'existence prolongée de lutte et de travail du célèbre avocat et professeur à l'Université Nouvelle de Bruxelles. — Un vol.

REY (Abel), *Professeur agrégé de Philosophie.* **— La Philosophie moderne.**

Dans ce livre, l'auteur renouvelle les vieilles questions philosophiques de la matière et de la vie, de l'esprit et de la raison, du vrai et du bien, et les résultats déjà obtenus. — Un vol.

DERNIERS VOLUMES PARUS

GUIGNEBERT (Charles), *Chargé du Cours d'Histoire ancienne du Christianisme à la Faculté des Lettres de Paris.* **— L'Évolution des Dogmes.**

Dans cet ouvrage, l'auteur s'est proposé d'établir que tout dogme naît, se développe, se transforme, vieillit et meurt, ainsi qu'il arrive à tous les organismes de la nature; c'est en vain que les religions révélées poursuivent inlassablement le rêve de l'immobilité dogmatique.

GENNEP (A. van), *Directeur de la* « Revue des Études Ethnographiques ». **— La Formation des Légendes.**

C'est à tous ceux qui s'intéressent aux problèmes de la production littéraire en général que s'adresse l'auteur dans ce livre original, bien documenté, agréable à lire et souvent amusant. — Un vol.

PIÉRON (Henri), *Maître de Conférences à l'Ecole des Hautes Etudes.* **— L'Évolution de la Mémoire.**

Sous quelles formes se présente la mémoire, à tous les degrés de l'échelle animale ?

Quels sont les aspects et les limites de la mémoire humaine, en quoi consistent ses troubles et quels peuvent être ses progrès ?

C'est à ces diverses questions que le lecteur trouvera en ce livre une réponse, basée sur l'ensemble des faits actuellement établis par la psychologie objective, humaine et comparée. — Un vol.

AVENEL (Vicomte Georges d'). — **Découvertes d'Histoire Sociale.**

L'idée maîtresse de ce livre est que les évolutions économiques, en bien ou en mal, ne dépendent pas des changements politiques ou sociaux. « Lors même que rien ne serait libre en un Etat, dit M. D'AVENEL, le prix des choses le demeurerait néanmoins et ne se laisserait point asservir. » — Un vol.

JAMES (William), *Professeur à l'Université de Harvard, Membre associé de l'Institut.* — **La Philosophie de l'Expérience,** traduit par E. LE BRUN et M. PARIS.

D'après M. W. JAMES, pour être un philosophe, il faut d'abord « une vision » portant sur « la nature intime du réel, » et ensuite une méthode par laquelle interpréter cette vision. — Un vol.

ROZ (Firmin), L'Énergie Américaine, ÉVOLUTION DES ÉTATS-UNIS.

Qu'ils excitent la curiosité, l'admiration ou l'inquiétude, les États-Unis sollicitent de plus en plus l'attention des peuples de l'Europe. Ce livre essaie d'ordonner en une philosophie de leur histoire les études et les témoignages de toute sorte dont ils ont été l'objet depuis quelques années. — Un vol.

Bibliothèque de Philosophie scientifique

DIRIGÉE PAR LE D' GUSTAVE LE BON

1° SCIENCES PHYSIQUES ET NATURELLES

La Science et l'Hypothèse, par H. Poincaré, membre de l'Institut (16° mille)

La Valeur de la Science, par H. Poincaré (14° mille)

La Vie et la Mort, par le D' A. Dastre, membre de l'Institut (10° mille)

Nature et Sciences naturelles, par F. Houssay, prof. à la Sorbonne (6° mille)

Les Frontières de la Maladie, par le D' J. Héricourt (6° mille)

Les Influences ancestrales, par F. Le Dantec, ch. de cours à la Sorbonne (9° mille)

La Lutte universelle, par Félix Le Dantec (8° mille)

Les Doctrines médicales, par le D' E. Bonnet, prof. de clinique médicale (5° mille)

L'Évolution de la Matière, par le Dr Gustave Le Bon, avec 63 figures (18° mille)

La Science moderne et son état actuel, par Émile Picard, membre de l'Institut, professeur à la Sorbonne (10° mille)

La Physique moderne, par Lucien Poincaré, inspr g¹ de l'Instr. pub. (11° mille)

L'Histoire de la Terre, par L. de Launay, prof. à l'École sup. des Mines (10° mille)

La Musique, par J. Combarieu, chargé de cours au collège de France (8° mille)

L'Hygiène moderne, par le D' J. Héricourt (10° mille)

L'Électricité, par Lucien Poincaré, inspecteur g¹ de l'Instruction publique (8° mille)

L'Évolution des Forces, par le D' Gustave Le Bon, avec 42 figures (10° mille)

Le Monde végétal, par Gaston Bonnier, de l'Institut, avec 230 figures (8° mille)

Les Transformations du Monde animal, par C. Depéret, C¹ de l'Institut (7° mille)

De l'Homme à la Science, par Félix Le Dantec (6° mille)

L'Évolution souterraine, par E. A. Martel, directeur de *La Nature* (80 figures)

La Vérité scientifique, sa poursuite, par E. Bouty, membre de l'Institut

La Conquête minérale, par L. de Launay, professeur à l'École des Mines

La Dégradation de l'Énergie, par B. Brunhes, prof. de physique (6° mille)

Science et Méthode, par H. Poincaré, membre de l'Institut (9° mille)

L'Aéronautique, par le Commandant Paul Renard (6° mille)

L'Évolution d'une Science, la Chimie, par W. Ostwald (6° mille)

Les Théories de l'Évolution, par Yves Delage, de l'Institut et M. Goldsmith

2° PSYCHOLOGIE ET HISTOIRE

La Philosophie moderne, par Abel Rey, prof. agrégé de Philosophie (6° mille)

L'Âme et le Corps, par A. Binet, directeur de Laboratoire à la Sorbonne (6° mille)

Les grands Inspirés devant la Science, par le colonel Biottot

La Connaissance et l'Erreur, par Ernst Mach, prof. à l'Université de Vienne

L'Athéisme, par Félix Le Dantec, chargé de cours à la Sorbonne (10° mille)

Science et Conscience, par Félix Le Dantec (6° mille)

Science et Religion dans la Philosophie contemporaine, par Émile Boutroux, membre de l'Institut (10° mille)

La Valeur de l'Art, par G. Dubufe

Psychologie de l'Éducation, par le D' Gustave Le Bon (13° mille)

La Vie du Droit et l'Impuissance des Lois, par J. Cruet, av. à la Cour d'appel

Le Droit pur, par Edmond Picard, sénateur, professeur à l'Université de Bruxelles

La Vie sociale, par Ernest van Bruysse, consul général de Belgique (6° mille)

L'Allemagne moderne, par H. Lichtenberger, prof. ad. à la Sorbonne (10° mille)

Les Démocraties antiques, par A. Croiset, membre de l'Institut (6° mille)

Le Japon moderne, son évolution, par Ludovic Naudeau (6° mille)

Les Névroses, par le D' Pierre Janet, prof. au Collège de France (6° mille)

La Naissance de l'Intelligence, par le D' Georges Bohn (40 figures)

Le Crime et la Société, par le D' J. Maxwell, substitut du Procureur g¹ à Paris

Les Idées modernes sur les enfants, par A. Binet, directeur de laboratoire à la Sorbonne (8° mille)

L'Évolution des Dogmes, par C. Guignebert, ch. de cours à la Sorbonne (6° mille)

La Formation des Légendes, par A. Van Gennep, dir. de la Revue d'Ethnographie

Découvertes d'Histoire sociale, par le Vicomte Georges d'Avenel (6° mille)

L'Évolution de la Mémoire, par H. Piéron, M¹¹ᵉ de C⁶⁶ à l'École des Htes Études

Philosophie de l'Expérience, par William James, membre de l'Institut (6° mille)

L'Énergie américaine, par Pierre Roz

La Démocratie et le Travail, par Gabriel Hanotaux, de l'Académie française

Les Anciennes Démocraties des Pays-Bas, par Henri Pirenne, professeur à l'Université de Gand

La Belgique moderne, par H. Charriaut, chargé de mission par le Gouvernem¹ français

La Psychologie politique et la Défense sociale, par le D' Gustave Le Bon

Les Convulsions de l'Écorce Terrestre, par Stanislas Meunier, professeur au Muséum national d'Histoire naturelle